調理の科学

－基礎から実践まで－

吉田 勉/監修

高崎 禎子・小林 理恵/編著

学文社

監修の言

　本書の編者である高崎禎子教授および小林理恵准教授は，ともに古くからの知己として
お互いに気心が通ずる先生である。高崎先生は，私と同じ東京都立立川短期大学に勤務し，
調理学研究室助手として職務に励まれていたため，研究室は違うものの毎日のように顔を
合せていた。また，上記短期大学定年後に女子栄養大学に勤務した私が，高校の先輩の東
京家政大学学長兼理事長の依頼で同大の講義の一部を受け持った折に，家政大学に居られ
た先生から，当時，金沢学院短大調理科学の専任講師をされていた小林先生を紹介頂いて
以来，何回もお会いする事になった。その後に機会があって，ご多忙中の両先生に無理を
お願いして，数冊の大学生向け教科書を分担執筆していただいて原稿を拝見した所，新進
気鋭の両先生とも，執筆内容や表現力などを通して信頼するに足る学識や文章力をお持ち
であると知る事ができた。

　そこで嗜好性は当然ながら，量質両面の安全性や栄養性をも考慮した食物に必要不可欠
な調理について，両先生の専門領域である調理科学分野に関する教科書・参考書を作成し
ていただければ，おそらく，有益・有用な図書を世に出せるであろうと考えて，両先生に
よる調理科学に関する書籍の出版につき，学文社の田中千津子社長に相談を持ちかけたと
ころ，即座に同意された。その結果，ここに高崎先生・小林先生を編者とし，各専門分野
における有能な先生方に参加協力頂いた本書を出版する運びとなったのである。

　さて，本書は，管理栄養士・栄養士，調理師など食物に係わる職業人や学生の勉学に役
立つように，管理栄養士国家試験を配慮した内容になっている。したがって本書は，栄養
士・管理栄養士を目指す学生の勉学に適している事はもちろんであるが，食に関わる現役
の職業人にも大いに役立つ内容に恵まれ，また食に関心ある多くの人々にも興味深い知見
をもたらすことが出来る良書であると信じている。

　最後に，並々ならぬ配慮と努力のもとに本書が上梓された事に対し，学文社の田中社長
および編集部の皆様に心から謝意を表する次第である。

2020 年 2 月

監修者記す

はじめに

　人生 100 年時代の到来です。豊かで充実した日々を送るためには，健康の保持と経済的なゆとりが必要と言われています。生きていくためには，食べることは欠かせません。私たちは，いろいろな種類の食べ物をそのまま食べるのみならず，調理して食しています。火を使って調理を行うのは，人類のみです。食品を加熱し，安全で消化吸収しやすい形にし，さまざまな食品を組み合わせ，食事として摂取しています。

　はじめは，空腹を満たすための食でしたが，作物を栽培し，家畜を飼育することで食料を確保できるようになると，各地域の歴史と文化も影響し，生活に潤いや楽しみをもたらすおいしい食べ物が求められるようになりました。以前は，食事を調製するのに多くの時間を費やしてきましたが，最近では，食の外部化が進み，手軽に食べ物を手に入れることができ，店頭にはおいしい食べ物が並んでいます。おいしい食べ物は，人の心を和ませ，幸せな気分にしてくれますが，必ずしも健康の保持・増進に寄与するものばかりではありません。そこで，現在では，食べ物においしくて健康を保持・増進する効果が期待されています。

　調理は，食事計画を立て，それに従い食品を選択・入手して，食品にさまざまな操作を施し，出来上がった食べ物を盛りつけ，食するまでのプロセスを含んでいます。調理の過程では，食品の栄養機能(栄養成分による)，感覚機能(物性，嗜好成分による)および生体調節機能(生理機能成分による)に変化が生じます。調理の仕方によっては，体に有用なものになったり，または，調理操作で有害物質ができることもあります。さらに，調理方法により，嗜好性の高い食べ物になったり，嗜好に合わないものになることもあります。食品の調理上の性質や調理操作の原理を十分に理解し，各操作のポイントを把握することで，おいしい食べ物を調製するための調理条件の設定の仕方を工夫することができるようになります。調理過程で起きている科学的現象を十分に理解し，実践することができれば，自分の予想する食べ物を調製することが可能となります。AI (人工知能)の時代には，ロボットが調理してくれる日がくることでしょう。その時に，栄養士・管理栄養士の人たちに求められるのは，調理を科学の視点から理解することであり，それを実践できる力です。

　本書は，管理栄養士国家試験ガイドライン(2019 年 3 月発表)に沿った内容となっています。また，調理を行う際の基礎的な内容から，実際に対象者を考えて食べ物を調製する力を身につけて実践できるようになるために，環境や食文化の知識も修得したうえで，さまざまな対象者に対する食事設計ができるように配慮して内容を構成しました。特に災害時の食については，新しい視点として取り入れました。食べ物にかかわりのある分野の皆様にも興味を持っていただければ幸いです。

　2020 年 2 月

編者　高崎禎子　小林理恵

目　　次

第 5 章　調理と栄養，機能的利点

第 6 章　調理と環境

第1章　調理とは

1.1　調理の意義

調理とは，広義には食事計画を立て，それに従い食品を選択・入手し，調理操作を経て仕上がった食べ物を盛り付け，食卓を構成するまでをいう(図1.1)。この過程における改善点を次の食事計画に生かすことで，食事はスパイラルアップされていく。狭義の調理はこの一連の流れにおいて，さまざまな調理条件で処理を施し，食品を化学的，物理的および組織的に変化させ，私たちにとって好ましい食べ物に変える操作をさす。言いかえれば，いつも同じ良い状態の食べ物を提供するためには，食品が好ましい変化をするための調理条件を知ることが重要であり，これを学ぶのが調理科学(調理学)である。

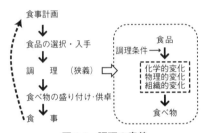

図1.1　調理の意義

1.2　調理の目的

食品は私たちにとって好ましい特性である，栄養機能(一次機能)，感覚機能(二次機能)，生体調節機能(三次機能)を備えている。栄養機能は，生命を維持し活動するために必要な栄養素やエネルギー源として働く。感覚機能は，色，味，香り，テクスチャーなどが感覚に作用し，おいしさに関与する。そして，生体調節機能は，栄養素とは別の成分が，生体の免疫系，分泌系，神経系，循環系，消化系，細胞系などにおいて，生体のリズムを調節し，生体防御，疾病の予防・回復，老化防止などを調節・制御する。実際に食品に含まれている成分の中には，2つまたは3つの機能を併せ持つ場合もある。

調理は私たちの命を維持するだけでなく，心身の健康を保ち，生活を豊かにするために，これらの優れた機能性を有する食品の安全性，栄養性，嗜好性を高めた食べ物に調整することを目的としている(図1.2)。

たとえば，「じゃがいも」は糖質や，微量栄

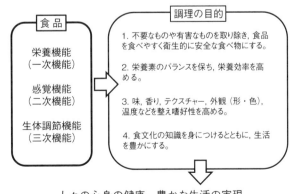

図1.2　調理の目的

1

養素のカリウムやカルシウムが多く含まれ，淡泊な味わいから他の食品との調和を楽しむことができる食品である。しかし，収穫したてのじゃがいもは土がついており，硬くてそのままでは食べられない。これを洗って皮や芽を取り除き，食べやすい大きさに切って加熱することで，安全で栄養価を高め食べやすくすることができる。加熱する時に利用される水と熱は，消化しにくいでんぷんの構造を変化させ，体内において消化しやすくする。煮汁にだしのうま味や調味料を加えて味を 調え，その他の食品と組み合わせることで，じゃがいものおいしさをさらに高めることができる。

　また，「肉じゃが」などのような和食の定番料理や郷土料理は，日本の家庭や地域で親しまれ，その調理法は伝承技術として受け継がれてきた。これまでに構築されてきた家庭や地域・国の食文化を伝承していくこと，農山漁村の豊かな地域資源である食品に新たな付加価値を生み出し，文化を創出することも調理の目指すべき事柄であろう。

＊六次産業化・地産地消法（平成22年公布）　農林漁業の六次産業化とは，一次産業としての農林漁業と，二次産業としての製造業，三次産業としての小売業等の事業との総合的かつ一体的な推進を図り，農山漁村の豊かな地域資源を活用した新たな付加価値を生み出す取組みである。

1.3　調理科学（調理学）の役割

　長い間，食べ物をおいしく仕上げるこつは，人から人への伝承や修業により体得していくものと考えられていた。しかし，調理過程で起こる食品の変化には，科学的アプローチができるはずであると考えられるようになり，調理のこつが科学的に解明され，調理科学が学問として発展してきた。さまざまな研究成果は，日々の調理技術や食生活に役立つ調理理論として体系化され，社会において広く応用されている。

　例えば焼き魚を調理する時には，古くから「強火の遠火」が良いとされてきた。これは強火にして熱源から放射熱を放出させ，遠火にして対流を均一にする手法を表現したものであることが明らかにされている。炭火焼きが理想的とされる理由は，火力が強く放射熱をつくりやすいためである。この加熱法は，家庭用コンロに搭載されているグリルの構造に生かされ，小さな庫内でおいしい焼き魚が簡単に調理できるようになった。

　ここ数年では，わが国の行政による米活用の施策が背景となり，米粉の新たな用途の提案が増えている。特に小麦代替粉としての利用については，科学的なエビデンスが蓄積されており，小麦アレルギーを抱える人々が安心して食生活を楽しめるよう，食べ物の選択の幅を広げることにつながっている。

　また，国連サミットでは，2015 年に「持続可能な開発のための 2030 アジェンダ」が採択され，17 のゴールが示された。「持続可能な開発」とは，「将来世代のニーズを損なわずに，現代世代のニーズを満たす開発」のことであり，健康・福祉に寄与することはもちろん，持続可能な消費と生産，環境負

荷の低減につながるエネルギーの利用方法など，実践につながる提案をするための研究に取り組むことも調理科学の使命であろう(p.55 参照)。

このように調理科学は，自然科学(食品学，栄養学，物理学，化学，生物学，工学，環境学など)的な側面ばかりでなく，人文科学(心理学など)，社会科学(政治・経済学，民俗学など)的なアプローチも加えて，調理に関わる事柄について多面的に追究している総合科学的な学問である。すなわち，「人がどのような食べ方をしたらよいか」を学び研究することを目的としている。

1.4 栄養士・管理栄養士と調理

栄養士・管理栄養士には，保健，医療，介護・福祉，研究・教育，スポーツなど多くの活躍の場があり，各領域において個人や集団の栄養に関するあらゆる課題に取り組むことになる。

しかし，「おいしく食べたい」という気持ちは，人々の共通の願いである。おいしい食べ物は，体の中でも利用しやすい状態になるばかりでなく，生活に楽しみと豊かさを与える。食品を組み合わせ，エネルギーや栄養素バランスを適した状態に整えたとしても，おいしくなければ食べ続けることはできない。おいしいと感じるためには，食べ物だけではなく，食べる人の状態も関わるため，その支援には高い専門性が求められる。特に心身の問題を抱え，栄養管理を必要とする人々に寄り添い，栄養性，嗜好性に配慮した食べ物を調整するためには，調理理論と技術を修得する必要がある。

食品の優れた機能性を知り，これに含まれる成分が消化・吸収され，代謝することによりどのように人の健康に関わるのかを考える時に，栄養士・管理栄養士は調理科学で学ぶ「人がどのような食べ方をしたらよいか」という視点を失ってはならない。また調理科学での学びは，大量調理を伴う食品加工や給食管理の基礎となるほか，ライフステージおよび疾病ごとの栄養管理の実践における食事設計につながる。栄養士・管理栄養士の現場において調理科学がどう生かされるのかについては，本書の第10章にて概説するが，「人が食べる」ことに従事する者にとっては，欠くことのできない学問であることを理解してほしい。

📖 参考文献

十河桜子，相墨智，伊藤あすか，西川向一：特集　熱源としての燃焼　実用機器の現状とこれからの燃料／ガス調理機器の燃焼およびその周辺技術，日本燃焼学会誌，**52**，267-274（2010）

長尾慶子編著：調理を学ぶ［改訂版］，八千代出版（2019）

吉田惠子，綾部園子編著：調理の科学，理工図書（2012）

第2章　食生活と健康

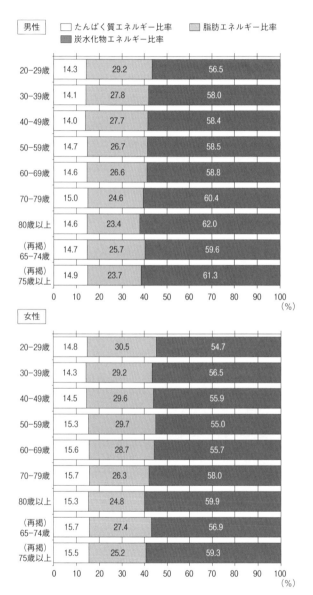

男性
- □ たんぱく質エネルギー比率
- ▨ 脂肪エネルギー比率
- ■ 炭水化物エネルギー比率

	たんぱく質	脂肪	炭水化物
20-29歳	14.3	29.2	56.5
30-39歳	14.1	27.8	58.0
40-49歳	14.0	27.7	58.4
50-59歳	14.7	26.7	58.5
60-69歳	14.6	26.6	58.8
70-79歳	15.0	24.6	60.4
80歳以上	14.6	23.4	62.0
（再掲）65-74歳	14.7	25.7	59.6
（再掲）75歳以上	14.9	23.7	61.3

女性

	たんぱく質	脂肪	炭水化物
20-29歳	14.8	30.5	54.7
30-39歳	14.3	29.2	56.5
40-49歳	14.5	29.6	55.9
50-59歳	15.3	29.7	55.0
60-69歳	15.6	28.7	55.7
70-79歳	15.7	26.3	58.0
80歳以上	15.3	24.8	59.9
（再掲）65-74歳	15.7	27.4	56.9
（再掲）75歳以上	15.5	25.2	59.3

※各比率は個々人の計算値を平均したもの。
※炭水化物エネルギー比率＝100－たんぱく質エネルギー比率－脂肪エネルギー比率

図2.1　エネルギー産生栄養素バランス（20歳以上，性・年齢階級別）

出所）厚生労働省：平成29年国民健康・栄養調査
https://www.mhlw.go.jp/content/10904750/000351576.pdf（2019年8月29日閲覧）

2.1　食生活の現状

　わが国は第二次世界大戦後の食料難からくる低栄養問題に対し，栄養改善法という法律に基づき国策として取り組んだ。その結果，国民の食生活は豊かになり，栄養改善法は平成15年にその役割を終えた。近年では，食品の保存法や流通技術が発達し，新規食品や鮮度の高い食品，加工品などが海外からも多く輸入されるようになった。さらに，人々の文化交流や，インターネットの普及によって情報へのアクセスが容易になり，食の多様化が加速的に進んだ。このようなことを背景に食生活が豊かになる一方で，日本人の食事内容には課題も多くみられるようになった。そこで，今日の食生活の状況について，近年の「国民健康・栄養調査」の結果を基に概説する。

2.1.1　性・年代別の食品・栄養素等摂取状況の違い

　エネルギーおよびたんぱく質摂取量は，男女とも60歳代で最も高かった。また，年齢が高いほど脂肪エネルギー比率が低く，炭水化物エネルギー比率は高い傾向となっている。たんぱく質エネルギー比率は年齢による大きな違いはみられず，日本人の食事としてはたんぱく質エネルギー比15%程度が標準的なのだと考えられる（**図2.1**）。

たんぱく質をどのような食品から摂取しているのかをみた食品群別摂取構成では，年齢が高いほど肉類からの摂取割合が低く，魚介類からの摂取割合は高い傾向であった（図 2.2）。同様に，炭水化物の食品群別摂取構成は，どの年齢階級でも穀類からの摂取割合が最も高いが，年齢が高いほどその割合は低い傾向であった（図 2.3）。一方，20〜40 歳代の傾向として，野菜，果物，魚介類，乳類の摂取量が少ないこと，肉類の摂取が多いことがあげられる。また，高血圧の発症因子として注目される食塩摂取量の平均値は 9.9 g であった。女性よりも男性で食塩の摂取量はやや多いが，10 年間の比較では男女とも有意に減少したと報告している（図 2.4）。

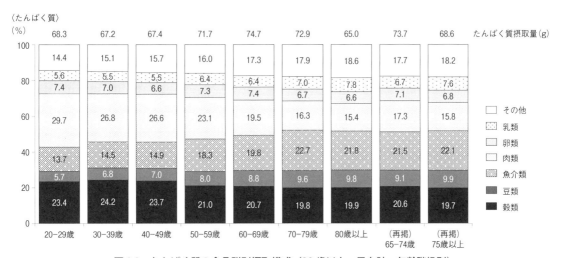

図 2.2　たんぱく質の食品群別摂取構成（20 歳以上，男女計・年齢階級別）

出所）厚生労働省：平成29年国民健康・栄養調査
　　　https://www.mhlw.go.jp/content/10904750/000351576.pdf（2019年8月29日閲覧）

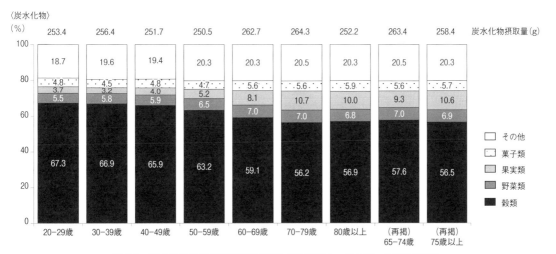

図 2.3　炭水化物の食品群別摂取構成（20 歳以上，男女計・年齢階級別）

出所）図2.2に同じ

•••••••••••••••••••••••••••••••••• コラム1　日本人の食塩摂取量 ••••••••••••••••••••••••••••••••••

　国民健康・栄養調査によると，**日本人の食塩摂取量**[*]は徐々に減少しており，その要因はいくつか考えられる。減塩に対する国民の認知が高まったこと，減塩食品の開発，普及など良い解釈ができる一方で，日本人の食事量の減少による影響や調査バイアスなど，実は減塩できていないという考え方もでき，本当の所はよく分からないというのが実情のようである。

　日本高血圧学会では1日あたりの食塩摂取量を6g未満，WHOは5g未満を推奨しているが，現在の平均摂取量10.1gから考えると到達するのはまだ厳しそうだ。減塩の方法は種々あるが，忙しい現代人にとって毎日の食事に調理操作として取り入れるのは難しいケースもある。教科書に書かれているような手法を実生活に落とし込むためのより簡単なアレンジ法など，調理科学の理論を活かした食生活改善の支援が求められる時代だといえよう。

＊**日本人の食塩摂取量**　令和元年のデータでは 10.1g（20歳以上，男女平均）となっており，健康日本21（第二次）の目標値である 8g（1日あたり平均摂取量）に近づきつつあるが，近年では横ばいである。

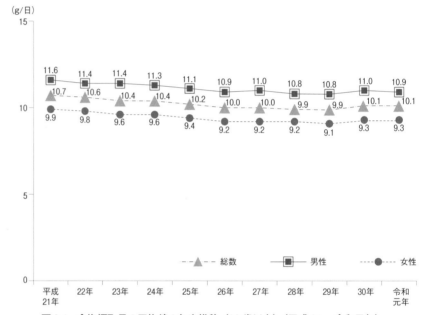

図2.4　食塩摂取量の平均値の年次推移（20歳以上）（平成21〜令和元年）

出所）厚生労働省：令和元年国民健康・栄養調査

2.1.2　日本人の野菜摂取不足

　生活習慣病予防が期待される食物繊維やビタミン類の供給源として野菜類があり，健康日本21（第二次）では1日あたり 350g の摂取を推奨している。成人の野菜摂取量の平均値は 280.5g，男性 288.3g，女性 273.6g となっており，350g には届いていない（**図2.5**）。年齢階級別では，男女とも 20歳代が最も少なく，男性では 70歳代，女性では 60歳代が最も多かった。特に，緑黄色野菜の摂取は 20歳代の男女が他の年齢階級に比べて少なかった。

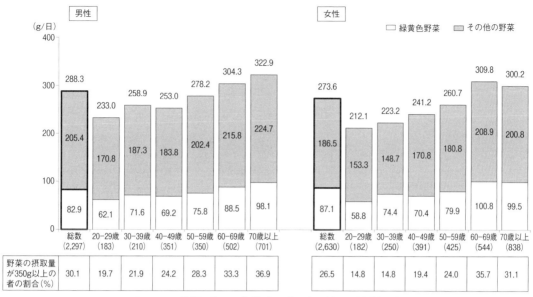

図 2.5　野菜摂取量の平均値（20 歳以上，性・年齢階級別）

出所）厚生労働省：令和元年国民健康・栄養調査

2.1.3　やせと肥満の両極化

　令和元年の結果によると，成人男性で BMI 25 kg /m^2 以上の者の割合が[*1]
33.0 ％（総数）と，約 3 人に 1 人が肥満者という状況であった。肥満は多くの
生活習慣病のリスク要因となるうえ，特に，30 歳代～60 歳代の働き世代に
肥満者が多いことが問題である。成人女性では年齢階級が上がるにつれて肥
満者の割合は高くなるが，22.3 ％（総数）であった。一方，やせの者（BMI <
18.5 kg/m^2）の割合は，男性 3.9 ％，女性 11.5 ％（総数）であった。しかし，20
歳代女性のやせの割合は 20.7 ％と，他の年齢階級よりも高値を示した。極
端なやせは免疫機能の低下にもつながり，さらに若い女性の場合では，生殖
機能や次世代にも影響する。[*2] 過去 10 年間の推移では，大きな増減はなく，
肥満もやせも改善傾向にあるとはいえない。

2.1.4　若年層の朝食欠食傾向

　平成 29 年の結果によると，朝食の欠食状況は，男性 15.0 ％，女性 10.2 ％
（総数）であった。しかし，年齢階級別にみると，男女とも 20 歳代で最も高く，
それぞれ男性 30.6 ％，女性 23.6 ％であった。令和 2 年度食育白書によると，
小学 6 年生の欠食率は 4.6 ％であるが，中学 3 年生になると 6.9 ％となる。[*3]
青年期に向かうにつれて欠食率が高くなることが推測され，若い世代の朝食
欠食が課題となっている。朝食欠食によって，午前中の活力低下につながる
こと，1 日に必要なエネルギーや栄養素量を確保できないこと，残り 2 食が

*1　**BMI（body mass index）**　体
格指数として国際基準になって
いるもので，肥満のスクリーニ
ングに用いられており，「BMI
＝体重（kg）÷身長（m）^{2}」の計
算式で求められる。BMI 22 が
標準体重（男女ともに死亡率や
病気にかかる確率が最も低い状
態）とされ，日本肥満学会では，
BMI 18.5 未満が「やせ」，BMI
18.5 以上25未満が「普通」，BMI
25 以上を肥満としている。

*2　**女性のやせの影響**　極端な
やせは，体脂肪の減少からくる
月経不順や無月経を誘発し，不
妊の原因ともなり得る。また，
妊婦の栄養状態が悪く生まれた
子どもが低出生体重児であった
場合には，将来生活習慣病に罹
患しやすくなるという報告もあ
る（バーカー説）。

*3　小・中学生の欠食率の推移
「朝食を毎日食べていますか」
という質問に対して，「あまり
していない」，「全くしていな
い」と回答した割合の合計
https://www.maff.go.jp/j/
syokuiku/wpaper/attach/pdf/
r2_index-3.pdf（2021年6月23日
閲覧）

大食になりやすいことなどが懸念される。また，20〜30歳代は近い将来に親となる世代でもあることから，食に関する知識や関心を高め，自身の健全な食生活の獲得と，次世代への食育につなげることが重要である。

2.2 わが国の健康づくり対策

わが国の健康づくり対策は，1980年の第一次国民健康づくり対策に始まる。そこから第二次国民健康づくり対策(アクティブ80ヘルスプラン)(1990年〜)，第三次国民健康づくり対策(健康日本21)(2000年〜)へと進んだ。本項では，現在の第四次国民健康づくり対策(健康日本21(第二次))について概説する。

*健康日本21中間報告　厚生労働省による中間報告は，以下のサイトに報告書がまとめられている。
https://www.mhlw.go.jp/content/000378318.pdf（2019年9月28日閲覧）

表2.1　健康日本21（第二次）の基本方針

① 国民の健康の増進の推進に関する基本的な方向
② 国民の健康の増進の目標に関する事項
③ 都道府県健康増進計画及び市町村健康増進計画の策定に関する基本的な事項
④ 国民健康・栄養調査その他の健康の増進に関する調査及び研究に関する基本的な事項
⑤ 健康増進事業実施者間における連携及び協力に関する基本的な事項
⑥ 食生活，運動，休養，飲酒，喫煙，歯の健康の保持その他の生活習慣に関する正しい知識の普及に関する事項
⑦ その他国民の健康の増進の推進に関する重要事項

出所）厚生労働省：健康日本21（第二次）の普及啓発用資料，スライド12より
https://www.mhlw.go.jp/stf/seisakunituite/bunya/kenkou_iryou/kenkou/kenkounippon21.html（2019年8月29日閲覧）

2.2.1　健康日本21（第二次）

健康日本21(第二次)は，2013年度から10カ年計画で始まった国民健康づくり運動である(以下，国民運動)。健康日本21(第二次)は7つの基本方針からなる(**表2.1**)。また，わが国の現状と健康日本21(第一次)の最終結果をふまえ，10年後に目指す姿を「全ての国民が共に支え合い，健やかで心豊かに生活できる活力ある社会の実現」とし，国民運動の基本的方向として5項目を提示した(**図2.6**)。具体的には，最終目標となる健康寿命の延伸・健康格差の縮小に向け，5つの基本的方向に基づき設定された項目からなる数値目標を掲げて取り組んでいる。2018年9月には**中間報告**[*]が出され，目標値の変更や今後の課題・対策についてまとめられている。

2.2.2　スマート・ライフ・プロジェクト

スマート・ライフ・プロジェクトとは，2011年に厚生労働省がスタートさせた国民運動である。「健康寿命をのばしましょう。」をスローガンとし，企業・団体・自治体との連携を主体とした取り組みである。運動，食生活，禁煙の3分野を中心に展開されており，2014年度からは健診・検診の受診がテーマに加えられた。

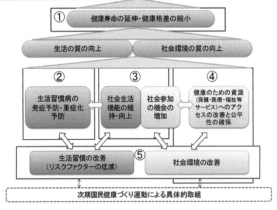

図2.6　健康日本21（第二次）の概念図

出所）厚生労働省：健康日本21（第二次）の普及啓発用資料，スライド14より
https://www.mhlw.go.jp/stf/seisakunituite/bunya/kenkou_iryou/kenkou/kenkounippon21.html（2019年8月29日閲覧）

①運動：毎日 10 分の運動をプラス

②食生活：野菜を 100 g（温野菜なら 70 g）プラス

③禁煙：禁煙でタバコの煙をマイナス

④健診・検診：定期的な受診で健康チェック

2.3 食事の意義

　私たちは，なぜ食べるのか。食事の最も重要な機能は，私たちが生命や健康を維持し，活動（運動）するために必要な栄養素や機能性成分を摂取する「生理的機能」である。これには食事を"いつ"とるかということも影響する。病気の発症や治療に体内時計が関わることが知られており，規則正しい時間に食事を摂取することは，**サーカディアンリズム**[*]を正しく調整し，取り込まれた栄養素などの働きを正常に保つことにつながる。

　また，おいしい料理や家族だんらんの食事は満足感や安心感を得ることができ，ストレスを発散し，生活意欲の向上にもつながるなど「精神的機能」としての意義がある。さらに，食事の場はさまざまな人とのコミュニケーションの場でもあり，家族や社会における人間関係の構築にも関わる「社会的機能」も果たしている。コミュニケーションを円滑にするためにも，基本的な食事のマナー，冠婚葬祭時の作法などを学び，食に関わることへの感謝の気持ちを育むことも必要である。

＊サーカディアンリズム　サーカ（およそ，概），ディアン（日）リズムとなり，日本語で「概日リズム」と呼ぶ。つまり約1日を周期とするリズムで，ヒトではおよそ24.5時間周期である。食事や光は，体内時計を24時間に調整するために重要な因子となる。

📖 参考文献

厚生労働省：健康日本 21（第二次）中間評価報告書
　https://www.mhlw.go.jp/content/000378318.pdf（2019 年 9 月 29 日閲覧）
厚生労働省：令和元年国民健康・栄養調査結果の概要（2019）
　https://www.mhlw.go.jp/content/10900000/000687163.pdf（2021 年 6 月 23 日閲覧）
厚生労働省：平成 29 年国民健康・栄養調査結果の概要（2017）
　https://www.mhlw.go.jp/content/10904750/000351576.pdf（2019 年 8 月 29 日閲覧）
佐々木敏：佐々木敏の栄養データはこう読む！，女子栄養大学出版部（2015）
柴田重信：解説　時間栄養学，化学と生物，**50**，641-646（2012）
スマート・ライフ・プロジェクト：スマート・ライフ・プロジェクトについて
　https://www.smartlife.mhlw.go.jp/about/（2019 年 9 月 29 日閲覧）
日本高血圧学会：減塩委員会，https://www.jpnsh.jp/com_salt.html（2019年9月29日閲覧）
農林水産省：令和 2 年度食育白書
　https://www.maff.go.jp/j/syokuiku/wpaper/attach/pdf/r2_index-3.pdf（2021年6月23日閲覧）
福岡秀興：胎児期の低栄養と成人病（生活習慣病）の発症，栄養学雑誌 **68**，3-7（2010）

第3章 　調理とおいしさ

3.1 　おいしさに関与する要因

3.1.1 　おいしさとは

　私たちは，おいしいものを求めている。飢えや渇きを満たし，健康を維持するために食事という形で栄養素を摂取しているが，食事は栄養素を含んでいれば十分だろうか。栄養的に満たされていても，おいしくなければ，人は継続的に食べることができない。

表 3.1　食べ物のおいしさの成り立ち

```
1）本能的なおいしさ
    栄養素・エネルギー源のおいしさ
    欠乏するほどおいしい
2）生後に獲得したおいしさ
  ①物心つくまでの体験
    食文化
    おふくろの味
  ②物心ついてからの経験・学習
    摂取時に快の実感と連合したおいしさ
    情報によるおいしさ
    大人のおいしさ（苦いもの，強い香辛料）
    嗜好品としてのおいしさ
    （こだわり，病みつき，うんちく，げてもの）
```

出所）山本隆：おいしさとコクの科学，日本調理科学会誌，**43**，327-332（2010）

　私たちはどのような食べ物に「おいしさ」を感じるであろうか。生まれたばかりの赤ちゃんに甘味やうま味を口に含ませると穏やかな表情を示すが，本来，忌避すべき酸っぱいものや苦いものを与えるといかにも「嫌い」という表情を示す。食べ物のおいしさは，その成り立ちから本能的なおいしさと後天的なおいしさに分類される（**表3.1**）。本能的なおいしさは，遺伝情報に組み込まれたもので，体が常に必要とする砂糖や油脂などのエネルギー源，たんぱく質の構成要素であるアミノ酸，ミネラルなどである。後天的なおいしさは体験を重ねることで獲得したものである。

3.1.2 　おいしさに関与する要因

　おいしさは，食べ物の状態に加え，食べる人の状態や環境要因により左右される。同じ人でも健康状態によっても評価が異なることがある。食べ物の

・・・・・・・・・・ コラム 2 　情報とおいしさ ・・・・・・・・・・

　「食品の価格」「産地」「安全に関する情報」「企業イメージ」「宣伝・コミュニケーション情報」あるいは，「消費する場面・環境」などの食品についての情報も脳内の味覚情報処理に強い影響を及ぼすことが知られている。特に有名店のお菓子，行列のできる店の味，値段の高い高級ワインなどは，ことさら，おいしく感じる。これは，ほかの動物ではみられない人間特有のものである。

参考）相良泰行：食感性モデルによる「おいしさの評価法」，日本調理科学会誌，**41**，390-396（2008）

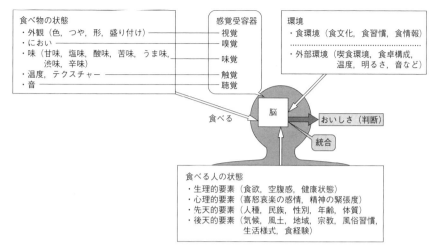

図 3.1　食べ物のおいしさに関与する要因

出所）筆者作成（初出：池本真二他編著：食事と健康の科学（第3版），108，建帛社（2010））

おいしさの判断は，生まれ育った地域の食文化・食習慣も大きく影響し，同じ食べ物でもその人の背景にある文化によって大きく異なる。フランス人と日本人では，同じものを食べても嗜好が異なり，日本人は軟らかく粘りのある米を好むが，フランス人は硬く，付着性のない米を好む。さらに，宗教などもその地域の食文化に大きな影響を与えており，タブー（食物禁忌）となっている食べ物は，おいしいとは感じない。さまざまな情報が加わって脳で判断されるので，複雑であり，個人差も大きい（**図 3.1**）。

3.1.3　味

食品には，固有の呈味成分が含まれており，甘味，塩味，酸味，苦味にうま味を加えた五種が基本的な味と考えられている。うま味という概念は，欧米にはなかったが，日本人研究者が中心になって取り組んだ成果により，うま味も基本味の一つであるという概念が国際的に認められ，定着してきた。今や"umami"という言葉は国際語になっている。基本味は，明らかに他の味と異なる普遍的な味で，他の基本味と組み合わせてもその味を作り出せず，独立の味であることが神経生理学的に証明されうる味である。

人類の歴史は飢餓との戦いであった。そこで，エネルギーになるものの存在，さらにたんぱく質，脂肪，ミネラル等，体を構成する重要な成分の存在を瞬時に「味」として判断するシステムが整ったと推定される（**表 3.2**）。体に必要な栄養素をおいしいと感じるのは，このような背景からと考えられる。

表 3.2　味の意義

味の種類	物質	役割
甘味	糖の存在	エネルギーの存在，血糖になる
塩味	ミネラルの存在	電解質維持，ナトリウムの存在
うま味	グルタミン酸	たんぱく質の存在
酸味	酸類	代謝を促進する有機酸，未熟な果実や腐敗のシグナル
苦味	化学物質	体内に取り入れてはいけない物質の存在

これら五基本味以外に辛味，渋味，えぐ味，金属味，アルカリ味を示す物質がある。辛味は舌への物理的刺激によるもので，渋味は舌への収れん作用であることから，基本味と区別されている。

(1) 甘　味*

＊8.5.2甘味料参照

甘味を呈する物質は，糖，アミノ酸，ペプチド，テルペン配糖体など多種多様である。単糖類(グルコース，フルクトース，ガラクトースなど)，オリゴ糖(スクロース，乳果オリゴ糖，フラクトオリゴ糖など)は一般に甘味を呈するが，糖の種類により，甘味特性は異なる。天然高甘味度甘味料としてステビア，アセスルファムカリウム，グリチルリチンがあり，また，ペプチド類ではアスパルテームがある。

(2) 塩　味

塩味といえば，代表的な物質は塩化ナトリウムである。自然界には，カリウム(K^+)，カルシウム(Ca^{2+})，マグネシウム(Mg^{2+})，アンモニア(NH^{4+})などの陽イオンとハロゲンとの塩が存在し，塩味を呈するものが多い。塩味料として，食塩，みそ，しょうゆが利用されている。食物中の食塩濃度を**表3.3**に示す。私たちがおいしいと感じる食塩濃度は，比較的狭く0.6から1.5 ％である。特に，汁物の場合は生理的食塩水の濃度に近い0.6〜0.8 ％が好まれる。

(3) 酸　味

酸味は解離した水素イオンの味であり，唾液の分泌を促進し，食欲を刺激する。食べ物の中で酸味を呈する代表的な物質として，酢酸，乳酸，クエン酸，リンゴ酸，酒石酸などがある(**表3.4**)。これらの有機酸は，食品にはもともと含まれていたり，発酵や熟成中に生成される。食品中の有機酸は，それぞれ特徴のある酸味を示し，クエン酸は穏やかで爽快な酸味である。食酢は，酢酸濃度4 ％であり，おいしいと感じる濃度は，酢酸で0.02〜0.1 ％程度と大変薄い。酸味は単独でおいしいと感じることはなく，塩味や甘味と一緒になっておいしいと感じる。

(4) 苦　味

苦味を有する化合物は多く，毒物はほとんど苦味を持っている。苦味は単独では快感を与えないが，ごく微量の苦味がおいしさに関係しているものがいくつかある。緑茶，紅茶，コーヒーに含まれるカフェインは苦味物質であるが，神経興奮，眠気予防，緊張緩和などの生理作用を有しており，嗜好品として利用されている。そのほか，チョコレートやココアに含まれるテオブロミン，ビール

表3.3　食物中の食塩濃度

食物	濃度(%)
汁物	0.6 〜 0.8
味付け飯	0.6 〜 0.8
食パン	1.1 〜 1.4
蒸し物	0.7 〜 0.8
煮物	0.8 〜 1.5
炒め物	0.8 〜 1.0
和え物	0.8 〜 1.5
漬物	2.0 〜 7.0
佃煮	4.0 〜 6.0
みそ	6.0 〜 13.0
しょうゆ	12.0 〜 16.0

表3.4　食品に含まれる有機酸の種類

有機酸の種類	おもな所在
酢酸	食酢
乳酸	乳製品，漬物
クエン酸	かんきつ類
リンゴ酸	果物
酒石酸	果物，ワイン
フマル酸	果実
アスコルビン酸	果物，野菜，緑茶

表3.5　食品に含まれる苦味物質

分類	種類	おもな所在
アルカロイド	カフェイン	緑茶，紅茶，コーヒー
	テオブロミン	チョコレート，ココア
テルペノイド	リモネン	かんきつ類
	フムロン	ビールホップ
	ククルビタシン	きゅうり，かぼちゃ
配糖体	ナリンギン	かんきつ類
	ソラニン	じゃがいも
	サポニン	だいず

ホップに含まれるフムロンなどがある（**表 3.5**）。

（5）うま味

うま味は，アミノ酸系のものと核酸系の
ものに大別される。こんぶやチーズ，野菜
類に含まれるグルタミン酸ナトリウム，煮
干やかつお節などの魚類や肉類に含まれる
イノシン酸ナトリウム，しいたけのグアニ
ル酸ナトリウム，貝類や日本酒に含まれる
コハク酸が代表的なうま味成分である（**表**

表 3.6　食品に含まれるうま味物質

種類	呈味物質	おもな所在
アミノ酸系	グルタミン酸ナトリウム	こんぶ，チーズ，野菜，緑茶
	アスパラギン酸ナトリウム	みそ，しょうゆ
	テアニン	緑茶
核酸系	イノシン酸ナトリウム	煮干し，かつお節，肉類，魚類
	グアニル酸ナトリウム	しいたけ，きのこ類
その他	コハク酸	貝類，日本酒

3.6）。こんぶのグルタミン酸ナトリウム，かつお節のイノシン酸ナトリウム，
しいたけのグアニル酸ナトリウムは，日本人により発見された。うま味は，
アミノ酸系のものと核酸系のものが共存すると著しく強められる（相乗効果[*]）。　　*3.1.3（7）参照

（6）その他の味

辛味，渋味，えぐ味，金属味，アルカリ味は，他
の基本味と異なり，味の伝達様式が異なる。これら
は痛覚や収れん性，その他の皮膚感覚との複合感覚
と考えられている。主な呈味物質を**表 3.7** に示す。

辛味成分には，さまざまな生理機能があることが
明らかとなっており，とうがらしのカプサイシンや
こしょうのピペリンなどの辛味成分には体熱産生作
用や抗酸化作用がある。渋味は，食品に含まれるポ
リフェノールが口腔内の粘膜表面のたんぱく質と結

表 3.7　その他の味の呈味物質

種類	呈味物質	おもな所在
辛味	カプサイシン	とうがらし
	ピペリン	こしょう
	ジンゲロール	しょうが
	アリルイソチオシアネート	わさび，からし
渋味	タンニン	赤ワイン，かき（柿）
	カテキン類	緑茶，紅茶
えぐ味	ホモゲンチジン酸	たけのこ
	シュウ酸	ほうれんそう，山菜

合することなどで引き起こされる。渋味は一般には好まれない味であるが，
緑茶やワインでは適度な渋味がおいしさに影響をおよぼしている。茶葉のカ
テキン類は，抗酸化性，脂質代謝改善，血圧上昇抑制などの生理活性を有す
ることが知られている。

・・・・・・・・・・・・・・・・・・・・・・・ **コラム 3　油脂とおいしさ** ・・・・・・・・・・・・・・・・・・・・・・・

　油脂を多く含む食品，たとえば牛霜降り肉，脂ののった魚，マグロのトロ，乳脂肪含量の高いアイスク
リーム，マヨネーズなどを私たちはおいしいと感じる。従来，油脂のおいしさはその香りやなめらかなテ
クスチャーが関与していると言われているが，それだけでは油脂のおいしさは説明できない。

　油脂そのものは，五基本味のように明確な味を持たず，食べ物の味，特にうま味や甘味を増強し，一方
で苦味を抑えてトータルとして食べ物をおいしくする働きがあると考えられる。また，そのエネルギーの
高いものは，特に空腹時は，消化・吸収後に強い快感を引き起こすので，食べ物の嗜好学習にも重要な役
割を演じる。

　（山本隆：おいしさとコクの科学，日本調理科学会誌，**43**，327-332（2010）および伏木亨：油脂とおいしさ，化学と生物，**45**，488-494
（2007）より）

(7) 味の相互作用

　食べ物の味は，単独の味を味わうことは少なく，さまざまな味が複合された状態で味わうことが多い。数種の呈味成分が存在すると呈味性に変化が起こることがある。

　食塩が共存すると，アミノ酸，うま味物質，糖などの味覚強度は増強される。だしに塩を加えた際にうま味が引き立つように，異なる2種類の味が存在するときに一方の味が強まったように感じられる対比効果が引き起こされる。現在では，食塩の摂りすぎが問題となっているが，このような味の相互作用を上手に利用し，おいしさと健康の両面から減塩に心掛けたいものである。また，コーヒーに砂糖を加えると苦味が押さえられるように異なる2種の味物質を加えた際に，一方の味が弱められたように感じられる抑制効果が引き起こされる。うま味成分であるイノシン酸ナトリウムとグルタミン酸ナトリウムが共存すると，相乗効果がみられ，それぞれの単独の味の強さの和よりも何倍も味を強く感じられる。その例として，日本ではかつお節とこんぶがだしとしてよく利用され，西洋では肉料理にトマトソースが利用されるが，いずれもイノシン酸ナトリウムとグルタミン酸ナトリウムの相乗効果によりうま味が増強される絶妙の組み合わせである（表3.8）。

表 3.8　味の相互作用

分類	味（多）＋（少）	例
対比効果	甘味＋塩味（甘味を強める） うま味＋塩味（うま味を強める）	しるこ，あん，煮豆に食塩 だし汁に食塩
抑制効果	苦味＋甘味（苦味を弱める） 塩味＋酸味（塩味を弱める） 酸味＋塩味・甘味（酸味を弱める） 塩味＋うま味（塩味を弱める）	コーヒーに砂糖，チョコレート 漬物 すし飯，酢の物 塩辛
相乗効果	うま味の増強：MSG[*1] ＋ IMP[*2] 甘味の増強：スクロース＋サッカリン	こんぶとかつお節のだし ジュース
変調効果	ある呈味成分を摂取した後に，それとは異種の呈味成分を摂取した時，本来の味と異なる味として感じる現象	塩辛い味の後の水は甘い するめを食べた後のミカンは苦い ミラクルフルーツの後の酸味は甘い

＊1　MSG：L-グルタミン酸ナトリウム　＊2　IMP：5'-イノシン酸ナトリウム

3.1.4　におい

　食品のにおいは多数の揮発性の成分からできている。バナナの酢酸イソアミル，しいたけのレンチオニンなどのように単一の化合物でその食品のにおいを特徴付けられる例もあるが，多くの食品のにおいは，100以上の化合物より構成されている。個々の物質の存在量は10 ppm以下であり，におい物質の総量も100 ppmときわめて微量である。においは既知の成分をすべて配合しても，その食品のにおいが再現できないものもあり，複雑に調和して形成されている。

　食品のにおいの形成は，酵素反応による生成と非酵素的反応による生成に大別される（表3.9）。水に浸す，切る，すりつぶすことにより細胞が破壊され成分が揮発する，または酵素反応によりにおい成分が生成する。たとえば，ねぎ，にんにくなどを切るとアリインという前駆物質がアリイナーゼの作用

によりにおい成分であるアリシンを生成することが知られている。また，焼肉やパンなどでは，加熱により独特の焙焼香が生成し，食べ物においしさを付与している。

香辛料や香味野菜に含まれる特有の強いにおいの中には，抗酸化性，抗菌活性があるものも存在する。先に述べたアリシンは強い抗菌活性をもつ。このようにおいしさを感じるにおい成分の中には生体調節機能も併せもつものもある。

食べ物のにおいと味は相互に影響し合っており，甘味感度は，においの種類によって異なり，ストロベリー香料添加では，有意に甘味の感度が増加している（図 3.2）。

表 3.9　食品のにおいのおもな生成要因

		要因	例
酵素反応による生成	生合成	動植物の代謝によって生成されたものが二次的な変化を受けず残っている。	果物，新鮮野菜，生肉
	自己消化的分解	動植物の死後，自己の酵素によってたんぱく質，核酸，配糖体などが分解して低分子成分が生成する。	肉の熟成，バニラビーンズ
	微生物	発酵や醸造中に微生物によりたんぱく質や脂質が分解する。	みそ，しょうゆ，チーズ
非酵素的反応による生成	加熱	調理や加工の過程で加熱する間に 2 次的新しい成分が生成される。	コーヒー，調理食品
	酸化	空気中の酸素により酸化的分解が起こる。脂質の自動酸化などが代表的。	バターのオフフレーバー

出所）中谷延二編：食品化学, 52, 朝倉書店（1987）

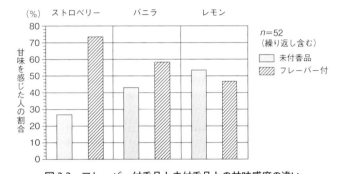

図 3.2　フレーバー付香品と未付香品との甘味感度の違い
出所）日本化学会編：味とにおいの分子認識, 152, 学会出版センター（1999）一部改変

3.1.5　テクスチャー

食品を指で触れた時，または食品を口に入れて咀嚼した時，さらに嚥下した時に感じる「硬い―軟らかい」「粗い―滑らか」「粘っこい」「弾力感」のことを食品のテクスチャーと呼ぶ。テクスチャーに関する用語は，いくつか発表されているが，その一つに Szczesniak（ツェスニアク）によって提唱されたテクスチャー用語の分類がある（表 3.10）。

食品のテクスチャーや物性は，食品の状態によって異なる。食品は，単一の成分からできていることはきわめて少なく，各種成分が混ざってできた多成分系であり，気体，液体，固体の組合せによるコロイド分散系である（表 3.11）。

固体・半固体の食品においては，食べ物のテクスチャーがおいしさを決定付ける場合もある。16 種類の食べ物についておいしさを評価する際の重点の置き所についてアンケート調査を行った結果，食品によりおいしさの貢献する各要素の比率が異なっていることが報告されている（図 3.3）。

食素材の物理的な構造によってテクスチャーは生み出される。たとえば，ゆでたてのうどんと時間が経ちのびてしまったうどん，膨化の程度の異なる小麦粉製品などでは，同じ材料であっても組織の違いにより，テクスチャー

表 3.10　Szczesniak によるテクスチャー用語の分類[a]

分　類	一次特性	二次特性	一般用語
機械的特性	硬　さ		軟らかい→硬い
	凝集性	もろさ	もろい→サクサクした→硬い
		咀嚼性	軟らかい→かみごたえのある
		ガム性	粉っぽい→糊状の→粘っこい
	粘　性		水っぽい→粘っこい
	弾　性		弾力性のある
	付着性		さらさらした→べとべとした
幾何学的特性	粒子径と形		きめ細かい，粒状の
	粒子径と方向性		繊維状の，多孔性の，結晶状の
その他の特性	水分含量		乾いた→湿った
	脂肪含量	油　状	脂っこい
		グリース状	脂ぎった

a）Szczesniak, A. S., *J. Food Sci.*, **28**, 385（1963）より.
出所）畑江敬子・香西みどり編：調理学，27，東京化学同人（2016）

表 3.11　食品の分散系

分散媒	分散質	分散系	食品の例
気体	液体	エアロゾル	湯気
	固体	粉類	小麦粉，食塩，粉砂糖
液体	気体	泡沫	メレンゲの泡，ホイップクリーム，炭酸飲料，ビール
	液体	エマルジョン（乳濁液）	油中水滴型：バター，マーガリン 水中油滴型：牛乳，マヨネーズ，生クリーム
	固体	サスペンジョン（懸濁液）	みそ汁，ジュース，ケチャップ，寒天液，ゼラチン液
固体	気体	固体泡	パン，スポンジケーキ，せんべい，乾燥食品
	液体	固体ゲル	魚，肉，野菜の組織，ゼリー類，豆腐，こんにゃく，卵豆腐
	固体	固体コロイド	冷凍食品，砂糖菓子

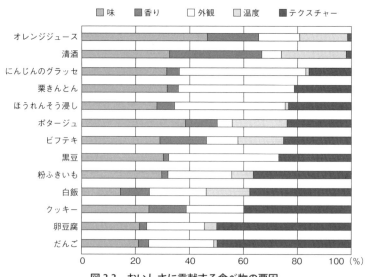

図 3.3　おいしさに貢献する食べ物の要因

出所）松本仲子・松元文子：食べ物の味—その評価に関わる要因—，調理科学，**10**，99（1977）のデータを一部図示化

は異なることが知られている。また，生クリームを撹拌し続けるとエマルションの構造が変化しバターとなるが，水と油の存在状態によってもテクスチャーは異なる。かき(柿)などの果物の熟し加減，野菜の加熱によりテクスチャーは変化し，噛んだときの音も違う。それらは食べ物のおいしさの判定にも影響しており，食品の組織構造は味と同等に重要な因子であり，料理の種類によってはテクスチャーを楽しむものもある。

歯ざわり，舌ざわりは洗練された料理の真髄でもある。食品のテクスチャーのなかでも硬さは重要であり，その食品の大きさや味，何よりもその食品に対する食経験によって好みの硬さは変わる。

種々のテクスチャーや味，温度，食経験などの要素が複雑に絡み合って食品のテクスチャーの嗜好に影響する。ステーキの焼き加減など，肉の味は変わらなくてもテクスチャーが変化することによって，ステーキとしてのおいしさが変わることはよく経験する。さらに，食べ物のテクスチャーは味覚感度に影響を与える。砂糖濃度が同じ時，ゼリー状のもののほうが水溶液に比べ味を感じにくい。ようかんなどの場合，軟らかいものよりも硬いものほど，味を感じにくい傾向にある。

3.1.6　外　　観

日本料理は「目」で食べるともいわれる。食器，食品素材の組み合わせ，盛り付け，季節感など，料理を見ただけでおいしそうと感じさせ，食欲を誘発する。食べる前から食べ物の色や切り方，形など外観は，おいしさに影響を与える。

彩りの良い食事は視覚を刺激して食欲増進効果があるとともに栄養素バランスもよい。料理の献立の彩りのバランスをよくする秘訣として5色をそろえると良いといわれている。5色は「緑，赤，黄，白，黒」のことであり，野菜類は緑色，肉類は赤色，根菜類は黄色，穀類は白色，きのこ類は黒色で表現できる。食品に含まれるおもな色素成分とその起源を示す(表3.12)。

食品はいろいろな色を有しており，pH，金属イオンの影響，空気による酸化などにより，調理加工中に変化する。食品の色には，天然色素，糖とアミノ酸・たんぱく質を含む食品を加熱した際に生成する褐変色素，着色料などの色素成分によるものがある。その他，牛乳が白く見えるのは牛乳中の脂肪球ミセルやたんぱく質の光乱反射によるもので，食品の物理的状態に依存するものもある。

最近の研究により食物の色素成分に多くの生体調節機能が報告されている。カロテノイドは抗酸化作用と発がん抑制作用，たまねぎ等の色素であるケルセチン(フラボノイドのひとつ)は活性酸素捕捉活性があり，皮膚がん発生また

表 3.12　食品に含まれるおもな色素成分とその起源

色素成分	色　調	起源食品群
ポルフィリン系色素		
クロロフィル	黄緑～青緑	緑色野菜類，未熟果実類，海藻類，香辛料類
ヘム色素	赤	魚類，肉類の筋肉（ミオグロビン），血液（ヘモグロビン）
カロテノイド系色素	黄橙～赤	穀類，いも類（さつまいも），豆類，種実類，野菜類，果実類，海藻類，香辛料類，魚介類，卵類
フラボノイド系色素		
フラボノイド	黄	穀類，豆類，野菜類，果実類，香辛料類
アントシアニン	赤橙～青紫	穀類，いも類，豆類，野菜類，果実類
その他の色素		
クルクミン	黄	ターメリック（ウコン）
ベタニン	赤	レッドビート
褐変色素		
ポリフェノール酸化物	褐　色	植物性食品中，ポリフェノールオキシダーゼの作用，非酵素的酸化によって生成
メラノイジン		アミノ－カルボニル反応によって生成
カラメル		糖の加熱によって生成

出所）久保田紀久枝・森光康次郎編：食品学―食品成分と機能性―，80，東京化学同人（2017）一部改変

はプロモーション抑制作用がある。小豆やブルーベリーの赤色色素であるアントシアニンは，生体内脂質酸化抑制作用，活性酸素捕捉活性などを有することが知られている。

3.1.7　音

　食べ物の音は，聴覚を通して知覚されるが，外から入ってくる音と咀嚼により発生する音の2種類があり，食品のテクスチャーと深く関わっている。肉が「ジュー」と焼ける音，せんべいの「パリパリ」，うどんを「ツルツル」，ポテトチップの「サクサク」という音などは，おいしさを一層強調し，食欲をそそる。

3.1.8　温　　度

　温度は，触覚により知覚される物理的刺激である。温度によって，食べ物の味やテクスチャーは，左右されることがある。

　呈味成分の**閾値**[*1]は，温度に依存するものもある（図3.4）。食塩水は，温度が下がるほど閾値も低下するので，冷えたみそ汁は塩辛く感じる。また，糖類を水溶液にしたときの甘味度は温度によっても大きく変化し，低温ほど甘味度は強くなる（図3.5）。温度によらず甘味度がほぼ一定である**スクロース**[*2]の甘味度を100とすると，**フルクトース**[*3]は，5℃では約1.4倍，20℃で約1.3倍，60℃では約0.8倍と低温ほど甘味度が顕著に高くなる（図3.5）。果物にはフルクトースが多く含まれているので，冷やして食べる方が甘く感じるのは，このためである。

*1　閾値　ある刺激が感覚的な反応を起こすか起こさないかの限界を閾（いき）といい，その時の最小刺激量を閾値という。

*2　スクロース　8.5.2甘味料参照。

*3　フルクトース（フラクトースともいう）　8.5.2甘味料参照。水溶液中では，α型とβ型が存在し，温度によりその比率は変化する。β型の甘味度は，α型の3倍であり，低温になるほどβ型は多くなる。

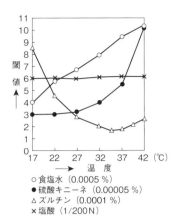

○ 食塩水（0.0005 %）
● 硫酸キニーネ（0.00005 %）
△ ズルチン（0.0001 %）
× 塩酸（1/200 N）

図3.4　味覚閾値の温度による変化

出所）太田静行：減塩調味の知識，45，幸
　　　書房（1993）

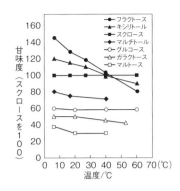

図3.5　甘味度と温度の関係

出所）日本化学会編：味とにおいの分子認
　　　識，52，学会出版センター（1999）

表3.13　食べ物の適温

食べ物，飲み物	温度（℃）
みそ汁，スープ	60 〜 70
お茶，コーヒー	60 〜 65
ごはん	60 〜 70
ホットミルク	40
かゆ	37 〜 42
酢の物	20 〜 25
冷やっこ	15 〜 17
水	8 〜 12
ビール	10 〜 15
アイスコーヒー	5
アイスクリーム	-6

　おいしいと感じる温度は，個人差，環境などの条件により変化するが，体温を中心に±25〜30℃の範囲にあるといわれている。温かい方がおいしいものは，温かく（60〜65℃），冷たい方がおいしいものは冷たくというように，喫食する温度も考慮することが大切である（表3.13）。

3.2　おいしさを感じる仕組み

　私たちは，食べ物を口の中で咀嚼し，唾液とまぜ，飲み込む。この過程において，「味覚」で甘い，苦いといった味を感じ，口中の「触覚」で硬さや粘っこさ，歯ごたえなどを感じる。その間に再び嗅覚を働かせて口中から鼻腔へ抜ける風味を味わい，さらに「聴覚」を通して，バリバリ，ポリポリといった音も認識する。飲み込んだ後の食べ物の各種感覚情報は，それぞれ大脳皮質の感覚野で処理されたあと，前頭連合野（眼窩前頭皮質）に送られ，統合され，食べ物の状態として総合的な判断がなされる。

3.2.1　味を感じる仕組み

　人間が食べ物の味を識別する感覚は味覚で，食塩や砂糖などの呈味物質は水や唾液に溶けた状態で口腔内に存在する味覚器で受容される（図3.6）。

　味覚器は，味細胞が数十個つぼみ（蕾）状に集まった構造をしていることから味蕾といわれている。味蕾の総数は，成人では舌に 5,000 個あまり，舌以外に約 2,500 個ある。舌に存在する味蕾のうち，約 30 ％は舌の前方にある茸状乳頭に存在しており，舌後部の有郭乳頭や葉状乳頭などの乳頭中に約 70 ％が存在している。舌以外には，上皮である軟口蓋，咽頭，咽頭部ののどの粘膜にも味蕾が存在している。味蕾が刺激されると，その情報は味覚神

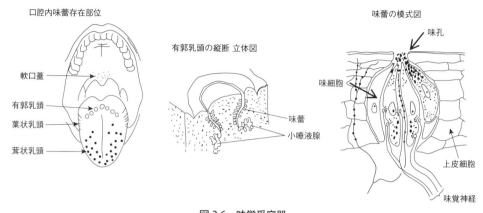

口腔内味蕾存在部位

軟口蓋

有郭乳頭
葉状乳頭

茸状乳頭

有郭乳頭の縦断 立体図

味蕾

小唾液腺

味蕾の模式図

味孔

味細胞

上皮細胞

味覚神経

図 3.6　味覚受容器

出所）山野善正，山口静子編：おいしさの科学，17，朝倉書店（1994）一部改変

経を通して脳に伝えられ，味が感知される。

3.2.2　においを感じる仕組み

　食べ物を対象とするとき，「匂い」「臭い」「香り」が混在しており，「香り」は一般に好ましいものに対して，「臭い」は不快なものに対して用いられる。ここでは，すべてをまとめて「におい」として述べる。「におい」を感知する嗅覚は本来，その食べ物を食べても無害か，あるいは毒性があり，生命に危機をおよぼすかを判定する機能が最も重要であったといわれている。そのため，においに対しては味よりも数段敏感である。においの本体は分子量の小さい揮発性物質である。食品中の含有量は数百 ppm から数 ppb ときわめて微量であるが，私たちはにおい物質の存在を感知することができる。においは，吸い込んだ気体に混在するにおい分子が鼻腔天井部の嗅上皮にある嗅細胞を刺激することにより感じる。嗅上皮には 1,000 万から 5,000 万個の嗅細胞が存在している。40 万以上といわれる膨大な種類のにおい分子をキャッチするために，嗅細胞には約 1,000 種もの受容体が存在している。嗅細胞の先端にある嗅繊毛が刺激を感知すると嗅細胞に電気的刺激が発生し，嗅球を経て高次脳領域へ伝わることでにおい感覚が生み出される。

　においで食べる前に食べ物の状態を判断できれば，動物にとっては危険なものを口に入れるリスクが少なくなる。食べ物のにおいは，食品を特徴づけ，味とともに食べ物の選択に重要な役割を果たしている。食品には固有のにおいがあり，そのにおいが食生活をいっそう豊かにしている。嗅覚は，安全で，おいしいものを探す器官であるともいえる。たとえば，りんごジュースとオレンジジュースは鼻をつまんで飲むと，ほとんど区別がつかない。味だと思っているものの中には，においによるものがずいぶんあるようだ。においは

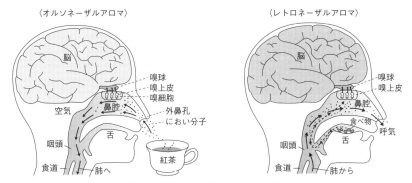

〈オルソネーザルアロマ〉　　　　〈レトロネーザルアロマ〉

図 3.7　食べ物のにおいと 2 つの経路

出所）森憲作：脳の中の匂い地図，33と147，PHP 研究所（2010）

2 種類あり，鼻から直接かぐにおい（オルソネーザルアロマまたは鼻先香）と，食べ物を口に入れて噛んだときに口中から鼻へ抜けるにおい（レトロネーザルアロマまたは口中香）がある。後者は，舌で感じる味覚と一緒になって「味わい」を決定する（図 3.7）。

3.2.3　テクスチャーを感じる仕組み

　食品が口に入って，咀嚼され，唾液と交じり合い，嚥下される過程で，味などの化学的情報と同時に，口腔内の歯，歯茎，口蓋，喉，舌などの感覚器によって知覚される食品の物理的性状に関する情報は，三叉神経により脳に伝達，処理される。そして，私たちは，ねっとり，熱い，冷たいなどの食品のテクスチャーおよび温度を認識する。咀嚼して飲み込むまでの間に刻々と変化する食べ物の膨大な刺激を触覚，圧覚，運動感覚，位置感覚などさまざまな感覚器官が受容し，それらの各情報が統合されて初めてテクスチャーは知覚される。

3.2.4　食情報の脳内での処理

　食べ物を口に入れてからの五感による感覚情報は，内臓感覚情報とともに前頭連合野で統合され，大脳辺縁系の扁桃体に送られる。そこで，過去の食体験と照合が行われ，おいしさ・まずさの評価が行われるとともに，過去の食経験に対応した情動反応が起き，脳内物質の放出や誘導が行われる（図 3.8）。

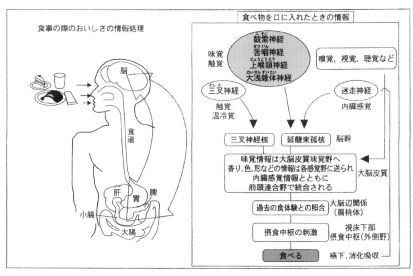

図 3.8　おいしさの情報処理と満足感形成

出所）畝山寿之，鳥居邦夫：だしの効果，臨床栄養，**109**，313（2006）

3.3 ■ おいしさの評価

3.3.1　おいしさを評価する方法

　おいしさを評価する方法には，食べ物の状態を機器分析などによって測定する客観的評価法と食べる人の感覚を用いて測定する主観的評価法とがあり，それぞれ一長一短があるため，目的に応じて選択することが必要である。

3.3.2　客観的評価法

　客観的評価法は，食品の化学的性質または物理的性質を評価するものであり，再現性が得やすいが機器が高価であり，複数の項目を同時に評価できないため，総合的な判断が難しい。最近では，人間の舌の味認識メカニズムを模した味覚センサーや，においセンサー，食感センサーなどが開発されている（表3.14）。

3.3.3　主観的評価法

　主観的評価法の代表的なものとして，官能評価があげられる。人間の感覚は，想像以上に鋭敏で，最

表 3.14　おいしさの客観的評価法

	客観的評価	
	理化学的評価	生体模倣的評価
味	屈折糖度計，塩分濃度計 液体クロマトグラフィー アミノ酸分析計 pH メータ，pH 試験紙 近赤外分光分析計 原子吸光分光光度計等	味覚センサー
香り，におい	ガスクロマトグラフィー 液体クロマトグラフィー	においセンサー
色	マンセル色票，JIS 標準色票 比色計，分光光度計 液体クロマトグラフィー等	色差計
テクスチャー	（基本的方法） 毛細管粘度計，回転粘度計，粘弾性測定装置，動的粘弾性装置，クリープ測定装置等	口蓋圧測定法 咀嚼筋活動電位測定 食感センサー
	（経験的方法） カードメータ，ペネトロメータ，コンプレッシメータ等	
	（模擬的方法） テクスチュロメータ，ファリノグラフ，アミログラフ等	
温度	液体温度計（アルコール，水銀），熱電対温度計，サーモグラフィー	

先端の分析機械でも検出できない微量のにおい成分をかぎ分けたり，微量な歯ごたえの違いを認識することが可能であり，さらに，機器では分析できない感覚や総合的判断，嗜好も一瞬にして評価することができるため，官能評価が必要となる。

（1）官能評価の種類

官能評価には，人間の感覚器官を用いて製品の特性を評価する分析型官能評価と製品に対する嗜好を評価する嗜好型官能評価がある。官能評価の被験者として選ばれた人の集団をパネルといい，パネルを構成する個人をパネリストという。

分析型の官能評価には，試料間の差や標準品との差を判別するために，五感についての鋭敏な感度が必要である。食品の特性を詳細に分析するために，味覚感度の試験を定期的に行い，試料の特徴や専門用語，尺度の使い方を学習する訓練を常に受ける必要がある。パネル数は，5から20名程度の少人数で評価可能である。

嗜好型官能評価では，感度は特に問題とならないが，対象者の嗜好を的確に評価できることが必要であるため，年齢層，性別，職業，家族構成，収入の程度，ライフスタイル等も考慮に入れて，多人数(30から数百人)のパネルを集める必要がある。

また，再現性のある客観的なデータを得るためには，①官能評価の目的を明確にする，②官能評価の目的に合致するパネリストを選択する，③目的に合致する手法を選択する，④パネリストが適切な評価が行えるように試料の選定・調整を行う，⑤官能評価をする環境(防音，照明，温度，湿度等)を整える，⑥統計的手法を適用するなどが必要である。

（2）主な官能評価の手法

官能評価には，2点識別法，3点識別法，順位法などいろいろな方法(表3.15)があるので，目的や試料の特性，求められる精度等に合わせて，適切な評価法を選ぶことが大切である。

表 3.15　おもな官能評価の手法

目的	方法	特徴
差の識別	2点識別法	2つの試料AとBをパネルに提示し，どちらが刺激（特性）をより強く感じるかを評価させる方法
	1対2点識別法	2つの試料AとBを識別するのに，AまたはBを1つ標準品Sとして提示して，別にAとBを提示して，どちらがSと同じかを選ばせる方法
	3点識別法	2つの試料を識別するために，どちらか一方を2個，他方を1個，合計3個をパネルに提示して，異なる1個を選ばせる方法
	1点識別法（A非A識別法）	2つの試料Aと非A（B）の一方だけをランダムな順序でパネルに提示して，AかAでないかを回答させる方法
順位付け	順位法	3種以上の試料を提示して，特性の大きさや嗜好の順位をつけさせる方法
	一対比較法	異なる3種以上の試料から2つずつ組み合わせて，すべての組み合わせについて特性の強弱や嗜好程度を判断させ，各試料を相対的に比較する方法
評点化	評点法	1つ以上の試料について，特性の強弱や嗜好の程度を点数によって評価する方法
特性の描写	SD法（セマンチック・ディファレンシャル法）	相反する意味を持つ形容詞対からなる評価尺度を複数用いて，試料の特性の内容分析を行う方法
	記述的評価法	訓練された少数の専門パネルにより行われる特性を描写する方法

【演習問題】
問1 食品の味に関する記述である。正しいのはどれか。1つ選べ。

（2018 年国家試験）

(1) 食塩を少量加え甘味が増強することを，相乗効果という。
(2) 苦味の閾値は，基本味の中で最も高い。
(3) 辛味は，舌の粘膜に生じる収斂作用による。
(4) こんぶに含まれる旨味成分は，5′-グアニル酸である。
(5) たけのこに含まれるえぐ味成分は，ホモゲンチジン酸である。

解答（5）

問2 食嗜好に関する記述である。誤っているのはどれか。1つ選べ。

（2018 年国家試験）

(1) 個人の一生で変化する。
(2) 服用している医薬品の影響を受ける。
(3) 分析型の官能評価（3 点識別法）で調べる。
(4) 環境要因による影響を受ける。
(5) 栄養状態による影響を受ける。

解答（3）

問3 食品の嗜好要因とその測定機器の組合せである。誤っているのはどれか。1つ選べ。

（2019 年国家試験）

(1) 水分────────加熱乾燥式水分計
(2) 無機質（ミネラル）──原子吸光分光光度計
(3) テクスチャー──────味覚センサー
(4) 有機酸────────高速液体クロマトグラフィー
(5) 温度────────熱電対

解答（3）

📖 **参考文献**

渋川祥子編著：食べ物と健康—調理学—，同文書院（2009）
畑江敬子，香西みどり編：調理学，東京化学同人（2016）
伏木亨：油脂とおいしさ，化学と生物，**45**，488-494（2007）
山野善正編：おいしさの科学事典，朝倉書店（2003）

第4章 調理と安全

4.1 食生活の安全と食品安全行政

4.1.1 食生活の安全

食料は量的に安定的供給が継続し，質的な安全性(Food safety)が向上することで安全保障が確保される。食生活の安全は量的安全と質的安全に分けて考える必要がある。

(1) 量的安全問題：食料資源

量的な安全とは，食料が充分に確保されることである。しかし，わが国の食料自給率(カロリーベース)は38％(2019年)と低く，先進国の中で最低水準である。輸入食材は情報量が少なく，安全性の検査が不十分である。食料自給率の長期的な低下には，国内で自給可能な米を基本とする「和食」離れが進んでいることが影響している。食育の一環として日本の伝統的な食材の調理法を広め「日本型食生活」の実践を促すように，さらなる努力が必要である。

(2) 質的安全問題：有害食品

質的な安全に関わる食品の病因物質は，自然毒(ふぐやきのこ，ソラニン：じゃがいもなどの毒成分)，生物(微生物や寄生虫などとそれらの生成毒)，化学物質(農薬など)の3つに大別できる。

自然毒と生物は人類発生の段階から存在しており，調理方法を含む対応策が経験により蓄積されている。一方で化学物質は歴史が浅く，特定の発生時期も不明であり，原因物質の種類も多い。化学物質には，**残留農薬**[*1]，**メチル水銀**[*2]，**カドミウム**[*3]，**ダイオキシン類**[*4]があげられる。

4.1.2 調理による食生活の安全

食物を洗うこと，皮をむくこと，加熱は，食の安全に欠かせない。食塩による保存は，製塩が始まった縄文時代から取り入れられた。浸透圧の効果で細胞内の水分が細胞外に排出，また腐敗菌(細菌やカビ，酵母などの微生物)の水分を奪い殺す効果がある。

*1 **残留農薬** 化学合成農薬と生物農薬がある。農作物を収穫した後も農作物，食品，環境中に残る農薬を残留農薬という。健康被害を起こし，生態系を乱す。

*2 **メチル水銀** 有機水銀化合物の一種。脂溶性で腸管から吸収されて体内に蓄積して**中枢神経症状**[*]などが生じる。水俣病はメチル水銀が原因。大型魚(メカジキ，クロマグロなど)由来の水銀を妊婦が摂取することで胎児に影響すると厚生労働省は注意喚起している。

* **中枢神経症状** メチル水銀の中毒症状のひとつハンター・ラッセル症候群では中枢神経症状(感覚障害，運動失調，視野狭窄，聴力障害)が生じる。

*3 **カドミウム** 亜鉛や鉛精錬時の副産物として工場から排出され，汚染された水や米を人が摂取し体内に蓄積されて腎臓障害，骨軟化症を発症する。イタイイタイ病の原因物質。

*4 **ダイオキシン類** ポリ塩化ジベンゾパラジオキシン(PCDD)，ポリ塩化ジベンゾフラン(PCDF)，ダイオキシン様ポリ塩化ビフェニル(DL-PCB)の総称である。主な発生源は塩化ビニルなどの廃棄物，自動車排気ガスである。発がん促進，甲状腺機能や生殖機能の低下などが報告されている。

　奈良時代以前には魚の保存のため塩と米飯に漬けて乳酸発酵させた「なれずし」がつくられた。低いpHによる酢の食品の防腐効果は奈良時代から知られ，『万葉集』には酢料理の「なます」を詠んだ歌がある。江戸時代には酢が大量生産され，飯や魚にかけて食べる「早ずし」も広まった。燻製はおがくずや木を燃やし，その煙で食材をいぶす。この煙には殺菌効果があるアルデヒド系化合物などが含まれており，微生物が繁殖しづらい環境を作る。アルデヒド類は肉などの表面のたんぱく質と反応して固い膜を作り，外部から雑菌が入るのを防ぐ。人類は調理を通して味の向上とともに安全性を高める工夫をしてきた。

4.1.3　食品安全行政

　食生活を取り巻く環境が大きく変化したことや，2001年に発生したBSE（牛海綿状脳症）等の事態を受け，2003年7月1日には食品の安全性の確保に関する施策を総合的に推進することを目的とした食品安全基本法が施行された。同日，科学的知見に基づく中立公正なリスク評価を実施するため，リスク管理機関である厚生労働省や農林水産省等から独立して，内閣府に食品安全委員会が設置された。「食品の安全性の確保に関するあらゆる措置は，国民の健康の保護が最も重要であるという基本的認識のもとに講じられなければならない。」という基本理念が明らかにされ，食の安全への新たな取組み（図4.1）が示された。2009年には消費者の食の安全保護を目的として，食品安全に関する総合調整機能を持つ消費者庁が設置され。食品表示に関する業務を管轄している。わが国では，リスク評価機関（食品安全委員会）とリスク管理機関（厚生労働省，農林水産省，消費者庁，環境省等）がそれぞれ独立して業務を行っている。またそれと並行して，消費者庁が総合調整を行い，連携して食品の安全性確保のための取組みを推進している。

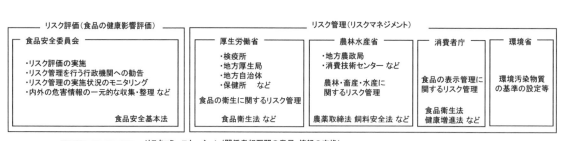

図4.1　食の安全への新たな取組み（リスク分析；リスクアナリシス）

出所）厚生労働省医薬食品局食品安全部：食品の安全確保に関する取組み（2015）
　　　https://www.mhlw.go.jp/topics/bukyoku/iyaku/syoku-anzen/dl/pamph_all.pdf　一部改変（2019年8月30日閲覧）

4.1.4　食品衛生関連法規

　食品の生産，製造，加工，流通，販売，消費に至る各段階で，適切な安全性確保のための規制や措置を定めた法令が整備されている。わが国では主にJAS（Japanese Agricultural Standard：日本農林規格）法[*1]，食品衛生法[*2]，食品安全基本法[*3]，食品表示法[*4]などに基づき食品の安全性確保対策が行われている。

4.2　食中毒とその予防

4.2.1　食中毒の定義

　食中毒[*5]とは，食品を媒介して起こる急性の健康被害の総称である。食中毒はその原因物質により，微生物性（細菌性，ウイルス性），自然毒（動物性，植物性），化学物質，寄生虫，その他に分類される（表4.1）。

4.2.2　食中毒の発生状況

　2018年の全食中毒発生総患者数に対する病因物質別発生割合では，細菌とウイルスが高率であった。一方で総事件数に対する病因物質別発生割合，病因物質別食中毒発生事件件数の推移ではアニサキスが高率であった。

　病因物質別食中毒発生患者数では，やはりノロウイルスが多く，調理器具の洗浄後，次亜塩素酸系消毒剤で消毒，手洗いの徹底，加熱調理（85℃以上で1分以上）の徹底が望まれる。

　病因物質別食中毒発生状況を月別にみると，ノロウイルスの発生件数，患者数が多いことに影響され，12月，1月に高率な傾向がみられた。

4.3　有害物質

　食品に含まれる有害物質には，自然毒，寄生虫，調理により生成する有害物質が含まれる。

4.3.1　自然毒

　動植物の中には体内に毒成分（自然毒）を持つものがいる（表4.1）。成育のある特定の時期にのみ毒を産生する場合や，食物連鎖を通じて餌から毒を蓄積する場合がある。細菌性食中毒と比べると件数，患者数は少ないがフグ毒やきのこ毒のように致死率は高い。

（1）動物性自然毒：魚類（フグ毒），二枚貝，巻貝

　陸上の有毒動物（ヘビやハチ，サソリ）を摂取し食中毒が発症することはまれで魚貝類由来である。

*1　JAS法　日本農林規格等に関する法律（農林水産省1950年制定/2021年改正）　農林物資（酒類，医薬品等を除く飲食料品など）が一定の品質や特別な生産方法で作られていることを保証する「JAS規格制度」（任意の制度）に関する法律。

*2　食品衛生法（厚生労働省1974年制定/2018年改正）は，食品の安全性確保のために公衆衛生の見地から必要な規制その他の措置を講ずることにより，飲食に起因する衛生上の危害の発生を防止し，もって国民の健康の保護を図る法律。食品衛生管理者制度；乳製品，添加物，食肉製品などを製造する業種において食品衛生管理者を置かなければならない（食品衛生法第48条の規定）。

*3　食品安全基本法（内閣府2003年制定/2018年改正）は，輸入食品の増加や遺伝子組換えのような新技術により食生活が変化したこと，牛海綿状脳症（BSE）や輸入野菜の残留農薬問題に対応する目的で，基本理念や，国や国等の役割を定めた法律。

*4　食品表示法（消費者庁2015年制定/2018年改正）は，従来の食品衛生法，JAS法，健康増進法の食品表示に関する規定を2015年に統合。食品の情報を消費者へ明確に提供し，健康危害を未然に防ぐ。行政機関によるデータ分析・改善指導を通じ，食品表示法違反の防止を図る。

*5　食中毒（の潜伏期間）　黄色ブドウ球菌0.5-6時間（平均3時間），腸炎ビブリオ1日以内，ノロウイルス1-2日，サルモネラ6-72時間，カンピロバクター2-7日，腸管出血性大腸菌2-10日など。

表 4.1　食中毒の分類と主な病因物質の特徴

原因菌				原因食品・感染源	おもな症状	対応策
微生物性	細菌性	毒素型　原因菌が産生する毒素により発症	生体内毒素型　体内での毒素産生	腸管出血性大腸菌 O157※1	加熱が不十分な牛肉，牛レバー	下痢，血便，腹痛	加熱；75℃で 1 分間以上
				ウエルシュ菌※2	煮込み料理（カレーなど）	下痢，腹痛	保存；10℃以下か 55℃以上
				セレウス菌（下痢型）	肉類，スープ類，焼き飯など	下痢，腹痛	調理後保存；8℃以下　加熱；55℃以上
			食品内毒素型　食品内での毒素産生	セレウス菌（嘔吐型）※3		嘔気，嘔吐，腹痛	
				黄色ブドウ球菌	手指の化膿巣，握り飯，弁当など	嘔気，嘔吐，腹痛	手指や調理器具の洗浄殺菌
				ボツリヌス菌	缶詰，瓶詰，真空パック，レトルト食品，乳児ボツリヌス症（蜂蜜）	めまい，嘔吐，頭痛	加熱；80℃で 30 分間，乳児ボツリヌス症；蜂蜜を与えない
		感染型	体内での原因菌増殖により発症	カンピロバクター	加熱不十分な鶏肉や豚肉（レバー）	腹痛，激しい下痢，発熱	加熱；75℃以上で 1 分間以上
				リステリア	ナチュラルチーズ，生ハムなど	発熱，頭痛，悪寒	加熱
				腸炎ビブリオ	刺身，寿司，魚介加工品など	腹痛，激しい下痢，嘔気	真水で洗い（魚），加熱；60℃で 10 分間
				サルモネラ	卵，卵の加工品，鶏肉，牛レバーなど	腹痛，下痢，嘔吐	加熱；75℃ 以上で 1 分以上
	ウイルス性			ノロウイルス	二枚貝（牡蠣など）	腹痛，激しい下痢	調理器具は洗浄後次亜塩素酸系消毒剤で消毒，手洗い徹底，加熱；85℃以上で 1 分以上
				A 型肝炎ウイルス	水や氷，野菜や果物，魚介類，二枚貝	発熱，倦怠感，食欲不振	加熱；中心部まで十分に加熱
				E 型肝炎ウイルス	豚肉（レバー）野生動物（シカ，イノシシなど）の肉	食欲不振等の症状が先行。発熱，悪心・腹痛等	手洗い，飲食物の加熱
自然毒	動物性			フグ	肝臓，卵巣など	嘔気，しびれ，麻痺	素人調理や有毒部位の喫食をしない
				二枚貝（貝毒）	ホタテ，ムラサキガイ，アサリ，カキなど	麻痺，水様下痢，嘔吐	貝毒の出荷規制海域か要確認
				巻貝（フグ毒と同じ毒）	キンシバイなど	しびれや麻痺症状，呼吸困難	
				その他の動物性自然毒	魚貝類由来（イシガキダイのシガテラ毒）	神経症状（温度感覚の異常）	
	植物性			キノコ毒	ツキヨタケ，クサウラベニタケなど	嘔吐，腹痛，下痢	採取しない，摂取しない
				ソラニンなど（ステロイドアルカロイド配糖体）	ジャガイモの芽	嘔吐，下痢，腹痛，意識障害	芽をえぐる，小芋を避ける
化学物質	ヒスタミン			ヒスチジンを多く含む赤身魚（マグロ，カジキ，カツオ，サバ，イワシ，サンマ，ブリ，アジなど）とその加工品	顔面，口周囲や耳たぶの紅潮	冷蔵庫で保管
寄生虫	アニサキス			幼虫が寄生している魚介類（サバ，アジ，サンマ，カツオ，イワシ，サケ，イカ）が死亡し，時間が経過すると内臓から筋肉に移動する	みぞおちの激しい痛み，悪心	冷凍；20℃で 24 時間以上　加熱；70℃以上，60℃以上で 1 分
					激しい下腹部痛，腹膜炎症状	
	クドア・セプテンプンクタータ			ヒラメに寄生するクドア属の寄生虫（粘液胞子虫）の一種	一過性の嘔吐や下痢	冷凍；−20℃で 4 時間以上　加熱；中心温度 75℃ 5 分以上

※ 1　病原性大腸菌の中でベロ毒素を産生し，出血を伴う腸炎や溶血性尿毒症症候群（HUS）を起こすものは腸管出血性大腸菌と呼ばれている。少量の菌数でも感染する。
※ 2　嫌気性桿菌。感染型に分類されることもある。
※ 3　わが国におけるセレウス菌食中毒は嘔吐型がほとんど。

下線は人獣共通感染症（zoonoses）は，「ヒトと脊椎動物の間を自然に伝播しうるすべての病気又は感染症」で寄生虫症と細菌性食中毒も含む」。牛海綿状脳症（BSE）プリオン，新型インフルエンザウイルス（H5N1）感染症高病原性鳥インフルエンザウイルスなども含まれる。
出所）厚生労働省　食中毒　https://www.mhlw.go.jp/stf/seisakunitsuite/bunya/kenkou_iryou/shokuhin/index.html
　　　消費者庁　ヒスタミン食中毒　https://www.caa.go.jp/policies/policy/consumer_safety/food_safety/food_safety_portal/topics/topics_003/
　　　農林水産省　寄生虫　http://www.maff.go.jp/j/syouan/seisaku/foodpoisoning/parasite.html
　　　一部改変（上記すべて 2019 年 8 月 30 日閲覧）

・・・・・・・・・・・・・・・・・・・・・・・・・・・・・・・・ コラム 5　O157 ・・・・・・・・・・・・・・・・・・・・

　2016 年 8 月老人ホームで腸管出血性大腸菌 O157 食中毒が発生した。未加熱のきゅうりを流水で洗浄した後に加熱や殺菌を行わなかったことが原因であった。「大量調理施設衛生管理マニュアル」では，食材を流水と中性洗剤で洗浄後，必要に応じて次亜塩素酸ナトリウム等で殺菌をすることを定めており，大量調理施設に該当せずとも遵守することが重要と考えさせられる事例であった。

(2) 植物性自然毒：きのこ, 高等植物

きのこと高等植物に大別される。きのこは生物学的には植物ではなく菌類である。しかし一般的に植物と考えられているため, 食中毒統計ではきのこは植物として扱われている。

4.3.2 寄生虫

2010年度以降, 寄生虫による食中毒は増加傾向にあり, 特にアニサキスによるものが大半を占めている。これまで知られていなかったクドア・セプテンプンクタータ, **ザルコシスティス・フェアリー**[*1], あるいは日本にはいないと考えられていた**アジア条虫**[*2]による食中毒も報告されている。

4.3.3 調理により生成する有害物質

加熱調理・加工によって生成する代表的な有害物質には AGE (advanced glycation end products：AGEs, アミノ・カルボニル反応後期生成物), 過酸化脂質, リジノアラニン(LAL), ヘテロサイクリックアミン(HCA), アクリルアミド, ベンゾ[a]ピレン(多環芳香族炭化水素：PAHs)(別名：3, 4−ベンゾピレン), トランス型不飽和脂肪酸などがある(**表 4.2**)。これらはいずれも健康被害が報告されており, 食品関連事業者だけでなく家庭における調理の工夫も必要である。風味や栄養学的特性を保持しつつ, 有害物質の含有濃度を低減した加熱調理条件を検証していく必要がある。

*1 ザルコシスティス・フェアリー　犬と馬の寄生虫。馬の体の中では筋肉に寄生する。馬刺し摂取後数時間で, 一過性の下痢などを引き起こす。防止には冷凍保存が有効。

*2 アジア条虫　無鉤条虫に酷似。日本では1968年以前に分布は知られていなかった。生レバー摂取後数時間で一過性に嘔吐や下痢などが認められる。防止には加熱が有効。

表 4.2　調理中により生成する有害物質

有害物質	生成機序	含有食品や特徴
AGE (advanced glycation end products, AGEs, アミノ・カルボニル反応後期生成物)	たんぱく質が非酵素反応で糖化され生じる種々の分子の総称, AGE (終末糖化産物) という	こげ (白飯やトースト) や, しょうゆやその色素中アミノ基を持つたんぱく質と還元糖が, アミノ・カルボニル反応により特有の香りや褐色物質を生成する
過酸化脂質	油脂中の不飽和脂肪酸が酸素と反応して過酸化脂質を生成する, 金属や光などにより促進される, この油脂の変質を酸敗または変敗という	保存状態が悪い油脂
リジノアラニン (LAL)	たんぱく質にアルカリ処理や加熱処理を行うと LAL (窒素原子による架橋構造をもつアミノ酸) が生成される	ピータン
ヘテロサイクリック(環)アミン (HCA)	肉や魚などのたんぱく質を多く含む食品を150℃以上で加熱調理したときに生成する	高温で焼いた肉や魚
アクリルアミド	アミノ酸のアスパラギンと還元糖を含む食品が高温で加熱されると生成する	フライドポテト, スナック菓子, ビスケットやパン
ベンゾ[a]ピレン(多環芳香族炭化水素：PAHs) (別名：3,4−ベンゾピレン)	有機物の不完全燃焼や熱分解等で生成する化学物質, 燻製製品を作る際の木材の不完全燃焼により生成する	燻製製品や高温で焼いた脂肪の多い肉や魚
トランス型不飽和脂肪酸	構造中にトランス型の二重結合を持つ不飽和脂肪酸 水素を付加して硬化した部分硬化油を製造する過程で多く生成される	マーガリン, ファットスプレッド, ショートニングおよびこれらを使用した菓子, 揚げ物 高温調理食品や電子レンジ (マイクロ波加熱) 使用の調理食品

4.4　食品添加物

4.4.1　食品添加物の定義

　食品添加物は「食品の製造の過程において，または食品の加工もしくは保存の目的で，食品に添加，混和，浸潤その他の方法によって使用するもの」と定義されている（食品衛生法第4条第2項）。食品に添加することで味を調える，長期保存を可能にする，色や香りをつけるなどの効果が得られる物質のことである。

4.4.2　食品添加物の分類

　食品衛生法上の分類では，①労働大臣が安全性と有効性を確認して指定した指定添加物と②いわゆる天然添加物（既存添加物，天然香料，一般飲食物添加物）に大別される。

4.5　安全性の評価

　食べ物には栄養成分とともに，ごく微量ながら健康に悪影響をおよぼす要因（リスク）が含まれていることがある。リスク（食品を食べることによって有害な要因が健康に及ぼす悪影響の発生確率と程度）は科学的知見に基づいて客観的かつ中立公正に評価（リスク評価）することが重要である。

(1) 毒性試験

　食べ物に含まれている食品添加物は，一回の摂取量は少量であっても，一生涯にわたって摂取することになる。例えば食物に含まれている食品添加物では，特に長期毒性や発がん性については医薬品以上に厳密に安全性を確保する必要があり，さまざまな安全性試験が行われている。一般毒性試験では，反復投与試験（繰り返し食べさせたときの影響の確認），特殊毒性試験では，繁殖試験，催奇形性試験（次世代への影響の確認），発がん性試験，抗原性試験（アレルギーを発症する可能性の確認），変異原性試験（遺伝子や染色体などへの影響の確認），一般薬理試験（試験された動物の生体機能に対する影響の確認）が行われている。

(2) 無毒性量（No Observable Adverse Effect Level：NOAEL）

　無毒性量とは，実験動物に食品添加物を，毎日一生涯摂取させても，有害な影響が確認されない最大量（体重1 kgあたりのmgで表す）である。

(3) 一日摂取許容量（Acceptable Daily Intake：ADI）

　ヒトがある物質を一生涯にわたって毎日摂取し続けても，健康への悪影響がないと推定される一日あたりの摂取量のこと。体重1 kgあたりの物質の摂取量で示される（mg/kg体重／日）。毒性学的ADIともいうこともあり，慢性

毒性試験や生殖発生毒性試験等から得られる無毒性量(NOAEL)を安全係数(SF)で除して算出する。

　物質に対する感受性は，人間と実験動物でも異なるが，人の間でも差がある。動物実験で得られた最大無毒性量に，**安全係数**[*1] 1/100をかけて得た値を，安全量とみなしている。安全性の審議を行う際には，国際的な食品添加物の評価機関である国際連合のFAO/WHO合同食品添加物専門家会議(JECFA)の安全性評価の結果も参考にしている。食品添加物の使用基準は，一日摂取許容量(ADI)を超えないように設定される。

4.6　調理と衛生管理

4.6.1　HACCPによる衛生管理

　HACCP (Hazard Analysis and Critical Control Point)とは「**危害要因**[*2]**分析重要管理点**」と訳される。この手法は国連の食糧農業機関(FAO)と世界保健機関(WHO)の合同機関である**コーデックス(食品規格)委員会**[*3]から発表され，各国でその採用を推奨している国際的に認められた衛生管理方法である。

　HACCPによる衛生管理は，従来の最終製品の検査によって安全性を保障する方法とは異なる。原料の入荷・受入れから製造工程，さらには製品の出荷までのあらゆる工程において，発生するおそれのある生物的・化学的・物理的危害要因をあらかじめ分析(危害要因分析)する。危害発生の危険性がある工程を(重要管理点)を定める。どのような対策を講じれば危害要因を管理(消滅，許容レベルまで減少)できるかを検討し，重点的に衛生管理を行い安全性を確保するシステムである。わが国では1995年に製造基準が定められた業種を対象とした「総合衛生管理製造過程の承認制度」としてHACCPによる衛生管理がスタートした。2018年6月13日に食品衛生法等の一部を改正する法律が公布され，HACCPに沿った衛生管理の制度が施行されている。

4.6.2　HACCP導入のための7原則12手順

　HACCPは，組織全体で適切に実施することが求められる。「7原則12手順」(**表**4.3)はHACCPの運営手順である。

4.6.3　大量調理施設衛生管理マニュアル

　HACCPの概念に基づく衛生管理手法を用いた「**大量調理施設衛生管理マニュアル**[*4]」は，同一メニューを1回300食以上又は1日750食以上を提供する調理施設における食中毒予防目的で作成された(最終改正2017年6月)。衛生管理体制を確立するために，調理過程における4つの重要管理事項を示してい

*1　**安全係数**　人と実験動物の感受性の差が10倍を超えることはないという経験則をもとに，人へ当てはめるときは動物実験から得られた無毒性量の1/10とする。さらに人でも性別や年齢，体格で感受性の差があるが，その差は10倍を超えることはないという経験則をもとに，さらに1/10にして，全体で安全係数を1/100にして安全性を確保している。

*2　**危害要因（ハザード）**　食品内の人の健康に害を及ぼす可能性のある危害物質（要因）を指し，生物的（病原微生物など），化学的（残留農薬，抗生物質，洗浄剤・消毒剤），物理的（金属片，ガラス片等）の3つの要因に分類される。

*3　**コーデックス委員会（Codex Alimentarius Commission：CAC）**　1962年，国連食糧農業機関（FAO）と世界保健機関（WHO）が合同で決定した国際的な食品規格であるコーデックス規格の計画，実施機関。

*4　大量調理施設衛生管理マニュアル（厚生労働省，2017年）https://www.mhlw.go.jp/file/06-Seisakujouhou-11130500-Shokuhinanzenbu/0000168026.pdf（2019年8月30日閲覧）

表 4.3　HACCP 導入手順の実施導入のための 7 原則 12 手順

手順 1	HACCP チームの編成；チームを作ろう	製品を作るための情報がすべて集まるように，各部門の担当者が必要 例）調達，工務，製造等		危害要因分析の準備
手順 2	製品説明書の作成；製品説明書を作ろう	製品の安全管理上の特徴を示すもの	製品の説明書	
手順 3	意図する用途及び対象となる消費者の確認；用途，対象者の確認をしよう	体の弱い人のための食品ならば，より衛生等に気をつけることが大事なため		
手順 4	製造工程一覧図の作成；製造工程図を作ろう	工程について危害要因を分析するためのもの	製造工程図	
手順 5	製造工程一覧図の現場確認；製造工程図を現場で確認しよう	工程が勝手に変更されていないか，間違いがないかを確認		
手順 6	原則 1 危害要因の分析；危害要因分析に挑戦（食中毒菌，化学物質，危険異物など）	原材料や製造工程で問題になる危害の要因を挙げる	危害要因の分析と HACCP の決定	HACCP プランの作成
手順 7	原則 2 重要管理点の決定（つけない，増やさない，殺菌するなどの工程手順）	製品の安全を管理するための重要な工程（管理点）を決定する		
手順 8	原則 3 管理基準の設定（温度，時間，速度など）	重要管理点で管理すべき測定値の限界（パラメーターの許容限界，例えば中心温度）を設定する		
手順 9	原則 4 モニタリング方法の設定（温度計，時計など）	管理基準の測定方法（例えば，中心温度での測定法）を設定する		
手順 10	原則 5 改善措置の設定（破棄，再加熱など）；不具合があった時には「改善措置」	あらかじめ管理基準が守られなかった場合の製品の取扱いや機械のトラブルを元に戻す方法を設定しておく（例えば，廃棄，再加熱など）		
手順 11	原則 6 検証方法の設定；定期的に見直す「検証」（記録，検査など）	設定したことが守られていることを確認		
手順 12	原則 7 記録と保存方法の設定：文書化と保存	検証するためには記録が必要，記録する用紙とその保存期間を設定する		

出所）厚生労働省：食品製造における HACCP 入門のための手引書．2015 年 10 月
https://www.mhlw.go.jp/file/06-Seisakujouhou-11130500-Shokuhinanzenbu/0000081880.pdf（2019 年 8 月 30 日閲覧）一部改変

る。① 原材料受け入れ及び下処理段階における管理を徹底すること，② 加熱調理食品は，中心部まで十分加熱しウイルスを含む食中毒菌等を死滅させること，③ 加熱調理後の食品及び非加熱調理食品の二次汚染防止を徹底すること，④ ウイルスを含む食中毒菌が付着した場合に菌の増殖を防ぐため，原材料及び調理後の食品の温度管理を徹底することなどを示している。2017 年の改正における主な追加事項は，(1)原材料の製造加工業者の衛生管理体制等の確認，特に従事者の健康状態の確認やノロウイルス対策状況，(2)高齢者，若齢者及び抵抗力の弱い者を対象とした施設における加熱せずに提供する野菜や果物の殺菌，(3)調理従事者の毎日作業前の健康状態の確認及び記録の実施，(4)調理従事者のノロウイルスに係る検便の頻度，(5)ノロウイルス無症状病原体保有者への対応である。

4.6.4　家庭で行う HACCP

　家庭の食事が原因で起こる食中毒は，全体の 2 割近くを占めている。厚生労働省は，食中毒予防の 3 原則「細菌を付けない，増やさない，殺す」が実現可能となるように，HACCP の概念に基づく衛生管理手法を用いた「家庭でできる食中毒予防の 6 つのポイント」を発表した（表 4.4）。

表 4.4　家庭でできる食中毒予防の 6 つのポイント─家庭で行う HACCP（宇宙食から生まれた衛生管理）─

ポイント 1　食品の購入
消費期限などの表示を確認，肉・魚はそれぞれ分けて包み，購入したらまっすぐ持ち帰る

ポイント 2　家庭での保存
帰ったらすぐに冷蔵庫へ。詰めすぎに注意し入れるのは 7 割程度。
冷蔵庫は 10℃以下，冷凍庫は -15℃以下にし，肉・魚は水分がもれないように包んで保存

ポイント 3　下準備
野菜もよく洗い，生で食べる食品から調理する。生の肉や魚を切った後は洗ってから熱湯をかける
解凍は冷蔵庫の中や電子レンジで行う。冷凍や解凍を繰り返さない
台所は清潔を保ち，ゴミはこまめに捨てる。手は作業前後にせっけんで良く洗う
タオルやふきんは清潔なものと交換。調理後は包丁などの器具，タオルやふきんは消毒する

ポイント 4　調理
加熱は十分に（めやすは中心部の温度が 75℃で 1 分間以上）
調理を途中でやめたら冷蔵庫に入れる
電子レンジでの加熱は均一に加熱されているか確認

ポイント 5　食事
食卓に付く前に手を洗う
盛りつけは清潔な手で，清潔な器具に
室温に長く放置しない

ポイント 6　残った食品
残った食品を扱う前にも手を洗う
清潔な器具，容器に，早く冷えるように浅い容器に小分けして保存
温め直す時も十分に加熱する（めやすは 75℃以上）
味噌汁やスープなどは沸騰するまで加熱する
ちょっとでも怪しいと思ったら捨てる

出所）厚生労働省：家庭でできる食中毒予防の 6 つのポイント
　　　https://www.mhlw.go.jp/www1/houdou/0903/h0331-1.html#point（2019 年 8 月 30 日閲覧）一部改変

4.6.5　食品安全マネジメントシステム（Food Safety Management System：FSMS）

　HACCP の考え方に基づいて食品の製造過程における危害要因をコントロールするシステムである。食品安全マネジメントシステムの代表的なものに **ISO**[*]（International Organization for Standardization：国際標準化機構）22000 がある。消費者に安全な食品を提供するために生産から食卓まで，食品に関するすべての過程において，食品危害を防ぐための仕組みを作るための国際規格である。例えると HACCP は食品安全のガイドラインであり，ISO22000 は食品安全国際規格である。

4.7　食品の表示

4.7.1　食品の表示制度

　食品の表示制度は，消費者が安心して食品を選択するため，情報提供と安全性の確保に重要な役割をもつ。食品の表示に関わる担当省庁は厚生労働省，農林水産省に分かれており，食品衛生法，JAS 法（日本農林規格等に関する法律 2017 年改正），健康増進法（2003 年施行）の 3 法で規制されていたが，表示規定

*ISO は1947年ジュネーヴで設立された。世界中の製品の「標準化」を目的にした非営利法人，またはその国際標準化機構が発行する規格である。食品を作り出す過程において，製品部門のみならず全社的な食品安全の仕組みづくりと食品安全管理手法を確立し，食品危害・事故を防ぐためのマネジメントシステムである。ISO9001は品質マネジメントシステムである。

の一元化が検討され，統合・整理された，食品表示法(消費者庁管轄)が2013年に公布され，2015年に内閣府令として食品表示基準が公布された。

4.7.2 食品表示法

食品表示法[*1]では，食品表示基準に基づき表示され，食品を摂取する際の安全性の確保や，自主的かつ合理的な食品の選択機会の確保などの観点から制定されている。

生鮮食品と加工食品との区分は，JAS法に基づく区分に統一された。生鮮食品は，収穫(収穫)した食品のまま，あるいは，単に洗浄，分離，切断したものである。加熱・調理を施したものは，加工食品となる。生鮮食品には，名称と原産地の表示が義務となっている。水産物では，解凍や養殖の有無も義務表示項目である。

加工食品は，名称，原材料(原料原産地を含む)，添加物，アレルゲン，内容量，期限表示(消費期限または賞味期限)，保存方法，製造者，栄養成分の量および熱量(エネルギー)などの表示が義務付けられている。この他，遺伝子組換えや食品の規格，健康の保持増進に役立つ食品の機能性等も表示される。

(1) 原料原産地表示

全ての加工食品(輸入品を除く)の重量割合上位1位の原材料について原料原産地を表示する。重量割合上位1位の原材料が生鮮食品の場合は，その産地を表示する。2カ国以上の産地の原材料を混合して使用する場合は，重量の割合の高い順に国名を表示する。

(2) 期限表示

消費期限または賞味期限の表示対象となる食品等は，①一般消費者に直接販売される食品のうち，**加工食品**[*2]，かんきつ類，バナナ，及び食品添加物，②一般消費者に直接販売されず，業者間で取引されるいわゆる業務用の**加工食品**[*3]及び食品添加物。なお，一部の品目については，期限表示の省略が可能。

(3) アレルギー表示

近年，食物アレルギー(p.38参照)の罹患者が増加しており，健康被害を未然に防ぐために，アレルギー原因物質を含む加工食品には，その食材の表示が義務付けられている。義務表示がある特定原材料7品目と，表示が推奨される21品目がある(p.162参照)。原則として，それぞれの原材料の後にカッコ書きする方法(個別表示)で特定原材料を記載する。ただし，表示面積に限りがあり，個別に記載ができない場合は，例外として原材料と添加物の直後にまとめてカッコ書きする方法(一括表示)が可能である。

(4) 遺伝子組換え食品 (Genetically Modified Orgasnisms：GMO)

遺伝子組換え技術を利用した農作物の栽培が諸外国では盛んに行われてい

*1 **食品表示法**（2013年）の基本理念（第3条）として，食品表示は，消費者政策の一環であり，消費者の安全及び自主的かつ合理的な選択の機会が確保され消費者に対し必要な情報が提供されることは，「消費者の権利」であると明記されている。

*2 **加工食品** 食品衛生法で加工食品に分類される生かき，食肉等の食品を含む。

*3 **業務用加工食品** 食品衛生法で加工食品に分類されない塩蔵・塩干・乾燥魚介類，乾燥野菜，乾燥果実等を除く。

*4 **遺伝子組換え食品** 表示義務の対象となるのは，大豆，とうもろこし，ばれいしょ，菜種，綿実，アルファルファ，てん菜及びパパイヤの8種類の農産物と，これを原材料とし，加工工程後も組み換えられたDNA又はこれによって生じたたん白質が検出できる加工食品33食品群及び高オレイン酸遺伝子組換え大豆及びこれを原材料として使用した加工食品（大豆油等）等。

る。日本で，これらの遺伝子組換え農作物または加工したものを販売するためには，厚生労働大臣の許可を必要とする。**分別生産流通管理**[*]が行われた遺伝子組換え農作物またはこれを原材料とする加工食品は，「大豆(遺伝子組換え)」等と記載する。

＊分別生産流通管理　遺伝子組換え農産物と非遺伝子組換え農産物を農場から食品関連事業者まで生産，流通及び加工の各段階で相互に混入が起こらないよう管理し，そのことが書類等により証明されていること。

　従来のものと組成，栄養価等が同等である遺伝子組換え農産物及びこれを原材料とする加工食品であって，加工工程後も組み換えられた DNA またはこれによって生じたたんぱく質が，広く認められた最新の検出技術によってその検出が可能とされているものについては，「遺伝子組換えである」旨，または「遺伝子組換え不分別である」旨の表示が義務付けられた。油やしょうゆなどの加工食品，非遺伝子組換え農産物及びこれを原材料とする加工食品は，任意表示を規定している。

（5）放射線照射

　放射線を照射した旨及び放射線を照射した年月日である旨の文字を冠したその年月日を表示することが義務付けられている。

（6）栄養成分表示の義務化

　加工食品の栄養成分表示は従来任意であったが，食品表示法では義務表示となった。表示すべき栄養素は，熱量(エネルギー)，たんぱく質，脂質，炭水化物，食塩相当量(一部の食品では，ナトリウムでも可)の 5 つである。

　任意(推奨)する表示項目は，飽和脂肪酸，食物繊維であり，任意(その他)は，糖質，コレステロール，ビタミン，ミネラル類である。

　栄養成分の表示を省略できるものは(1)商品が小さく包装などに表示できる面積が小さいもの，(2)酒類，(3)栄養の供給源として寄与の程度が低いもの(茶葉やその抽出物，スパイス等)，(4)きわめて短い期間で原材料が変更されるもの，(4)小規模事業者が販売するものである。

（7）保健機能食品

　保健機能食品には，健康増進法を根拠法とする特定保健用食品と食品衛生法を根拠法とする栄養機能食品，食品表示法を根拠法とする機能性表示食品がある(図4.2)。

1）　特定保健用食品（図4.3）

　「おなかの調子を整える」などの，特定の保健の用途が期待できる旨が表示できる食品。その効果や安全性について国の審査を経た上で消費者庁長官の許可を受けて許可マークが表示できる。条件付き特定保健用食品および規格基準型特定保健用食品，疾病リスク低減表示型特定保健用食品もある。

2）　栄養機能食品

　日常生活の乱れや加齢などの影響によって日常の食生活で不足しがち

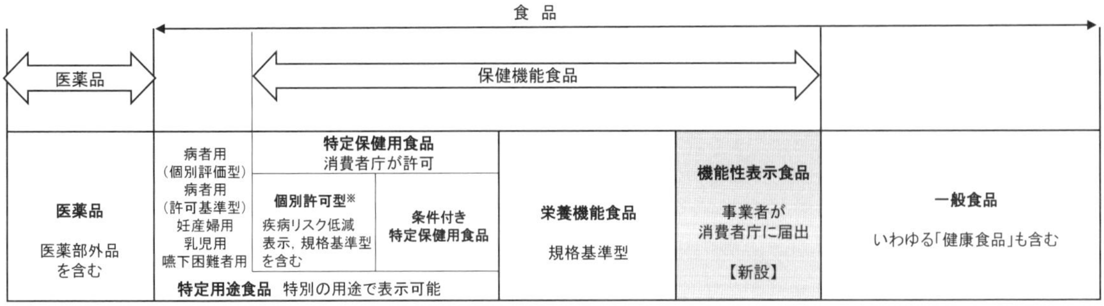

食品

医薬品	病者用 （個別評価型） 病者用 （許可基準型） 妊産婦用 乳児用 嚥下困難者用	特定保健用食品 消費者庁が許可		栄養機能食品	機能性表示食品	一般食品
		個別許可型※ 疾病リスク低減 表示，規格基準型 を含む	条件付き 特定保健用食品		事業者が 消費者庁に届出 【新設】	
医薬品 医薬部外品 を含む				規格基準型		いわゆる「健康食品」も含む
	特定用途食品　特別の用途で表示可能					

保健機能食品（特定保健用食品・栄養機能食品・機能性表示食品の範囲）

図 4.2　食品と医薬品の分類

出所）消費者庁：健康や栄養に関する表示の制度について
　　　https://www.gov-online.go.jp/useful/article/201505/1.html#anc02　一部改変（2019 年 8 月 30 日閲覧）

特定保健用食品

食生活において特定の保健の目的で摂取をする者に対し，その摂取により当該保健の目的が期待できる旨の表示をする食品

特定保健用食品（疾病リスク低減表示）

関与成分の疾病リスク低減効果が医学的・栄養学的に確立されている場合，疾病リスク低減表示を認める特定保健用食品（現在は関与成分としてカルシウム及び葉酸がある）

特定保健用食品（規格基準型）

特定保健用食品としての許可実績が十分であるなど科学的根拠が蓄積されている関与成分について規格基準を定め，消費者委員会の個別審査なく，消費者庁において規格基準への適合性を審査し許可する特定保健用食品

特定保健用食品（再許可等）

既に許可を受けている食品について，商品名や風味等の軽微な変更等をした特定保健用食品

条件付き特定保健用食品

特定保健用食品の審査で要求している有効性の科学的根拠のレベルには届かないものの，一定の有効性が確認される食品を，限定的な科学的根拠である旨の表示をすることを条件として許可する特定保健用食品

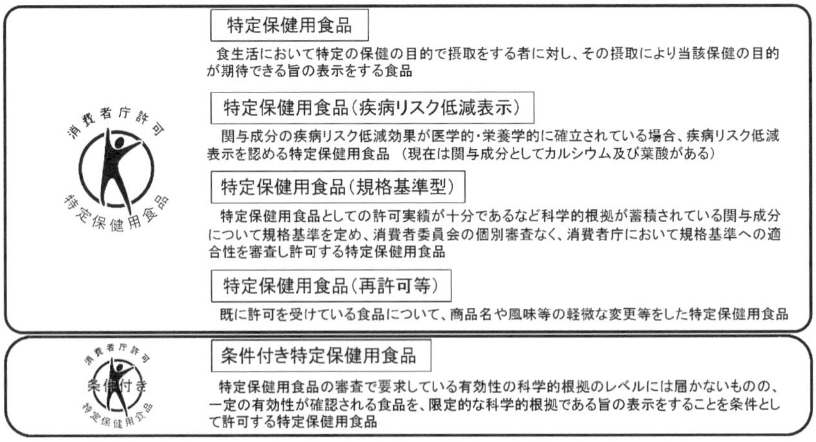

特定保健用食品には，特定保健用食品，特定保健用食品（疾病リスク低減表示），特定保健用食品（規格基準型），特定保健用食品（再許可等），条件付き特定保健用食品がある．

図 4.3　現在の特定保健用食品

出所）消費者庁：特定保健用食品の許可について　現在の特定保健用食品
　　　https://www.caa.go.jp/policies/policy/food_labeling/health_promotion/pdf/syokuhin86.pdf（2019 年 8 月 30 日閲覧）

な特定の栄養成分（ビタミン，ミネラルなど）の補給を目的として利用できる食品である。すでに科学的根拠が確認された栄養成分を一定の基準量含む食品であれば，特に届け出などをしなくても，国が定めた表現によって機能性を表示することができる。表示できる成分は，ビタミン 13 種類，ミネラル 6 種類，n-3 系脂肪酸である。

3)　機能性表示食品

　2015 年の食品表示法の施行に伴い，機能性表示食品制度が実施された。機能性表示食品は，機能性関与成分によって特定の保健の目的が期待できる旨を企業等の責任で，科学的根拠に基づき「機能性」を表示できる食品である。販売前に安全性および機能性の根拠に関する情報などを消費者庁長官へ届け出る（ただし消費者庁長官の許可は受けていない）。事業者から届け出られた安全性や機能性の根拠などの情報は，消費者庁のウェブ

サイトで公表されている。

(8) 特別用途食品

特別用途食品の種類は、大きく分けると、病者用食品、妊産婦、授乳婦用粉乳、乳児用調製粉乳、えん下困難者用食品、特定保健用食品に分けられる（図4.4）。健康の保持・回復など特別の用途についての表示が消費者庁長官に許可されている食品である。乳児用調製液状乳は、2018年に追加された。

4.7.3 その他の表示

食品の表示は、食品表示法に規定されるものの他、関連法規や食品の規格、安全性確保のために表示される項目もある。

(1) JAS規格（日本農林規格）

日本農林規格等に関する法律（JAS法）に基づいて定められる規格である。

JASマークは、品位、成分、性能等の品質についてのJAS規格（一般JAS規格）を満たす食品や林産物などに付されている。

有機JASマークは、有機JAS規格を満たす農産物などに付される（図4.5）。環境への負荷をできる限り低減して生産されていることを登録認定機関が検査し、認定条件に適合した農産物、畜産物とそれらの加工食品に付されている。

(2) トレーサビリティ

食品の安全を確保するために、生産、処理、加工、流通、販売の各段階で、食品の移動を追跡できることをいう。牛海綿状脳症（BSE）の発生を契機に、履歴の明確な食肉を求める要望に応じて、牛の個体識別のための管理及び伝達に関する特別措置法（牛トレーサビリティ法　2003年）が施行された。国内で生まれたすべての牛に個体識別番号をつけ、飼育状況も含め情報が管理、記録される。消費者は、購入した牛肉に表示される個体識別番号によりインターネットを通じて牛の生産履歴を調べることができる。

米トレーサビリティ法（米穀（玄米、精米等）等の取引等に係る情報の記録及び産地情報の伝達に関する法律　2010年施行）では、取引等の記録の作成・保存、産地情報の伝達（商品やメニューへの表示を含む）が義務づけられている。

(3) 地理的表示（geographical indications：GI）保護制度

地域には、伝統的な生産方法や気候、風土、土壌などの生産地等の特性が、品質等の特性に結びついている産品がある。産品の名称（地理的表示）を知的財産として登録し認証マークを貼付し（図4.6）、生産業者の利益の保護を図

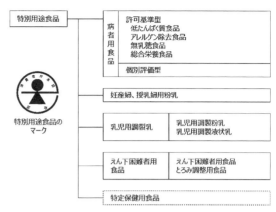

図4.4　特別用途食品

出所）消費者庁：特別用途食品とは
https://www.caa.go.jp/policies/policy/food_labeling/other/review_meeting_011/pdf/review_meeting_011_180516_0006.pdf#search=%27%E7%89%B9%E5%88%A5%E7%94%A8%E9%80%94%E9%A3%9F%E5%93%81%27（2019年8月30日閲覧）

認定機関名

図4.5　有機JASマーク

出所）農林水産省：有機食品の検査認証制度
http://www.maff.go.jp/j/jas/jas_kikaku/yuuki.html（2019年10月8日閲覧）

有機JASマークは、太陽と雲と植物をイメージしたマーク。農薬や化学肥料などの化学物質に頼らないで、自然界の力で生産された食品を表しており、農産物、加工食品、飼料及び畜産物に付けられている。

図4.6　地理的表示

出所）農林水産省：地理的表示（geographical indications：GI）保護制度
http://www.maff.go.jp/j/shokusan/gi_act/gi_mark/（2019年10月8日閲覧）

大きな日輪を背負った富士山と水面をモチーフに、日本国旗の日輪の色である赤や伝統・格式を感じる金色を使用し、日本らしさを表現している。

る制度である。

（4）農業生産工程管理（Good Agricultural Practice：GAP）

農業において，食品安全，環境保全，労働安全等の持続可能性を確保するための生産工程管理の取り組みである。多くの農業者や産地が取り入れることにより，結果として持続可能性の確保，競争力の強化，品質の向上，農業経営の改善や効率化に資するとともに，消費者や実需者の信頼の確保が期待される。

4.8　食物アレルギー

4.8.1　食物アレルギーの定義

食物アレルギーとは，「食物によって引き起こされる抗原特異的な免疫学的機序を介して生体にとって不利益な症状が惹起される現象」と定義されている。食物またはその成分がアレルギー症状の誘発に関与している場合は，そのアレルゲンの侵入経路を問わず，食物アレルギーに含まれる。しかし一般的に無害な食物が特定の人の不利益な反応をもたらす場合でも，それが抗原特異的な免疫学的機序によらないものは食物不耐症（food intolerance）という。

4.8.2　食物アレルギーの症状と原因物質

食物アレルギーは免疫学的機序により，IgE[*1]依存性反応と非 IgE 依存性反応に大別される。食物アレルギーの症状は皮膚症状が最も多いが，粘膜，呼吸器，消化器，神経，循環器と広範囲にわたる。重篤な全身性の症状を誘発するアナフィラキシーショックでは，まれに死に至る（表 4.5）。

*1　**IgE**　IgE は免疫グロブリンの一種。身体のなかに入ってきたアレルゲンに対して働きかけ，身体を守る機能を持つ抗体。IgE 抗体は肥満細胞と呼ばれる細胞と結合している。アレルゲンと出会うとこの肥満細胞からヒスタミンが放出されアレルギー反応が引き起こされる。

*2　**即時型**　原因となる食べ物を食べて主に2時間以内（多くは食べた直後から30分間）に，皮膚や粘膜，消化器，呼吸器などに症状が現れるもの。

表 4.5　食物アレルギーの症状

臓器	症状
皮膚	紅斑，蕁麻疹，血管性浮腫，瘙痒，灼熱感，湿疹
粘膜	眼症状：結膜充血・浮腫，瘙痒感，流涙，眼瞼浮腫 鼻症状：鼻汁，鼻閉，くしゃみ 口腔症状：口腔・口唇・舌の違和感・腫脹
呼吸器	咽喉頭違和感・瘙痒感・絞扼感，嗄声，嚥下困難 咳嗽，喘鳴，陥没呼吸，胸部圧迫感，呼吸困難，チアノーゼ
消化器	悪心，嘔吐，腹痛，下痢，血便
神経	頭痛，活気の低下，不穏，意識障害
循環器	血圧低下，頻脈，徐脈，不整脈，四肢冷感，蒼白（末梢循環不全）
全身	アナフィラキシー：アレルゲン等の侵入により、複数臓器に全身性にアレルギー症状が惹起され，生命に危機を与え得る過敏反応 アナフィラキシーショック：アナフィラキシーに，血圧低下や意識障害，虚脱症状（ぐったり），血圧低下を伴う

出所）日本小児アレルギー学会食物アレルギー委員会：食物アレルギー診療ガイドライン 2016《2018 年改訂版》，海老澤元宏，伊藤浩明，藤澤隆夫編，株式会社協和企画，2018，p.24 をもとに作成（アクセス日 2019 年 8 月 30 日閲覧）

食物アレルゲン(アレルギーを引き起こす物質)の大部分は鶏卵，牛乳，小麦，大豆などの食物に含まれるたんぱく質である。食物アレルギーの実態(**即時型**[*2]症例の原因食物の内訳)においても，鶏卵，牛乳，小麦が高率である(**図4.7**)。たんぱく質はアミノ酸が鎖状につながり，らせん状やシート状に折りたたまれた構造をしている。特異的IgE抗体はこの構造の決まった場所に結合する。たんぱく質は加熱や酸・酵素により形が変化したり(変性)，消化酵素の働きでアミノ酸のつながりが切断される(消化)。特異的IgE抗体が結合する場所の形が変化すると，IgE抗体が結合しにくくなり，アレルギー症状が出にくくなる。これを低アレルゲン化という。しかし，アレルゲンであるたんぱく質は熱に対して安定で，また酵素により分解されにくいものが多い。抗原性を維持したまま消化管粘膜を通過し，アレルギー症状を起こす。

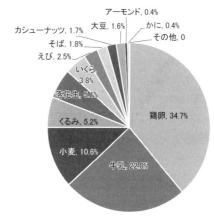

図4.7　食物アレルギーの実態（即時型症例[*]の原因食物の内訳）

※何らかの食物を摂取後60分以内に症状が出現し，かつ医療機関を受診したもの
出所）特別行政法人国立病院機構相模原病院：平成30年度食物アレルギーに関連する食品表示に関する調査研究事業報告書「即時型食物アレルギーによる健康被害に関する全国実態調査」より作成
https://www.caa.go.jp/policies/policy/food_labeling/food_sanitation/allergy/pdf/food_index_8_190531_0002.pdf（2019年8月30日閲覧）

食物アレルゲンの大部分は鶏卵，牛乳，小麦，大豆などの食物に含まれるたんぱく質である。**食物アレルギー**の実態(即時型症例[*]の原因食物の内訳)においても，鶏卵，牛乳，小麦が高率である(**図4.7**)。

4.8.3　食物アレルギーへの対応

食物アレルギーの治療は，正しい診断に基づいたアレルゲン除去食が基本である(**表4.5**)。調理による低アレルゲン化，除去食品の代替(除去が必要な食品の栄養素や調理における役割(つなぎ，衣など)を代替)，低アレルゲン化食品の利用により，安全で適切な栄養素の確保と生活の質(QOL)の維持が求められる。栄養士・管理栄養士はその支援・指導，体制づくりに関わることが期待されている。除去食品に含まれる栄養素の不足を補えるよう，低アレルゲン化食品の利用と調理による工夫が必要である(pp.162-163参照)。

4.9　疾病への対応

医師の食事箋に基づく必要がある。治療食では，調理科学を十分理解した上での調理器具の選択や調理操作，盛り付けだけでなく，目標栄養量を安全に安心して摂取でき，誤嚥や消化器症状なく，消化吸収できるような工夫が重要である(pp.160-164参照)。

*食物アレルギーの予後　食物アレルギーの予後は原因食物によって異なる。乳幼児期に発症する鶏卵，牛乳，小麦，大豆は年齢とともに食べられるようになる傾向が強く，一般的に3歳までに約50%，6歳までに60-70%が食べられるようになる。その他の原因食物については報告が少なく実態は不明である

【演習問題】

問1 細菌性およびウイルス性食中毒に関する記述である。正しいのはどれか。1つ選べ。 （2019年国家試験）
(1) ウェルシュ菌は，通性嫌気性芽胞菌である。
(2) 黄色ブドウ球菌の毒素は，煮沸処理では失活しない。
(3) サルモネラ菌による食中毒の潜伏期間は，5～10日程度である。
(4) ノロウイルスは，乾物からは感染しない。
(5) カンピロバクターは，海産魚介類の生食から感染する場合が多い。

解答（2）

問2 腸管出血性大腸菌による食中毒に関する記述である。誤っているのはどれか。1つ選べ。 （2019年国家試験）
(1) 少量の菌数でも感染する。
(2) 毒素は，テトロドトキシンである。
(3) 潜伏期間は，2～10日間程度である。
(4) 主な症状は，腹痛と血便である。
(5) 溶血性尿毒症症候群（HUS）に移行する場合がある。

解答（2）

問3 食品表示法に基づく一般用加工食品の栄養成分表示に関する記述である。正しいのはどれか。1つ選べ。 （2019年国家試験）
(1) 一般用加工食品には，栄養成分表示が推奨されている。
(2) 栄養成分の量および熱量の表示単位は，1食当たりとしなければならない。
(3) 熱量，たんぱく質，脂質，炭水化物および食塩相当量以外の栄養成分についての表示はできない。
(4) ナトリウム塩を添加していない食品は，「食塩相当量」を「ナトリウム○mg（食塩相当量△g）」に変えて表示してもよい。
(5) 100g当たり糖類1g以下の食品は，「糖類ゼロ」と表示可能である。

解答（4）

問4 食品衛生行政に関する記述である。正しいのはどれか。1つ選べ。 （2018年国家試験）
(1) 食品のリスク評価は，農林水産省が行う。
(2) 食品のリスク管理は，食品安全委員会が行う。
(3) 食品添加物のADI（1日摂取許容量）は，厚生労働省が設定する。
(4) 指定添加物は，消費者庁長官が指定する。
(5) 食品中の農薬の残留基準は，厚生労働大臣が設定する。

解答（5）

問5 食品表示法における表示に関する記述である。正しいのはどれか。2
つ選べ。
（2018 年国家試験）
(1) 非遺伝子組換え食品には，「遺伝子組換えでない」の表示が義務づけ
られている。
(2) 賞味期限が 3 か月を超える場合は，年月の表示ができる。
(3) リボフラビンを着色料の目的で使用する場合は，表示が免除される。
(4) さばの加工食品には，アレルギー表示が義務づけられている。
(5) 大豆油製造で抽出に使用されたヘキサンは，表示が免除される。

　　　　　　　　　　　　　　　　　　　　　　解答（2）と（5）

📖 **参考文献**

厚生労働省　食品衛生法等の一部を改正する法律　2018 年 6 月 13 日　https://
www.mhlw.go.jp/content/11131500/000345946.pdf（2019 年 11 月 18 日閲覧）

消費者庁　食品表示法の一部を改正する法律案の概要　https://www.caa.go.jp/
law/bills/pdf/law_bill_181109_0001.pdf（2019 年 11 月 18 日閲覧）

内閣府　食品安全委員会　食品安全基本法　2018 年 6 月 15 日　https://www.
fsc.go.jp/hourei/（2019 年 11 月 18 日閲覧）

農林水産省　新たな JAS 制度について　2017 年 6 月 23 日　http://www.maff.
go.jp/j/jas/h29_jashou_kaisei.html（2019 年 11 月 18 日閲覧）

藤井建夫ほか編著：わかりやすい食物と健康 4-食品の安全性（第 3 版）三共
出版（2018）

南道子：舟木淳子編著：調理学（第三版）学文社（2016）

第5章 調理と栄養, 機能的利点

表 5.1 炭水化物の分類と食品中の主な成分

分類			主な成分
単糖類			グルコース（ぶどう糖）
			フルクトース（果糖）
			ガラクトース
少糖類	二糖類		マルトース（麦芽糖） ：グルコースとグルコースが結合
			スクロース（ショ糖） ：グルコースとフルクトースが結合
			ラクトース（乳糖） ：グルコースとガラクトースが結合
	三糖類		ラフィノース
	四糖類		スタキオース
多糖類	—		でんぷん, グリコーゲン ：グルコースが多数結合
	食物繊維	不溶性	セルロース, キチン
		水溶性	ペクチン, アガロース, アルギン酸

＊アミロースには直鎖アミロースだけでなく, 一部枝分かれした構造をもつ分岐アミロースが存在することが知られている。

アミロース—分子モデル—
直鎖アミロース
分岐アミロース

アミロペクチン—分子モデル—
アミロース様の長い枝をもつアミロペクチン
C鎖
B鎖
アミロペクチン
A鎖

図 5.1 アミロースとアミロペクチンの分子構造モデル

出所）竹田靖史：澱粉研究の潮流（その1）「澱粉の構造—初めて分析に取り組む方へ—」, 応用糖質科学 **1**, 13-16（2011）

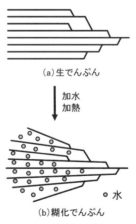
（a）生でんぷん

加水
加熱

（b）糊化でんぷん　〇水

図 5.2 でんぷんの糊化による構造変化

5.1 調理による栄養機能への影響

調理による栄養機能への影響としては, 加熱調理などによる栄養素の性状変化に伴う消化性の変化, 調理過程での栄養素の損失に伴う摂取量の変化, 食品の選択や組み合わせが吸収率や栄養価におよぼす影響などがあげられる。

5.1.1 炭水化物

炭水化物は構成糖の数により単糖類, 少糖類, 多糖類に分類され, 多糖類にはヒトの消化酵素では消化できない食物繊維もある（表 5.1）。でんぷんは穀類, いも類などの植物性食品に広く含まれる多糖類で, アミロースとアミロペクチンからなる。アミロースは数百から数千個のグルコースがα-1,4 グリコシド結合で直鎖状につながったものであり[*], アミロペクチンはアミロースからα-1,6 グリコシド結合でグルコースが枝分かれして結合した構造をもつ（図 5.1）。アミロースとアミロペクチンの混合割合はでんぷんの種類によって異なる。

【消化性】 でんぷんは唾液アミラーゼ, 膵液アミラーゼ, 膜消化酵素によってグルコースに分解され, 吸収されてエネルギー源となる。食品に含まれる生でんぷんは, でんぷん分子が規則正しく配列したミセル構造を形成しているため, 消化酵素の作用を受けにくい（図 5.1 の(a)）。し

かし，生でんぷんに水を加えて加熱するとミセル構造に水が入り込み，結晶構造が消失した糊化でんぷんとなり，消化性が高まる（図5.2の(b)）。生でんぷんの消化性は種類によって異なり，根茎でんぷんは種実でんぷんに比べて酵素作用を受けにくく，特にじゃがいもでんぷんは消化性が低い。しかし，いずれのでんぷんも加熱糊化することにより消化性は高まり，種類による差はなくなる。

5.1.2 たんぱく質

　たんぱく質はアミノ酸が多数結合した高分子化合物である。アミノ酸のみからなる単純たんぱく質と，糖や脂質などが結合した複合たんぱく質，天然のたんぱく質の一部を変化させた誘導たんぱく質に分類される。肉，卵などの動物性食品に多く含まれ，大豆や小麦などの植物性食品にも広く含まれている（表5.2）。たんぱく質を構成する20種類のアミノ酸のうち，9種類は体内で合成できないあるいは必要量を合成できないため，食品から摂取することが必要な必須アミノ酸である。たんぱく質は筋肉や結合組織などの体構成成分や酵素などの身体機能調節成分となる栄養素であり，その栄養価は消化吸収率とたんぱく質を構成する必須アミノ酸の量とバランスによって決まる（図5.3）。

【消化性】　加熱調理に伴う**たんぱく質の変性**[*2]（p.49参照）は消化性に影響を与える可能性がある。加熱によりたんぱく質の溶解性が高まれば，消化酵素の作用を受けやすくなるが，加熱によって分子間に新たな結合が形成される場合などでは消化性は低下する。加熱調理がたんぱく質の消化性におよぼす影響は，たんぱく質の種類や加熱条件によって異なると考えられる。

【栄養価】　肉や卵などの動物性食品に含まれるたんぱく質は必須アミノ酸のバランスが良く，体内で効率よく利用される。米や小麦は主食として摂取量が多いためたんぱく質の供給源として期待できるが，米や小麦のたんぱく質は必須アミノ酸のリジン含量が少なく栄養価が低い。リジンを多く含む肉や大豆と米や小麦を組み合わせて摂取すること，つまり主菜と主食を

表5.2　たんぱく質の分類と食品中の主な成分

分類		主な成分
単純たんぱく質	アルブミン	オボアルブミン（卵白）
		ラクトアルブミン（乳）
	グロブリン	オボグロブリン（卵白）
		ラクトグロブリン（乳）
		ミオシン（筋肉）
		グリシニン（大豆）
	プロラミン	グリアジン（小麦）
		ゼイン（とうもろこし）
	グルテリン	グルテニン（小麦）
		オリゼニン（米）
	アルブミノイド	コラーゲン（皮，軟骨）
		エラスチン（腱）
複合たんぱく質	糖たんぱく質	オボムコイド（卵白）
	リポたんぱく質[*1]	リポビテリン（卵黄）
	リンたんぱく質	カゼイン（乳）
		ビテリン（卵黄）
	色素たんぱく質	ミオグロビン（筋肉）
		ヘモグロビン（血液）
誘導たんぱく質		ゼラチン

*1　リポたんぱく質による脂質の体内運搬　小腸で形成されるキロミクロンは食事由来の中性脂肪やコレステロールを組織へ運搬するリポたんぱく質である。肝臓で形成される超低密度リポたんぱく質（VLDL）は肝臓で合成した中性脂肪を脂肪組織などに運搬した後，コレステロールを多く含む低密度リポたんぱく質（LDL）に変化し，組織にコレステロールを供給する。高密度リポたんぱく質（HDL）は末梢組織のコレステロールを肝臓に運搬する。血液中のLDLコレステロール濃度が高く，HDLコレステロール濃度が低いと動脈硬化のリスクが高まる。

必須アミノ酸のバランスが　　必須アミノ酸のバランスが
理想的なたんぱく質　　　　　悪いたんぱく質

桶にたまる水の量が最も短い板の高さで決まるように，たんぱく質の栄養価は，必要量に対する充足率が最も低い必須アミノ酸によって決まる。

図5.3　たんぱく質の栄養価

*2　たんぱく質の変性　物理的操作（加熱，凍結，乾燥，攪拌，加圧）や化学的操作（酸，アルカリ，塩類の添加）によってたんぱく質の立体構造が変化することをたんぱく質の変性という。溶解性の低下，沈殿，凝固などがおこり，可逆的な変性と不可逆的な変性がある。

表 5.3　脂肪酸の分類と主な成分

分類	主な成分	記号	系列
飽和脂肪酸	ラウリン酸	C12:0	—
	パルミチン酸	C16:0	—
	ステアリン酸	C18:0	—
不飽和脂肪酸	オレイン酸	C18:1	n-9 系
	リノール酸	C18:2	n-6 系
	アラキドン酸	C20:4	
	α-リノレン酸	C18:3	
	イコサペンタエン酸	C20:5	n-3 系
	ドコサヘキサエン酸	C22:6	

＊トリアシルグリセロールはグリセロールに 3 つの脂肪酸がエステル結合したものである。飽和脂肪酸が多いと融点が高く、二重結合をもつ不飽和脂肪酸が多いと融点が低く、酸化されやすい（表 5.3）。

そろえた献立にすることで、アミノ酸の補足効果によりたんぱく質の栄養価を高めることができる。

5.1.3　脂　質

食品に含まれる脂質には、単純脂質の中性脂肪（**トリアシルグリセロール**＊）の他に、複合脂質の**リン脂質**、誘導脂質のコレステロールなどがある。中性脂肪は 1g あたり 9 kcal のエネルギーをもたらす栄養素で、過剰摂取は肥満の原因となり生活習慣病を引き起こす要因となる。

【摂取量】　肉を調理する場合には、脂肪含量の少ない種類や部位を選択する、あらかじめ脂肪を取り除く、脂肪を溶出させる加熱方法を用いることにより脂肪の摂取量を減らすことができる（図 5.4）。また、揚げ物では材料の切り方、衣の有無や種類によって吸油率が大きく異なるため（図 5.5）、揚げ方によってエネルギー摂取量を調節することができる。

【栄養価】　リノール酸（n-6 系）と α-リノレン酸（n-3 系）は体内で合成できない必須脂肪酸である。アラキドン酸（n-6 系）とイコサペンタエン酸（IPA）（n-3 系）から生合成されるイコサノイド（またはエイコサノイド）は生理活性脂質とよばれ、n-3 系と n-6 系脂肪酸の摂取バランスがその生理作用に影響する。魚油に多く含まれる n-6 系脂肪酸の摂取不足は心筋梗塞や脳梗塞、アレルギー疾患などの発症リスクを高めるとされる。肉、魚、植物性食品の摂取バランスの良い献立が脂質の栄養価を高める。

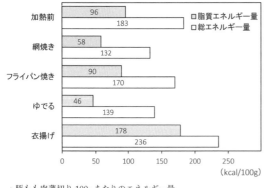

・豚もも肉薄切り 100g あたりのエネルギー量

図 5.4　豚肉の加熱方法の違いによる脂質エネルギー量の変化
出所）松本仲子監修：部位・調理別 肉の脱脂肪によるエネルギーカット率　調理のためのベーシックデータ第 5 版、女子栄養大学出版部、3-5（2018）に基づき作成

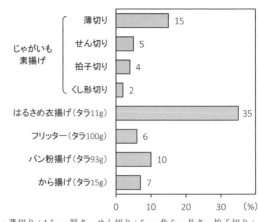

・薄切り：1.5mm 厚さ、せん切り：5mm 角 5cm 長さ、拍子切り：1cm 角 5cm 長さ、くし形切り：4 つ割り

図 5.5　材料の切り方と衣の種類による吸油率の変化
出所）松本仲子監修：揚げ物の吸油率　調理のためのベーシックデータ第 5 版、女子栄養大学出版部、16-27（2018）に基づき作成

5.1.4 無機質（ミネラル）

　無機質とは人体を構成する元素の内，炭素，酸素，窒素，水素以外の元素であり，日本人の食事摂取基準では13元素（ナトリウム，カリウム，カルシウム，マグネシウム，リン，鉄，亜鉛，銅，マンガン，ヨウ素，セレン，クロム，モリブデン）の摂取基準が示されている。骨や歯の構成元素や体液の電解質，さまざまな酵素の補助因子として作用する栄養素である。

【摂取量】　無機質は水溶性であるため，食品の洗浄，浸漬，ゆでる，煮るなどの調理過程で溶出する。溶出率は無機質の種類や食品の種類，調理条件によって異なり（**表5.4**），特にキャベツなどの葉菜類では損失が大きい。水よりも食塩水に漬けた場合に溶出率が高いことが報告されており，煮物では汁まで摂取することで調理による損失を抑えることができる。ナトリウムの推定平均必要量は成人で1日600 mg（食塩相当量1.5 g）であり，

表5.4　調理による無機質の損失

(mg/ 生の食品100g)

食品	調理方法	K	Ca	Mg	P	Fe	Zn
大豆	乾	1900	180	220	490	6.8	3.1
	ゆで	1166	174	220	418	4.8	4.2
じゃがいも 皮なし	生	410	4	19	47	0.4	0.2
	水煮	330	4	16	31	0.6	0.2
	電子レンジ調理	400	4	19	44	0.4	0.3
西洋かぼちゃ	生	450	15	25	43	0.5	0.3
	ゆで	421	14	24	42	0.5	0.3
	焼き	450	15	24	43	0.5	0.3
にんじん 皮なし	生	270	26	9	25	0.2	0.2
	ゆで	209	25	8	23	0.2	0.2
	油いため	276	24	9	26	0.2	0.2
キャベツ	生	200	43	14	27	0.3	0.2
	ゆで	82	36	8	18	0.2	0.1
	油いため	200	42	14	26	0.2	0.2
ほうれんそう	生	690	49	69	47	2.0	0.7
	ゆで	343	48	28	30	0.6	0.5
	油いため	307	51	30	31	0.7	0.5
しいたけ	生	290	1	14	87	0.4	0.9
	ゆで	220	1	12	72	0.3	0.9
	油いため	276	2	15	85	0.4	0.9
ぶた肉 もも 皮下脂肪なし	生	360	4	25	210	0.7	2.1
	ゆで	142	4	17	135	0.6	2.1
	焼き	320	4	23	192	0.7	2.2
まあじ 皮つき	生	360	66	34	230	0.6	1.1
	水煮	305	70	31	218	0.6	1.1
	焼き	338	72	32	230	0.6	1.1

・調理した食品の値は，調理に伴う重量変化率を乗じて生の食品100gあたりに換算した。
・調理した食品の値の網掛けは，生の食品と比較して残存率が80％以下であることを示す。
出所）文部科学省：日本食品標準成分表2020年版（八訂）に基づき作成

通常の食生活では食塩として常に過剰のナトリウムを摂取している。食塩摂取量と高血圧の発症には正の相関が認められており，酸味やうま味を利用した減塩調理は，ナトリウムの摂取量を減らし高血圧の予防につながる。

【吸収率】　カルシウムと鉄は不足しがちな無機質であるが，食品の選択や組み合わせによって吸収率を高めることができる。牛乳に含まれるカゼインや乳酸，乳糖はカルシウムの吸収を促進するため，牛乳や乳製品のカルシウムは吸収率が高い。食品添加物として加工食品に多く含まれるリン酸は，カルシウムと結合して不溶性になるため吸収を阻害する。食品中の鉄は，赤身の肉に含まれるヘム鉄と植物性食品や卵，乳製品に含まれる非ヘム鉄に分けられ，ヘム鉄は非ヘム鉄に比べて吸収率が高い。ビタミンCは三価鉄の非ヘム鉄を吸収されやすい二価鉄に還元することで鉄の吸収を促進する。

5.1.5 ビタミン

ビタミンとは，生命維持，成長，身体活動に必須であり，微量で生理作用を有するが，体内で合成できないあるいは必要量を合成できない有機化合物と定義され，食物から摂取しなければならない栄養素である。脂溶性のビタミンA，D，E，Kの4種類と，水溶性のビタミンC，B_1，B_2，B_6，B_{12}，ナイアシン，葉酸，パントテン酸，ビオチンの9種類がある。脂溶性ビタミンは体内に蓄積されやすく，ビタミンA，Dには過剰症も認められる。水溶性ビタミンは必要以上に摂取しても蓄積されずに尿中に排泄されるため，欠乏症になりやすい。

【摂取量】　ビタミンの種類により，熱や酸，アルカリに対する安定性が異なり，調理後の残存率はビタミンの種類や食品の種類，調理条件で異なる（表5.5）。水溶性ビタミンは脂溶性ビタミンよりも調理による損失が大きく，無機質と同様に，特に葉菜類のゆで加熱における残存率が低い。

【吸収率】　脂溶性ビタミンが吸収されるには，他の脂溶性栄養素とともに胆

表5.5　調理によるビタミンの損失

(生の食品100gあたり)

食品	調理方法	脂溶性ビタミン				水溶性ビタミン					
		β-カロテン (μg)	ビタミンD (μg)	α-トコフェロール (mg)	ビタミンK (μg)	ビタミンB_1 (mg)	ビタミンB_2 (mg)	ナイアシン (mg)	ビタミンB_6 (mg)	パントテン酸 (mg)	ビタミンC (mg)
大豆	乾	7	(0)	2.3	18	0.71	0.26	2.0	0.51	1.36	3
	ゆで	7	(0)	3.5	15	0.37	0.18	0.9	0.22	0.57	Tr
じゃがいも 皮なし	生	2	(0)	Tr	1	0.09	0.03	1.5	0.20	0.50	28
	水煮	2	(0)	0.1	(0)	0.07	0.03	1.0	0.17	0.40	17
	電子レンジ調理	2	(0)	Tr	1	0.08	0.03	1.3	0.19	0.44	21
さつまいも 皮つき	生	40	(0)	1.0	(0)	0.10	0.02	0.6	0.20	0.48	25
	蒸し	45	(0)	1.4	(0)	0.10	0.02	0.7	0.20	0.55	20
きゅうり	生	330	(0)	0.3	34	0.03	0.03	0.2	0.05	0.33	14
	塩漬	179	(0)	0.3	39	0.02	0.03	0.2	0.05	0.29	9
	ぬかみそ漬	174	(0)	0.2	91	0.22	0.04	1.3	0.17	0.77	18
にんじん 皮なし	生	6700	(0)	0.5	18	0.07	0.06	0.7	0.10	0.33	6
	ゆで	6264	(0)	0.3	16	0.05	0.04	0.5	0.09	0.22	3
	油いため	6831	(0)	1.2	15	0.08	0.06	0.8	0.10	0.31	3
キャベツ	生	49	(0)	0.1	78	0.04	0.03	0.2	0.11	0.22	41
	ゆで	51	(0)	0.1	68	0.02	0.01	0.1	0.04	0.10	15
	油いため	62	(0)	0.9	96	0.04	0.03	0.2	0.12	0.24	38
ほうれん そう	生	4200	(0)	2.1	270	0.11	0.20	0.6	0.14	0.20	35
	ゆで	3780	(0)	1.8	224	0.04	0.08	0.2	0.06	0.09	13
	油いため	4408	(0)	2.8	296	0.05	0.09	0.3	0.05	0.12	12
しいたけ	生	(0)	0.3	(0)	(0)	0.13	0.21	3.4	0.21	1.21	0
	ゆで	(0)	0.6	(0)	(0)	0.09	0.12	2.2	0.13	0.78	0
	油いため	(0)	0.5	0.6	4	0.15	0.17	3.0	0.17	1.18	0

・調理した食品の値は，調理に伴う重量変化率を乗じて生の食品100gあたりに換算した。
・調理した食品の値の網掛けは，生の食品と比較して残存率が80％以下であることを示す。
・β-カロテンはおもに植物性の食品に含まれ，体内で必要に応じてビタミンAに変わる成分である。
・α-トコフェロールはビタミンEとしての効力がもっとも高い成分である。

出所）文部科学省：日本食品標準成分表2020年版（八訂）に基づき作成

食品中のビタミンCにはアスコルビン酸（還元型アスコルビン酸）とデヒドロアスコルビン酸（酸化型アスコルビン酸）がある。にんじんやきゅうり，キャベツなどにはアスコルビン酸オキシダーゼが含まれ，調理の過程でこの酵素の作用によってアスコルビン酸がデヒドロアスコルビン酸に酸化される。食塩や酢を添加することでこの酵素反応を抑制できるが，デヒドロアスコルビン酸として摂取しても体内でアスコルビン酸に還元されるため，ビタミンCとしての効力に差はない。デヒドロアスコルビン酸が加熱などによりさらに酸化されてジケトグロン酸になると，ビタミンC効力はなくなる。

汁酸とミセル形成することが必要であり，吸収後も他の脂溶性栄養素とともにキロミクロンに取り込まれて運搬される。そのため脂溶性ビタミンは脂質とともに摂取することで吸収率が高まるとされる。

5.2　調理による感覚機能への影響

食べ物の味，色，香りは，食品に含まれる成分と添加された調味料に由来する成分によって決まるが，調理の過程でその量や性質が変化するため，食べ物のおいしさは調理によって大きく変化する。また，でんぷんの糊化やたんぱく質の変性などに伴う物理的性状の変化は，食べ物のテクスチャーに影響をおよぼす。

5.2.1　味

（1）呈味成分の増減

1）　酵素作用による呈味成分の生成

さつまいもに含まれるβ-アミラーゼや米のでんぷん分解酵素は加熱の過程で作用するため，加熱後のさつまいもや飯の甘味が増す。

だいこん，わさび，からしなどの辛味はイソチオシアネートによるものである。植物中には配糖体で存在するが，すりおろすなどの調理操作により組織が破壊されると，ミロシナーゼが作用してグルコースが除去されることで辛味が生じる。また，干ししいたけのうま味成分であるグアニル酸は，核酸にリボヌクレアーゼが作用することで生成する。低温で水もどしした後に加熱すると生成量が多くなることが報告されている。

2）　不味成分の除去

野菜に含まれる渋味，苦味，えぐ味などの不味成分はあくといわれ，あく抜きすることで，野菜の好ましい味をより活かすことができる。不味成分となるのは，ホモゲンチジン酸，シュウ酸，ポリフェノール類などの水溶性成分であり，野菜を水に浸漬したり下ゆですることで除去できる。ゆで水に米

ぬかや小麦粉を加えるとコロイド粒子に不味成分が吸着され，あく抜きの効果が高まる。

（2）呈味性の変化

1）温 度

食べ物の温度は味の強さに影響を与え(p.18参照)，塩味と苦味は温度が低いほど強く感じられる。汁物や煮物などは，加熱後の温かい状態で食べる場合に比べ，冷めてから食べる場合の方が塩味を強く感じるので，食べるときの温度を考慮して味付けを調節する必要がある。スクロースの甘味は温度変化に安定であるが，フルクトースは温度が低い方が甘味を強く感じる。[*]

2）テクスチャー

食べ物のテクスチャーによっても味の強さが変わる。液体と固体では液体の方が味を強く感じるので，ジュースとそれを固めたゼリーでは，ジュースの方が味を濃く感じる。また同じ糖濃度のゼリーでは，硬いものに比べて軟らかいゼリーの方が甘味を強く感じる。軟らかい食べ物の方が咀しゃくによって唾液とまざりやすく，味を強く感じやすいと考えられる。

3）味の相互作用

味の相乗効果や対比効果を利用して好ましい味を強調したり，抑制効果により味をまろやかにすることができる(p.14参照)。

5.2.2　色

（1）酵素的褐変

野菜や果物などの植物性食品の多くは，クロロゲン酸やカテキンなどのポリフェノールとその酸化酵素であるポリフェノールオキシダーゼを含む。野菜や果物を切ると細胞が破壊されて酵素が作用し，ポリフェノールが酸化されて褐色物質メラニンが生成され，嗜好性の低下につながる(図5.6)。切った野菜や果物を水に漬けることにより，基質と酵素を溶出させるとともに酸素との接触を遮断し褐変を抑制できる。酢水や食塩水に漬けるとさらに酵素活性を低下させることができる。

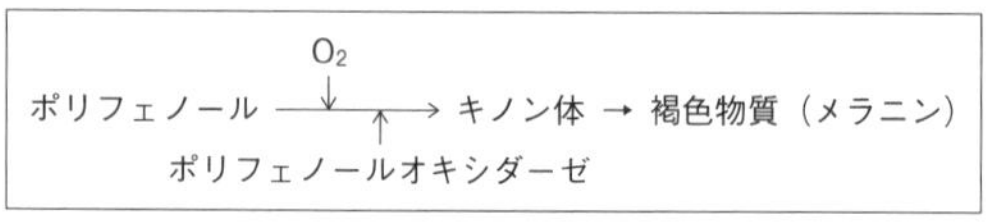

$$\text{ポリフェノール} \xrightarrow[\text{ポリフェノールオキシダーゼ}]{\quad O_2 \quad} \text{キノン体} \rightarrow \text{褐色物質（メラニン）}$$

図5.6　酵素的褐変の反応

（2）非酵素的褐変

食品中のアミノ化合物(アミノ酸やたんぱく質など)とカルボニル化合物(グルコースなどの還元糖)が反応するアミノ・カルボニル反応(メイラード反応)と，スクロースを160℃以上に加熱すると起こるカラメル化反応では，いずれも褐色色素が生成されて食品は褐変する。焼く，揚げる，炒めるなどの加熱調理では，適度に焦げ色をつけることで嗜好性を高めることができる。

（3）野菜・果物における色の変化

食品の中でも特に野菜や果物の鮮やかな色は嗜好性に寄与するが，調理における加熱，pH の変化，金属イオンとの結合（pp.89-90 参照）によって変色する場合がある。

5.2.3 香　り

（1）酵素作用による変化

切る，すりつぶすなどの操作によって細胞を破壊すると，香気成分が揮発しやすくなり，香りを強めることができる。さらに細胞が破壊されることで酵素反応が起こり，新たな香気成分が生成される場合がある。ねぎ，にんにく，たまねぎなどのネギ属の野菜では含硫アミノ酸誘導体にアリイナーゼがはたらき，にんにくのアリシンのような特有の香りをもつ含硫化合物が生成される（p.14 参照）。

（2）非酵素作用による変化

加熱調理の過程で起こるアミノ・カルボニル反応では，褐色色素だけでなくピラジン類，アルデヒド類，フラン類といった香気成分も生成される。反応するアミノ酸や糖の種類によって生成される成分が異なり，焼肉や焼魚，パンや焼き菓子などにおいて，各々特有の加熱香気が形成されることで嗜好性が高まる。一方，油脂を加熱すると酸化により不快な酸化臭をもったカルボニル化合物が生成される。この反応は常温でも空気中の酸素によって進行する。酸化された油脂を用いた揚げ物では，酸化臭によって嗜好性が低下するだけでなく胸やけなどの症状がでる場合もある。

（3）不快臭の抑制

香りの強い野菜や果物，調味料，香辛料を用いることで，魚や肉の好ましくないにおいをマスキングすることができる。魚臭はトリメチルアミンやジメチルアミンなどのアミン類が原因であり，酢やレモンなどの酸の添加によってアミン類が中和され揮発が抑制される。また，牛乳やみそに肉や魚を漬けると，コロイド粒子に匂い成分を吸着させる効果がある。

5.2.4 テクスチャー

（1）たんぱく質の変性

加熱や撹拌，調味料の添加に伴うたんぱく質の変性は，食品のテクスチャーを大きく変化させ，肉や魚，卵，小麦粉などを用いた調理において各々の

表 5.6　調理操作によるたんぱく質の変性[*]

操作		調理例
物理的操作	加熱	肉，卵の加熱凝固
	凍結	高野豆腐（凍結による豆腐の脱水）
	乾燥	魚の干物
	撹拌	メレンゲ（撹拌による卵白の起泡）パン，めん（加水，混ねつによる小麦粉のグルテン形成）
化学的操作	酸	ヨーグルト（乳酸発酵による乳の凝固）魚の酢じめ
	アルカリ	ピータン（石灰によるあひる卵の凝固）
	塩類	豆腐（にがり添加による豆乳の凝固）肉だんご（食塩添加によるひき肉のアクトミオシン形成）
	酵素	チーズ（凝乳酵素による乳の凝固）

＊**たんぱく質の等電点**　たんぱく質を構成するアミノ酸には側鎖に塩基性基や酸性基をもつものがあるため，溶液の pH によってたんぱく質全体の荷電状態が変化する。電荷が見かけ上ゼロになる pH を等電点という。等電点では電荷による反発力がなくなるため，たんぱく質の溶解性が最も低くなり，沈殿や凝固などの変性がおこりやすくなる。

おいしさを左右する重要な要因となる(**表5.6**)。

(2) でんぷんの糊化

食品中のでんぷんは水とともに糊化温度以上に加熱されると糊化し、軟らかく粘りのあるテクスチャーに変化する。また、でんぷんを分散させた水を加熱するとでんぷんの糊化により粘性のある液となる。さらに高濃度の糊化でんぷん液は冷却するとゲル化する。ゲルのテクスチャーはでんぷんの種類によって異なり、種実でんぷんは不透明な硬くてもろいゲル、根茎でんぷんは透明で粘着性、弾力性のあるゲルとなる(p.108 参照)。これらのでんぷんの糊化に伴うテクスチャーの変化は、穀類、いも類、豆類などの食品の嗜好性を向上させ、また、小麦粉や米粉の調理、汁物やあんかけなどの調理においても利用されている。一方、糊化でんぷんは放置すると老化でんぷんとなって硬くなり、食味の低下につながる。

(3) 野菜のテクスチャー

生野菜のテクスチャーは、細胞の浸透作用を利用した調理操作によって変化させることができる(p.90 参照)。加熱操作も野菜のテクスチャーを変化させる。植物細胞壁に存在するペクチンが加熱によって分解されると野菜は軟化する。重曹(炭酸水素ナトリウム)などの添加によりアルカリ性で加熱すると軟化は促進され、酢やみょうばんなどを添加して酸性にすると軟化は抑制される。また牛乳中のカルシウムなどの二価の金属イオンは、ペクチン鎖間で架橋構造を形成するため軟化を抑制する。

5.3　調理による生体調節機能への影響

今日の食生活においては、食品の栄養機能(一次)、感覚機能(二次)だけでなく生体調節機能(三次)への期待が高まっている。調理による生体調節機能への影響としては、生活習慣病の予防に寄与する食物繊維や抗酸化物質の効率的な摂取、変異原性物質や食物アレルギーの低減などがあげられる。

5.3.1　食物繊維

食物繊維は、ヒトの消化酵素によって消化されない食物成分と定義され、水に対する溶解性の違いから不溶性食物繊維(IDF)と水溶性食物繊維(SDF)に分けられる(**表5.1** 参照)。植物細胞壁の構成成分であるセルロースは代表的なIDFであり、キチンはえび、かになどの甲殻類の殻に含まれる動物性のIDFである。SDFには野菜や果物に含まれるペクチンや海藻に含まれるアガロースやアルギン酸などがある。SDFは水に溶けると高い粘性を示すものが多く、消化管内に存在することで糖質や脂質の消化吸収速度が低下し、血糖

・・・・・・・・・・・・・・・・・・・・・・・・ **コラム 7　レジスタントスターチ** ・・・・・・・・・・・・・・・・・・・・・

でんぷんは消化酵素により完全にグルコースに分解され，吸収されてエネルギー源になると考えられてきた。しかし 1970 年代，小腸で消化されずに大腸に達するでんぷんの存在が明らかにされ，レジスタントスターチ（RS，酵素抵抗性でんぷん）と名付けられた。RS の摂取により，血糖値上昇抑制，大腸内環境改善といった食物繊維と同様の生理効果が期待できる。

RS は，細胞壁などにより物理的に消化酵素が作用できない RS1，でんぷん自体が酵素作用を受けにくい構造をもつ RS2，糊化でんぷんの老化が原因で消化性が低下した RS3，化学的処理によりでんぷん分子間に架橋形成させた RS4 に大別される。調理過程におけるでんぷんの構造変化によって RS2 や RS3 含量が増減する可能性がある。

値上昇抑制，脂質異常症の予防に効果がある。IDF は高い保水性や嵩形成能によって糞便量を増加させ大腸疾患の予防に寄与する。さらに，食物繊維には大腸内で腸内細菌によって分解されるものがあり，産生された短鎖脂肪酸は，大腸の運動を促進したり肝臓でのコレステロール生合成を抑制するなどさまざまな生理作用をもつことが知られている。

食物繊維を多く含む食品は，いも類，豆類，野菜類，海藻類，きのこ類などの植物性食品であ

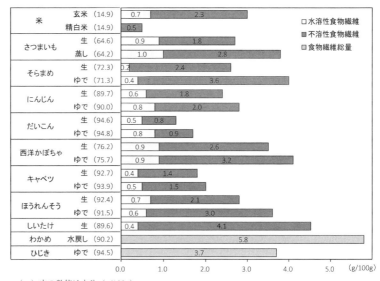

・（　）内の数値は水分（g/100g）

図 5.7　主な植物性食品の食物繊維含量と調理加工の影響

出所）文部科学省：日本食品標準成分表 2020 年版（八訂）に基づき作成

る（図 5.7）。これらの食品を主食や主菜とともに摂取することで食物繊維の生理作用を活かすことができる。また，でんぷん含量の高いいも類や豆類では，加熱後に不溶性食物繊維が増加する食品もあり，レジスタントスターチの増加が要因と考えられている。

5.3.2　抗酸化物質

生体内で生じた活性酸素やラジカルによる生体膜の酸化，DNA の損傷といった生体傷害は，さまざまな生活習慣病や老化の原因となる。食品中にはカロテン，ビタミン E，ビタミン C，ポリフェノール類など，活性酸素やラジカルを消去する抗酸化物質が含まれており，調理加工の過程において抗酸化物質の量や抗酸化能が変化する。

大豆発酵食品であるみそやしょうゆには，抗酸化物質であるイソフラボン類が含まれる。大豆を発酵させることでイソフラボンの配糖体が微生物により分解され，イソフラボン類が遊離したものである。また，大豆の発酵ではたんぱく質がプロテアーゼによって分解され，抗酸化能のあるペプチドやアミノ酸も増加する。

加熱によるアミノ・カルボニル反応で生じる褐色物質メラノイジンも，抗酸化能を有する。ごまは焙煎することでメラノイジンとともに高い抗酸化能をもつリグナンも生成されることが知られている。また，野菜に含まれるビタミンCやポリフェノール類は，ゆで加熱や煮込み加熱によって減少するが，野菜を加熱してかさを減らすことで摂取量が増加し，さらに細胞壁の軟化によって抗酸化物質の利用率が高まる可能性もあると考えられている。

5.3.3 変異原性物質の生成と抑制

食品の調理加工の過程において食品成分間の相互作用により，変異原性物質が生成する場合がある(p.29 表 4.2 参照)。ヘテロサイクリックアミンは，肉や魚などのたんぱく質を多く含む食品を 150℃ 以上の高温で加熱したときに生成する複素環アミンであり，多環芳香族炭化水素のベンゾ[a]ピレンは，焼肉，焼魚，燻製品などに含まれる。また，グルコースなどの還元糖とアミノ酸のアスパラギンを含む食品を高温で加熱すると，アミノ・カルボニル反応を経てアクリルアミドが生成される。炒めたもやしやフライドポテトからの摂取量が多いとされる。また，野菜に多く含まれる硝酸塩は摂取後，消化管内で還元されて亜硝酸塩となり魚肉に含まれるジメチルアミンと結合するとジメチルニトロソアミンを生成する。これらの変異原性物質の作用を抑制するには，過度の加熱を避けて生成を抑えるとともに，抗酸化物質や食物繊維を含む食品の摂取を増やすことが重要である。

5.3.4 食物アレルギーの低減

食物アレルギーとは，食物の特定の成分に対して過剰な免疫反応が起こることで望ましくない症状が引き起こされる現象である。卵，牛乳，大豆，小麦，米が五大アレルゲンとされ，これらの食品中のたんぱく質が十分に消化されない状態で吸収されることが原因となる。アレルゲン性低減化の方法としては，原因となるたんぱく質の除去，構造変化，低分子化などが考えられ，調理の過程におけるたんぱく質の変性によってもアレルゲン性を低減できる可能性がある。

卵の主要なアレルゲンは，卵白たんぱく質のオボムコイドである。熱安定性の高いオボムコイドは加熱調理によって変性しにくいが，揚げ加熱した場

表 5.7　卵料理の 1 回分の摂取量（成人）に含まれる可溶性オボムコイド量

卵料理	摂取量／回	卵使用量*	可溶性オボムコイド残存比率	可溶性オボムコイド量／回**
生卵（基準）	1 個	1 個	1	1
固ゆで卵	1 個	1 個	1/10	1/10
固揚げ卵	1 個	1 個	1/100	1/100
茶わん蒸し	1 個	1/2 個	1	1/2
オムレツ	1 個	1 個	1	1
ホットケーキ	1 枚（40 g）	1/10 個	1/30	1/300
ドーナツ	65 g	1/10 個	1/500	1/5000
カステラ	1 切れ(50 g)	1/5 個	1/300	1/1500
クッキー	45 g	1/5 個	1/100	1/500

＊　　1 回の摂取量に含まれる卵量（個）を示す。
＊＊　1 回に摂取する卵料理に含まれる可溶性オボムコイド量を生卵に対する比率として示す。
　　　可溶性オボムコイド量／回＝可溶性オボムコイド残存比率×1 回の摂取量に含まれる卵量（個）より求めた。
出所）加藤保子：卵料理，卵添加加工品のアレルゲン，日本調理科学会誌，**35**，84-90（2002）より一部抜粋

合や，カステラ，ドーナツ，パスタなど小麦粉とともに調理した場合には可溶性オボムコイドが減少することが報告されている（**表5.7**）。小麦粉のグルテンによってオボムコイドが不溶化するためであり，卵のアレルゲン性低減につながると考えられる。

【演習問題】

問 1　調理による，食品成分の変化に関する記述である。誤っているのはどれか。1 つ選べ。　　　　　　　　　　　　　　　　（2016 年国家試験）
　（1）ブロッコリーのカリウムは，ゆでる操作で溶出する。
　（2）きゅうりをぬかみそ漬けにすると，ビタミン B_1 は増加する。
　（3）にんじんのビタミン A は，水さらしで溶出する。
　（4）だいこんのビタミン C は，にんじんとのもみじおろしで酸化が促進される。
　（5）じゃがいもは，油で揚げると重量が減少する。

解答（3）

問 2　調理操作における成分の変化に関する記述である。正しいのはどれか。1 つ選べ。　　　　　　　　　　　　　　　　　　（2011 年国家試験）
　（1）干ししいたけの 5'- グアニル酸溶出量は，高温（50℃）より低温（5℃）で水戻しした方が多い。
　（2）青菜は炒めるよりもゆでる方が，ビタミン C の損失が少ない。
　（3）せんキャベツの水浸漬によるカリウムの溶出量は，水道水よりも 1%食塩水に漬けた方が少ない。
　（4）にんじんをゆでると，ビタミン A は約 30%減少する。
　（5）じゃがいもを電子レンジ加熱すると，ビタミン C の残存量は天火加熱よりも少なくなる。

解答（1）

**問3　食品中のたんぱく質の変化に関する記述である。正しいのはどれか。
　　　1つ選べ。**　　　　　　　　　　　　　　　　　　　　　（2017年国家試験）

（1）ゼラチンは，コラーゲンを凍結変性させたものである。

（2）ゆばは，小麦たんぱく質を加熱変性させたものである。

（3）ヨーグルトは，カゼインを酵素作用により変性させたものである。

（4）魚肉練りは製品は，すり身に食塩を添加して製造したものである。

（5）ピータンは，卵たんぱく質を酸で凝縮させたものである。

解答（4）

📖 **参考文献**

青柳康夫，菅原龍幸：干し椎茸の水もどしに関する一考察，日本食品工業学会
　　誌，**33**，244-249（1986）

杉本温美，高谷智久，不破英次：ジャガいも，ヤマノいも，高アミローストウ
　　モロコシおよびトウモロコシ澱粉粒のラットにおける消化性，澱粉科学，**22**，
　　103-110（1975）

畑明美，南光美子：浸漬操作による野菜，果実中無機成分の溶出の変化，調理
　　科学，**16**，52-56（1983）

福田靖子：調理と食品の抗酸化機能性，日本調理科学会誌，**34**，321-328（2001）

山本淳子，大羽和子：緑豆もやしアスコルビン酸オキシダーゼの部分精製およ
　　び塩類による活性阻害の様式，日本家政学会誌，**54**，157-161（2003）

Yamaguchi, T., Oda, Y., Katsuda, M., Inakuma, T., Ishiguro, Y., Kanazawa, K., Takamura,
　　H., and T. Matoda, : Changes in Radical-scavenging Activity of Vegetables during
　　Different Thermal Cooking Processes, *J. Cookery Sci. Jpn.*, **40**, 127-137（2007）

6.1　SDGs（持続可能な開発目標 Sustainable Development Goals）

2015 年 9 月，国連持続可能な開発サミットにおいて採択された，「持続可能な開発のための 2030 アジェンダ」は，世界の諸問題の解決に向けて，国際社会が協働して取り組む決意をまとめたものである。

このアジェンダに示された SDGs は，持続可能な世界の実現に向けて，2016 年から 2030 年までに開発途上国と先進国が共に取り組む，国際社会の普遍的な目標である。世界が直面する課題には，貧困，飢餓，人権，経済のグローバリゼーションを通した格差の拡大，地球温暖化，海・陸の環境汚染などの環境問題，資源・エネルギー不足などがある。SDGs は，「社会」「経済」「環境」の諸課題を包括的に扱い，17 のゴール（大目標，**図 6.1**）と 169 のターゲット（小目標）で構成される。

SDGs は，国連や政府，企業などの組織だけが取り組むものではなく，日常生活を通して誰もがすぐに取り組める目標である。目標 12* に示されるように，私たちは，日々の活動（例：食事作りに関わる活動）により，持続可能な社会（世界）の形成に努力することが大切である。

* SDGs 目標 12 のターゲットには，「2030 年までに食料廃棄を半減させ，食料の損失を減少させる」ことが記され，これを踏まえ，「第四次循環型社会形成推進基本計画」（2018 年 6 月 閣議決定）でも，「2030 年までに家庭系の食品ロスを半減」させる目標が設定された。

図 6.1　持続可能な開発目標（SDGs）

出所）国際連合広報センター
https://www.unic.or.jp/files/sdg_logo_ja_2.pdf（2019 年 8 月 31 日閲覧）

・・・・・・・・・・・・・・・・・ コラム 8　持続可能性（Sustainability）・・・・・・・・・・・・・・・・・

"持続可能性"の概念が最初に提唱されたのは，1984 年に国連に設置された「環境と開発に関する世界委員会」が，1987 年に公表した報告書「我ら共有の未来（Our Common Future）」であったとされる。この委員会は，委員長のノルウェー首相ブルントラント氏の名前を冠して，ブルントラント委員会と呼ばれる。報告書では，持続可能な開発とは，「将来世代のニーズを満たす能力を損なうことなく，現在の世代のニーズを満たす開発」であると定義されている。"持続可能性"には，同世代内の公平性（公正）だけでなく，子，孫，子孫といった将来世代を交えた世代間の公平性（公正）という概念が含まれている。

6.2 人，社会，環境，地域に配慮した消費

表 6.1　エシカル消費の例

配慮の対象	商品の例
人	障がい者支援につながる商品
社会	フェアトレード商品 寄付付きの商品
環境	エコ商品 リサイクル製品 資源保護などに関する認証がある商品
地域	地場産品（地産地消） 被災地産品

出所）消費者庁ホームページ：
https://www.caa.go.jp/policies/policy/consumer_policy/
information/food_loss/conference/conference_007/pdf/
conference_007_180927_0008.pdf（2019 年 8 月 31 日閲覧）

6.2.1　エシカル消費

　SDGs に取り組むときには，「エシカル消費」の考え方を理解することが大切である。エシカル（ethical）は「倫理的な」という意味であり，エシカル消費とは，よりよい社会に向けた，人，社会，環境，地域に配慮した消費行動のことである。具体的には，消費者それぞれが社会的課題の解決を考慮しながら消費活動を行うことや，そうした課題に取り組む事業者の応援につながる消費活動を行うことである（表 6.1）。

6.2.2　フェアトレード

　フェアトレードとは，開発途上国で作られた作物や製品を，適正価格で継続して取引することにより，経済的基盤の弱い生産者の生産活動と生活の向上を持続的に支える仕組みである。フェアトレード商品には食品では，コーヒー，紅茶，チョコレート，バナナなどがある。適正価格の保証，プレミアム（奨励金）の支払いなどの基準を満たす商品には，**認証ラベル**[*1]がつけられる。

*1　国際フェアトレード認証ラベル

6.3 環境に配慮した食事作り

　食事作りに関わる一連の活動（図 6.2）は，日本の食料事情や地球環境問題と密接につながり，国際情勢の影響も受ける。

6.3.1　食料自給率

　食料自給率とは，国内の食料消費が，国産でどの程度まかなえているかを示す指標である[*2]。

　わが国の食料自給率は，長期的に低下傾向で，近年はカロリーベースの自給率が 38％，生産額ベースでは 66％前後で推移している。諸外国と比較すると，日本の食料自給率は低く，先進国の中では最低水準である（図 6.3）。

図 6.2　食事作りに関わる
　　　　活動と担い手

*2　食料自給率（%）＝（国内生産量）÷（国内消費仕向け量）×100

6.3.2　バーチャルウォーター

　農作物の生産には灌漑用水が必要であり，畜産物の生産には農作物を飼料とするため，大量の水が消費されていることになる。食料の輸入は，形を変えて水を輸入していることと考えられる。バーチャルウォーターとは，食料を輸入している国（消費国）において，その輸入食料を自国で生産する場合に

必要になる水を推定したものである。[*1]

6.3.3 フードマイレージ

　食料をトラックや船，飛行機などで輸送すると，二酸化炭素ガスが排出され，環境に負荷を与えていることになる。フードマイレージ（食料輸送重量(t)×輸送距離(km)）は，食料輸送に伴う環境への負荷の大きさを表す指標である。日本は食料を海外からの輸入に頼り，輸入相手国が遠いため，フードマイレージはアメリカの約3倍，イギリス，ドイツの約5倍であり，先進国で最も高い。

6.3.4 カーボンフットプリント

　フードマイレージは，輸送手段による二酸化炭素排出量の違いが反映されないという欠点があるため，二酸化炭素排出量をより定量的に捉えたものとして**カーボンフットプリント**[*2]という考え方がある。

6.3.5 地産地消

　地産地消とは地域生産－地域消費のことであり，それぞれの地域で生産された農林水産物をその地域で消費する考え方である。地産地消を進めることにより，環境負荷を低減できる。また，生産者は消費者のニーズをとらえた効率の良い生産が可能になり，消費者は生産地や生産方法に関する情報を容易に得られ，新鮮で安心な食品を入手できる。さらに，地域産業の活性化，地域の伝統的な食文化の維持・継承につながることが期待される。しかし，地域の生産物の種類は限られるため，必要な食品のすべてを地場産物でまかなうことは難しい。

6.3.6 食品ロス

　日本は，食料を海外からの輸入に大きく依存する一方で，大量の食品を利用し尽くさず廃棄している。食品ロスとは，本来食べられるのに捨てられる食品のことである。2018(平成30)年度の推計では，食品廃棄量2,531万tのうち，600万t(24%)の食品ロスが発生した(**図6.4**)。この量は，国連世界食糧計画による2019年の食料援助量(約420万t)の1.4倍にも相当する。

　食品ロスは，食品関連事業者と一般家庭の両方から発生し，後者が全体の約半分を占めるため，この削減には双方の取り組みが必要になる。食品ロスは，資源が有効活用されないだけでなく，ごみ問題，処理段階での環境負荷発生等，多くの環境問題につながるため，その削減に向けた取組み[*3]が行われ

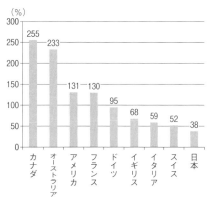

図6.3　諸外国の食料自給率（平成29年度）カロリーベース

出所）農林水産省：諸外国，地域の自給率等について⑤
https://www.maff.go.jp/j/zyukyu/zikyu_ritu/attach/pdf/013-2.pdf（2021年7月7日閲覧）

*1　食料自給率の低い日本では，バーチャルウォーターの輸入量（約800億立方メートル）が，日本国内で使用される年間水使用量と同程度と推計されている（2005年の推計）。

*2　カーボンフットプリント

商品やサービスの原材料調達から，廃棄・リサイクルに至るまでに排出される温室効果ガスをCO_2相当量に換算し，商品やサービスにわかりやすく表示する仕組み

*3　フードバンクは，食品企業や農家などから生産・流通・消費の過程で発生する未利用食品の寄付を受けて，食品を必要としている人や施設などに提供する取組みを行っている。食品ロス削減に貢献する活動である。

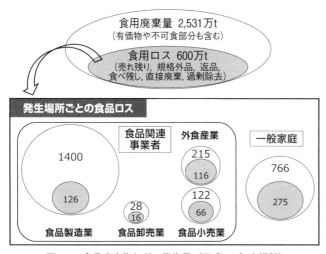

図 6.4　食品廃棄物などの発生量（平成 30 年度推計）

出所）農林水産省：食品ロス及びリサイクルをめぐる情勢（令和 3 年 5 月版）9, 11
　　　http://www.maff.go.jp/j/shokusan/recycle/syoku_loss/attach/pdf/161227_4-185.pdf
　　　（2021 年 7 月 7 日閲覧）

*1　BOD（生物化学的酸素要求
　量）　水の汚染を示す指標の一
　つ。好気性微生物が有機物を酸
　化・分解した際に消費される溶
　存酸素量。その他，COD（化
　学的酸素要求量）という指標も
　ある。

ている。

　調理による環境への負荷を世界規模で見ると，「食料部門は，全世界のエネルギー消費の約 30 ％と，温室効果ガス排出量の約 22 ％を占めている」とされる（国連）。国内の家庭における調理に目を向けてみると，家庭で使われるエネルギーの 16 ％が厨房で使用され（平成 29 年度 全国），水の 17 ％が炊事用に使われていた（平成 27 年度 東京都）。また，川や海の汚染原因の約 8 割が生活排水によるもので，そのうち汚れ（**BOD**[*1]）の約 4 割が台所由来（平成 17 年度 東京都）であり，ごみ排出量でも生活系ごみが 7 割（平成 28 年度 全国）を占めた。

　調理では，農林水産物以外にも限りあるさまざまな資源を利用し，排水・ごみ排出等により環境に負荷をかける。これらの現状を認識し，各自が調理に関わる活動の課題を考慮し，エシカル消費を実行することが望まれる。

6.4　エコクッキング

*2　狭義の調理（p1，図1.1）を
　指す。

　エコクッキングとは，「環境に配慮して，買い物，調理[*2]，食事片づけを行うこと」である。**表 6.2** に示す方法で調理を行うと，実際に調理時のガス，水の使用量と生ごみの量が節減され，二酸化炭素排出量を削減できることが明らかになっている（**図 6.5**）。

　エコクッキングは，家庭で取り組める地球温暖化防止策として，また，エネルギー，水，ごみ，食料に関する問題の解決策として地球環境問題の解決に寄与すると考えられ，エシカル消費の一つの形ととらえることができる。

表 6.2　エコクッキングの方法

段階	方法	エネルギー節約内訳
買い物	マイバッグ持参	焼却・リサイクルエネルギー節約
	旬の食材購入	栽培に要するエネルギー節約
	地産地消	輸送エネルギー節約
	過剰容器包装回避	焼却・リサイクルエネルギー節約
調理	可食部の使い切り（例：野菜を皮ごと食べる）	ゴミ輸送・焼却エネルギー節約
	手順工夫 同時調理 ガス火加減を適切に調節 加熱前の鍋底の水滴拭き取り 鍋蓋利用	加熱エネルギー節約
食事	食べ残しの減量（料理を作り過ぎない，適量を盛りつける）	加熱エネルギー節約 ゴミ輸送・焼却エネルギー節約
片づけ	食器・器具洗浄時の節水（洗浄前の拭き取り，溜め水，洗剤節約）	浄水・下水処理エネルギー節約
	ゴミ減量 生ごみの水気を切ってから廃棄	ゴミ輸送・焼却エネルギー節約

出所）三神彩子：身近な「食」から地球環境問題を考えるエコ・クッキング
日本家政学会誌，**59**，125-129（2008）と東京ガスホームページを参考に加筆作成
東京ガスホームページ：https://home.tokyo-gas.co.jp/shoku/torikumi/eco-cooking/
about-eco-cooking.html

a) 節減効果

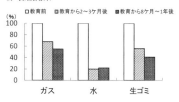

b) 二酸化炭素排出量削減効果

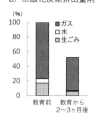

図 6.5　エコクッキングによる節減・削減効果

出所）三神彩子：身近な「食」から地球環境問題を考えるエコ・クッキング
日本家政学会誌，**59**，125-129（2008）一部改変

【演習問題】

問 1　食糧と環境問題に関する記述である。正しいのはどれか。2 つ選べ。

（2014 年国家試験）

（1）生物濃縮は，環境よりも高い濃度で生体内に外界の物質を蓄積する現象をいう。

（2）フードマイレージは，食糧の輸入量を輸送距離で除した値である。

（3）地産地消の輸送コストは，輸入の輸送コストに比べて一般的に増大する。

（4）食品ロスの増大は，環境に対する負荷を増大させる。

（5）食物連鎖における高次消費者の個体数は，一次消費者の個体数に比べて多い。

解答（1）と（4）

📖 参考文献

沖大幹：水の未来，岩波書店（2016）

環境省：https://www.env.go.jp/water/virtual_water/（2019 年 8 月 31 日閲覧）

国際連合：我々の世界を変革する：持続可能な開発のための 2030 アジェンダ（2015）

白田範史編：SDGs の基礎，事業構想大学院大学出版部（2018）

長坂寿久編：フェアトレードビジネスモデルの新たな展開，明石書店（2018）

日本消費者教育学会編：消費者教育 Q&A　消費者市民へのガイダンス，中部日本教育文化会（2016）

三神彩子：食生活からはじめる省エネ＆エコライフ，建帛社（2016）

第7章 調理操作

7.1 非加熱調理および非加熱用器具

調理操作は非加熱操作と加熱操作に大別され，多くはこれらの操作を複数組み合わせて調理品が出来上がる。各操作の意味を理解すると，嗜好性と栄養性を高め，安全に，効率よく調理することができる。

7.1.1 計量・計測

調理を再現性よく効率的に行うために，正確な計量および計測は基本となる。重量の測定で秤（はかり）を用いる際は，秤で量ることができる最大の重量（秤量）および最小の重量（感量）を確認し，適したものを選ぶ。容量は大さじ（15 ml），小さじ（5 ml），計量カップ（200 ml），さらに米の計量器具として1合カップ（180 ml）を用いることが多い。温度計，タイマーなどを用いて温度と時間を計測する。

7.1.2 洗 浄

調理に先立ち，食品に付着している汚れや細菌，残留農薬や不味成分を除去するために洗浄を行うことが多い。主として水道水を用いるが，塩水や酢水，洗剤水を用いることもある。流水やため水による洗い，振り洗い，もみ洗い，こすり洗いなどがある。

········· **コラム 9　キャベツの内側は洗わなくてもいい？** ·········

キャベツやレタスは外側の葉だけを洗えばいいものではない。**図 7.1** が示すように，細菌による汚染は内側ほど減る傾向はあるが個体差があり，また巻きがゆるいものほど汚染されているとも一概には言えない。したがって，外側の葉だけでなく，内側の葉も洗浄する必要がある。

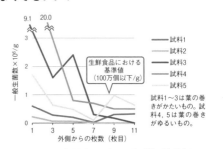

試料1～3は葉の巻きがかたいもの。試料4, 5は葉の巻きがゆるいもの。

図 7.1　市販キャベツの細菌汚染状況

出所）河村ほか：生食キャベツの細菌汚染と消毒方法に関する研究，衛生化学，**12**，30-35（1966）一部改変

7.1.3 浸　漬

　食品を水，食塩水，重曹水，酢水などの液体に浸す操作であり，①乾物や穀類などへの水分付与，②水，塩，不味成分などの溶出(p.47参照)，③空気との接触を防ぎ，褐変を防止する(p.48，p.90参照)，④味の浸透，などの目的がある。乾物の浸漬は「戻す」とも言われ，保存性向上のために水分がおおよそ20%以下となっている組織に十分な水を戻し，組織を膨潤，軟化させる。乾物の水戻し後の重量変化を**表7.1**に示す。野菜や肉，魚などの加熱前の食品を浸漬する際には，浸透圧作用に伴う細胞の収縮や膨潤を考慮する必要がある(p.90参照)。

表 7.1　乾物の重量変化（倍）

ひじき	8.5
日高こんぶ	3.0
素干しわかめ	5.9
塩蔵わかめ	1.5
カットわかめ	12.0
干ししいたけ（香信）	4.0
切り干しだいこん	4.0
かんぴょう	5.3
大豆	2.5
凍り豆腐	6.1

出所）松本仲子監修：調理のためのベーシックデータ（第5版），女子栄養大学出版部，136-139（2018）

7.1.4 切砕（切る）

　食品を切るのは，①食べられない部分を取り除く，②咀嚼を容易にしたり消化をよくする，③火のとおりや調味料の浸透を早くする，④形や大きさを揃えて外観を整える，などの目的で行われる。代表的な調理器具は包丁とまな板である。包丁の材質は，鋼やステンレスが主として使われる。鋼は切れ味がよいがさびやすく，硬いために欠けやすい。ステンレスはさびにくいが切れ味は鋼に劣る。最近では摩耗しにくく，食品の成分と反応しないセラミック製も使われる。刃形は片刃と両刃があり(**図7.2**)，切り方は垂直押し切り，押し切り，引き切りがある。用途別では和包丁，洋包丁，中国包丁に分けられるが，菜切り包丁(和包丁)と牛刀(洋包丁)の機能を兼ね備え，肉，魚，野菜を切るのに適するように日本で作られた三徳包丁が主流となっている(**図7.3**)。

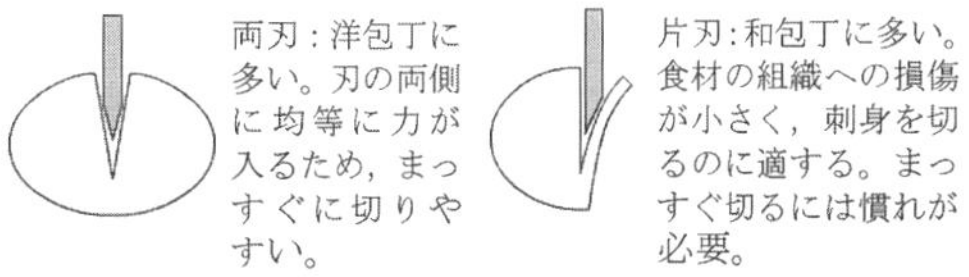

両刃：洋包丁に多い。刃の両側に均等に力が入るため，まっすぐに切りやすい。

片刃：和包丁に多い。食材の組織への損傷が小さく，刺身を切るのに適する。まっすぐ切るには慣れが必要。

図 7.2　包丁の片刃と両刃の違い

菜切り包丁　牛刀　三徳包丁

図 7.3　和包丁，洋包丁，三徳包丁

7.1.5 粉砕・摩砕（砕く，すりおろす）

　食品の組織を破壊し，粒状や粉状，ペースト状などにする操作である。食品の細胞を壊すため，色や香り，テクスチャーなどが変化し，生鮮食品では酵素の活性化による化学反応も起きる。すり鉢やすりこぎ，おろし金，ミキサーなどが使われる。

コラム 10　害虫から身を守る成分が人間のおいしさに

　だいこんやわさびは細胞内に辛子油配糖体が存在し，細胞内の別の場所には酵素であるミロシナーゼが存在する。これらが会合するのは細胞が物理的損傷を受けた時で，ミロシナーゼによりからし油配糖体は加水分解され，揮発性の辛味をもつイソチオシアネートが生成される。イソチオシアネートは植物にとっては害虫から身を守る成分であるが，人にとっては嗜好成分や生体調節成分となる。

7.1.6　撹拌・混合・混ねつ（混ぜる，泡立てる，和える，練る，こねる）

食材や調味料などの均質化や，味および温度の均一化などを図るために行われる操作である。また，卵白の撹拌(p.105 参照)や乳化(p.106 参照)，グルテンの形成(p.81 参照)など，食品成分の物理的性状の変化を目的とすることも多い。木じゃくし，泡立て器，ミキサーなどが使われる。

7.1.7　圧搾・こす・ふるう

圧搾およびこす操作はいずれも液体を固形分から分ける際に用いる手法であり，圧搾は圧力を加えて分離させ，こす操作は自由落下により分ける。ふるう操作は粒度の異なる粉状のものを分離させたり，ほぐす目的で行われる。いずれの操作も細かい網目や穴の開いているものを用い，ざる，こし器(茶こし，みそこし，シノワなど)，ろ紙，さらし布やガーゼ，ふるいなどが使われる。

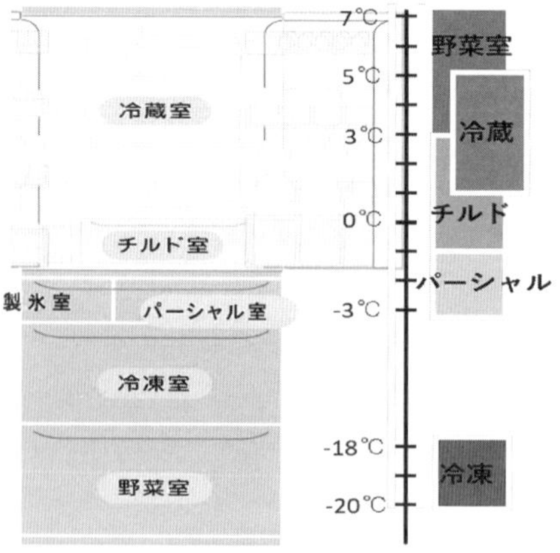

7.1.8　冷却・冷蔵（冷やす，冷ます）

冷却は，食品の温度を常温以下に下げる操作であり，冷水や氷水につけたり冷蔵庫に入れたりする。冷たい感触による嗜好性の向上，または細菌の増殖速度を抑えることによる保存性の向上が主な目的とされるが，食品の酵素活性の抑制などさまざまな化学反応も緩やかになり，色や香り，物性の変化を遅らせることができる。

冷蔵庫の温度帯は，一般に**図7.4**のように分けられている。食品によっては**低温障害**[*]を起こすものもあるので，適切な温度で保存する必要がある。市販の冷蔵庫は，食品が凍らない程度の温度付近で保存するチルド室や部分的には凍る温度帯で保存するパーシャル室を設けているものが多い。

7.1.9　冷凍・解凍（凍らせる，とかす）

食品中に存在する水には，自由水と結合水がある(図7.5)。
食品中の自由水が凍り始める温度を氷結点といい，冷凍は氷結点以下の温度で凍結させることを示す。そして一般には，-18℃以下での貯蔵を冷凍保存という。食品は冷凍保存すると有害細菌は全く繁殖しなくなり，食品の酵素反応などに代表される化学反応は著しく抑制される。しかし魚油に含まれるような高度不飽和脂肪酸は酸化し，氷か

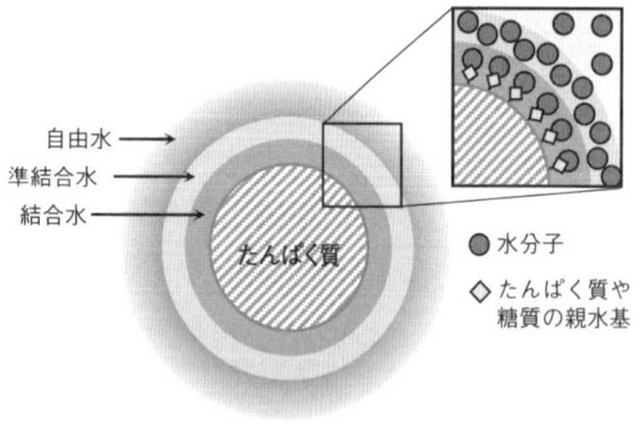

図7.4　一般的な冷凍冷蔵庫の温度

＊**低温障害**　冷蔵保存に不向きな野菜や果物を低温下で保存した際に発生する障害のことで，褐変や陥没，軟化などの品質劣化が見られる。

食品中の水は自由水と結合水(準結合水を含む)に分けられる。結合水は食品成分(たんぱく質，脂質，糖質などの親水基)と結合している水であり，自由水は束縛されず自由に運動できる水である。

図7.5　自由水，結合水の模式図

ら水蒸気への昇華によって乾燥が進んで「冷凍焼け」を起こし，色や風味が劣化する食品もある。冷凍をする際には空気を入れないように包装し，早めに使うようにする。

(1) 凍　　結

食品を凍結する際の品温の下がり方は解凍後の食感などの品質に関与する。食品内の水は 0℃以下で凍結が始まるが，水が凍る時に放出される約 334 J/g の凝固熱の発熱速度と冷却速度のバランスで，温度が一定に釣り合ったり温度低下が緩やかになったりする温度帯が存在する。この温度帯を最大氷結晶生成温度帯（-1～-5℃）という（**図 7.6**）。家庭用冷凍庫での凍結のように，この温度帯の通過に時間がかかる緩慢凍結では，細胞外で先に生成された氷結晶が細胞内の水分を吸収してさらに成長し，細胞内でも氷結晶の成長が進むために細胞が物理的に破壊されてしまう。また，氷結により水の体積が 1.1 倍になることも組織の損傷を促す。一方でこの温度帯を 30 分以内で通過する急速凍結では，氷結晶は多いものの小さい状態で細胞内に存在するため，解凍したときの組織の破壊が比較的少ない。

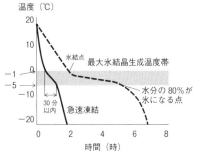

図 7.6　急速凍結ならびに緩慢凍結の品温の下がり方

(2) 解　　凍

凍結している食品の氷結晶を融解する操作を示す。凍結前と同じように食品に水を再吸収させて細胞および組織を復元できると食感が損なわれない。再吸収されずに液汁となって流出したものがドリップであり，アミノ酸やビタミン類などの栄養成分も含むことから，栄養および嗜好性の両面でドリップを最小限にする解凍法が望ましい。解凍はその速度により，急速解凍と緩慢解凍に分類される。一般に畜肉，魚肉，果物類は緩慢解凍を行うことが多く，室温で放置したり，冷蔵庫や流水を用いて低温で時間をかけて行ったりする。一方で，冷凍野菜や調理冷凍食品は，蒸気や熱湯，油中，または電子レンジによるマイクロ波加熱により，調理と解凍を同時に行う急速解凍を行うことが多い。冷凍野菜は凍結する前に，酵素失活を目的として蒸気や熱湯で軽く加熱処理する「ブランチング」が施されているので，解凍時間は短くてよい。解凍は解凍速度よりも解凍終了時の温度の方がドリップ量に影響するとされている。また凍結時に生成された氷結晶により細胞が損傷を受けていると，解凍に伴うドリップの流出，構造の軟弱化により食感が低下する。

7.2 加熱調理

7.2.1 加熱操作

(1) 伝熱の基本

熱の移動には伝導伝熱，対流伝熱，放射伝熱の3つの様式がある。実際の調理の際にはこのうちひとつだけ起こるということは少なく，複数の伝熱の様式が同時に起こることで食品が加熱されたり冷却されたりする。

1) 伝導伝熱

伝導伝熱

食品
（固体）

↑

高温

固体や静止している流体内部で起こる熱移動を伝導伝熱という。固体の食品が加熱されて，食品表面の分子が熱エネルギーを受け取り高温になると，隣の低温の分子に熱エネルギーを与える。この熱エネルギーのやり取りが固体の食品内部で起こることで，食品内部の温度は上昇する。熱の伝わりやすさは**熱伝導率**[*1]で表される。熱伝導率は金属が大きく，金属以外の固体，液体，気体の順に小さくなる。金属よりも木の方が熱伝導率が小さいので，**金属**[*2]の柄よりも木の柄のフライパンの方が持ち手が熱くなりにくい。空気は断熱効果があると言われるのは空気は固体に比べて熱伝導率が低いためである。保温食缶などは間を真空にするなど断熱性の高い二重構造になっているため，スープなどを温かいまま保管できる。また，熱拡散率αは熱伝導率／（比熱×密度）で表される値であり，熱伝導率が大きいほど，また蓄熱能力を表す「比熱×密度」が小さいほど温度の上昇は速い。

*1 物質の熱伝導率

氷	2.2	W/(m・K)
水	0.56	W/(m・K)
水蒸気	0.016	W/(m・K)
空気	0.024	W/(m・K)
油	0.18	W/(m・K)
木材(杉)	0.069	W/(m・K)

*2 金属の熱伝導率は p.72表7.5 参照。

2) 対流伝熱

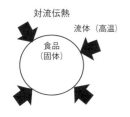

対流伝熱

流体（高温）

食品
（固体）

流体（液体や気体）と固体表面との間で起こる熱の移動を対流伝熱と呼ぶ。固体の食品の周囲に高温の液体（水や油）や気体（空気や水蒸気）が存在すると，高温の流体から食品へ熱が移動し，食品は加熱される。この時の熱移動のしやすさを**熱伝達率**[*3]で表す。気体に比べて液体の方が熱伝達率は高い。加熱中には流体から食材へ熱が移動するだけでなく，鍋から鍋周囲の低温の空気へ熱が移動する。これを放熱と呼ぶ。放熱が多いほど食品に与えられる熱エネルギーが少なくなるため，加熱効率を高めるためには鍋は表面積の小さいものを用いる，内蓋をすることなどが効果的である。

*3 固体表面への熱伝達率

空気から　1～10 W/(m²・K)
油から　　10～100 W/(m²・K)
水から
　(1～10)×10² W/(m²・K)
水蒸気から
　(2～20)×10² W/(m²・K)

また，高温の流体は密度が小さく軽いため上方へ移動し，低温の流体は密度が大きく重いため下方へ移動する。これを対流と呼び，対流伝熱とは区別される。この密度差のみで生じる流れを自然対流と言い，オーブン庫内の空気をファンで撹拌する，湯をお玉で撹拌するといったように流体を撹拌して強制的に対流を起こす場合を強制対流と言う。オーブンでは同じ温度で加熱したとしても，自然対流式と強制対流式で加熱のされ方は異なる(p.71 参照)。

3）　放射伝熱

　物体はその温度に応じた赤外線を放射している。赤外線は**図7.7**に示したように電磁波のうち0.8〜1,000μmの波長の電磁波である。高温の熱源が放射する赤外線のエネルギーを物体が受け取ることで起こる熱の移動を放射伝熱という。水などの熱媒体を経ることなく，熱源から赤外線のエネルギーが食品へ到達し，食品表面で吸収されることで食品表面の温度が上昇する。

　物体に放射された赤外線は反射，透過もしくは吸収される。反射率，透過率，吸収率は放射された全エネルギーに対するそれぞれの割合であり，この和は1となる。また，吸収率と**放射率**[*]は同じ値である。気体は放射率が0であり，熱源から放射された赤外線のエネルギーは空気中でほぼ全て減衰せずに進むため，食品表面に到達することができる。また金属や食品の透過率はほぼ0であり，照射されたエネルギーは反射もしくは吸収される。食品の放射率はほぼ1であり，吸収率と放射率は同じ値であるから，熱源から食品へ放射されたエネルギーはほぼ全て吸収され，食品の温度が上昇する。また，よく磨いた金属は表面で反射するため放射率は小さく，磨いていない金属では放射率が小さいといったように，放射率は固体の表面の状態にも影響を受ける。

図 7.7　電磁波の振動数，波長，名称，用途

（2）　湿式加熱

　調理における加熱は湿式加熱と乾式加熱に大別される。湿式加熱は食品を加熱する際の熱媒体として水が用いられる加熱法であり，ゆでる，煮る，蒸す，過熱水蒸気加熱といった調理法がある。過熱水蒸気加熱を除き，100℃以下（圧力鍋を用いた場合は126℃以下）での加熱であるため，温度管理がしやすく，揚げる，炒めるといった乾式加熱とは異なり焼き目はつかない。

[*]放射率

食品	0.7〜1
気体	0
水	0.95〜0.96
氷	0.65〜0.67
よく磨いた金属	0.01〜0.05
磨いていない金属	0.8〜0.9

ゆでる

↑ 対流伝熱

煮る

⇑ 凝縮潜熱
↑ 対流伝熱

蒸す

⇑ 凝縮潜熱
↑ 対流伝熱

過熱水蒸気加熱

⇑ 凝縮潜熱
↑ 対流伝熱

＊常圧下では100℃。

66

1) ゆでる

沸騰した湯の中で食材を加熱する調理法である。調理中には鍋から水，水から食品へは対流伝熱によって熱が移動する。食材表面で受け取った熱エネルギーが伝導伝熱によって内部へ移動することで食材全体の温度が上昇する。水中での加熱のため水溶性成分の溶出が多く，栄養成分等の損失が大きいが，あく抜きにみられるように不味成分も溶出する。基本的に調味料は加えないが，パスタをゆでる際には塩を加えるなど，調味料を加える場合もある。沸騰水に食材を投入する場合には，食材投入による湯の温度降下ができるだけ小さくなるよう，食材に対する湯の量はできるだけ多くする。

2) 煮 る

塩やしょうゆ，砂糖といった調味料を含む煮汁中で食材を加熱する調理法であり，加熱と同時に調味ができる。調味成分は食材中へ拡散する一方で，食材に含まれる水溶性成分は煮汁中へ溶出する。食品への熱の伝わり方は水中に浸かっている部分はゆで加熱と同じであるが，煮汁が少なく食材が汁から出ている部分は，後述する蒸し加熱と同じように加熱される。煮しめ，煮付けは煮汁が食材重量の1/3 ～ 1/4 程度と少なく，煮汁は少し残すかもしくはほとんど残さず煮つめる。食材の一部は煮汁に浸かっていないため調味を均一にするためには落とし蓋をする，撹拌するなどの工夫が必要となる。含め煮は食材が浸かるような煮汁の量で，味を含ませながら加熱する。煮しめなどに比べて調味液は低濃度である。

3) 蒸 す

水蒸気により食材を加熱する調理法である。温められた蒸し器内の空気からの対流伝熱による熱の移動に加え，水蒸気が食品表面で凝縮する際に生じる潜熱(2.3 kJ/kg)も食品へ与えられる。静置加熱であるため形が崩れにくく，容器に入れて加熱することが可能である。いも類やまんじゅうなどは強火で100℃で加熱する。また，火力を弱める，蓋をずらすなどして蒸し器内の水蒸気量を調節することで，100℃より低い温度での加熱も可能である。茶碗蒸しやプディングは，ゲルのすだちを防ぐ目的で85 ～ 90℃の低温で加熱する。この時，100℃での加熱に比べて水蒸気量が少ないため，食品に与えられる潜熱量は少なくなる。ゆで加熱に比べて水溶性成分の溶出が少なく，栄養成分や呈味成分の損失は少ないが不味成分も溶出しにくい。加熱中に調味はできないため加熱前もしくは加熱後に調味する。

4) 過熱水蒸気加熱

飽和温度＊よりも高温の水蒸気を過熱水蒸気と呼ぶ。湯気と呼ばれる白い気体は水滴を含む空気であるのに対し，過熱水蒸気は無色である。酸素をほとんど含まない状態にできることから，過熱水蒸気を用いたスチームコンベク

ションオーブンによる調理では食材の酸化が進みにくい。また，過熱水蒸気は食品を乾燥させ多孔質化しやすいなど，通常の蒸し加熱で発生する水蒸気とは食品におよぼす影響が異なる。

（3）乾式加熱

　水を熱媒体としない加熱法であり，焼く，揚げる，炒めるといった調理法がある。加熱温度は 100℃ を超えるが，食品自体は水分を含んでいる間は 100℃ を超えることはない。食品の表面部分の水分が蒸発すると食品の表面は 100℃ を越えるため，着色や香気成分が生成する。

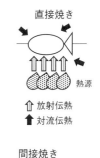

直接焼き

⇧ 放射伝熱
⬆ 対流伝熱

間接焼き

⇧ 伝導伝熱

1）焼 く

　焼く操作には食品を金網などにのせて直接熱源にかざして加熱する直接焼きと，フライパンや鍋を用いて加熱する間接焼きがある。

　直接焼きでは，金網などにのせた食材は熱源からの放射伝熱によって主に加熱される。熱源によって温められた周囲の空気からの対流伝熱による熱移動も起こるが，対流伝熱よりも放射伝熱の方が食品に与える熱量は多い。また，熱源から放射される赤外線の波長によっても吸収の程度は異なり，食品は遠赤外線部分の波長に強い吸収を持ち，特に食品表面の部分で赤外線のエネルギーが効率よく熱に変わる。表面部分の温度が高くなると，伝導伝熱によって食品内部へ熱が移動する。直火焼きで用いる炭火は炎が出ず，赤くなった炭の表面温度は 300 〜 600℃ 程度あり，あおいで空気を送ることによって炭火の温度調節をすることができる。また放射される赤外線は遠赤外線が占める割合が高い。ガスの温度は 1500 〜 2000℃ と非常に高温であるが，放射率が低いので放射されるエネルギーは小さい。

　フライパンや鍋を用いた間接焼きでは，主にフライパンや鍋からの伝導伝熱によって食品は加熱される。また，熱源によって温められた周囲の空気からの対流伝熱も起こる。加熱時のフライパンの温度は 100 〜 250℃ に達する。伝導伝熱はフライパンに接している部分でのみ起こるため，厚い食品などは裏返して全体が均一に加熱されるようにする必要がある。

　オーブン加熱の場合，オーブン庫内壁からの放射伝熱，温められた空気からの対流伝熱，天板からの伝導伝熱によって食品は加熱される（詳細は pp.70-71 参照）。

オーブン加熱

⇧ 放射伝熱
⬆ 対流伝熱
⇧ 伝導伝熱

2）揚げる

　油の中で食材を加熱するため，食材へは油からの対流伝熱によって熱が移動する。100℃ で加熱する際には水中での加熱よりも油中での加熱の方が食材内部の温度上昇は遅いものの，実際に揚げる際には油温は 120〜200℃ であり，油温が高いほど食材への伝熱量は多くなる。脱水を目的とする場合には長時間の加熱が必要になるため低温で加熱する。食品中の水と油の交代が

揚げる

⬆ 対流伝熱

表7.2　揚げ物の吸油率のめやす

種類	材料に対する油の量（％）
素揚げ	2 〜 15
から揚げ	6 〜 13
てんぷら	12 〜 25
フリッター・フライ	6 〜 20
かき揚げ	30 〜 70

出所）香川芳子監修：はじめての成分表．14．女子栄養大学
出版部（2012）

*1　比熱
水（100℃）　4.2 kJ/（kg・K）
油（100℃）　2.0 kJ/（kg・K）

炒める

⇧ 伝導伝熱

*2　マイクロ波　1,000 MHz 〜
1 THz の周波数の電磁波。

表7.3　主な物質の誘電損失係数と半減深度

物質名	誘電損失係数	半減深度**
空気	0	∞
テフロン・石英・ポリプロピレン	0.0005 〜 0.001	10m 前後
氷・ポリエチレン・磁器	0.001 〜 0.005	5m 前後
紙・塩化ビニール・木材	0.1 〜 0.5	50cm 前後
油脂類・乾燥食品	0.2 〜 0.5	20cm 前後
パン・米飯・ピザ台	0.5 〜 5	5 〜 10cm
じゃがいも・豆・おから	2 〜 10	2 〜 5cm
水	5 〜 15	1 〜 4cm
食塩水	10 〜 40	0.3 〜 1cm
肉・魚・スープ・レバーペースト	10 〜 25	1cm 前後
ハム・かまぼこ	40 前後	0.5cm 前後

＊ 2450MHz で測定された文献値，または文献値をもとにした計算値．
＊＊入射した電波が半分に減衰する距離
出所）肥後温子：New Food Industry, 31（11），1-7（1989）

起こることでカラリとした独特のテクスチャーに仕上がる。**表7.2** は，材料に対して増える油の量（吸油率）のめやすであり，衣の厚さや使用する食材によって吸油率は異なる。

油は水に比べて**比熱**[*1]が小さいため温度上昇しやすいが，粘度が高いため対流が起こりにくく，油中の温度ムラが生じやすい。また，沸点よりも発煙が始まる温度の方が低い。

3）炒める

フライパンなどに油をひいて食材を高温で短時間で加熱する方法であり，均一に加熱するためには撹拌が必要である。油は少量であることから，主にフライパンからの伝導伝熱によって食材は加熱される。フライパンの温度は180℃くらいが適度とされる。中国料理では食材を短時間，比較的低温で揚げる油通しをした後に炒める場合があり，野菜は色や歯ざわりをよくすること，肉類は軟らかくすることなどが目的で行われる。

（4）誘電加熱

電子レンジ加熱に代表される加熱方法であり，他の加熱法は食品の外側から熱エネルギーを与えるのに対し，誘電加熱は食品中の水分子の運動により食品内部で発熱することが特徴である。

食品に含まれている水は水素側がプラス，酸素側がマイナスを帯びており，電気的に偏りがある。このような分子を電気双極子と呼び，食品中では通常あらゆる方向を向いている。電気双極子が電場の中に置かれると，電場のプラス側に水のマイナス側が，電場のマイナス側に水のプラス側が向かう（誘電分極）。日本の電子レンジは 2,450 MHz の**マイクロ波**[*2]を用いることが定められており，1 秒間に 24 億 5000 万回電場の向きが変わることになる。その電場の変化に合わせて食品中の水分子の向きが変化するが，周囲の分子の抵抗を受けて変化が遅れてくるとマイクロ波のエネルギーが吸収され，熱エネルギーとなって温度が上昇する。電子レンジで加熱する場合，誘電損失係数が大きく，半減深度が短い方が加熱されやすい（**表7.3**）。半減深度は吸収されたマイクロ波の強さが 1/2 になる距離であり，半減深度が短くなると表面は素早く温度が上昇するが，中心部にはマイクロ波が届かないため温度が上

昇しにくく，食品内部で温度分布が大きくなる。食品を入れる容器に用いられる物質は誘電損失係数が比較的小さく半減深度が長いため，照射されたマイクロ波はそれらの物質中でほぼ吸収されることなく食品に到達する。そのため容器に入れた食品を加熱することができる。

7.2.2 加熱機器

調理の加熱機器は，燃料を燃やすガスコンロや**七輪**[*]，電気を使う電気コンロ，電磁調理器(IHクッキングヒーター)，電子レンジなどさまざまなものが使われる。ガスコンロや七輪はガスや木炭が燃料であり，いずれも炭素(C)と酸素(O_2)の化学反応により生じる反応熱を利用する。同時に二酸化炭素も生成されるが，酸素不足になると不完全燃焼となり極めて毒性が高い一酸化炭素(CO)が発生するため，換気などに注意を払う必要がある。電気は炎や排気ガスが出ないため，ガスに比べると火災の危険性が低く，安全であるとされる。また，近年のオール電化住宅や電磁調理器の利用増加に伴い，家庭での配電が従来の単相2線式100 Vから単相3線式100 V/200 Vに移行しつつあり，電気を熱源とする加熱機器が使いやすくなっている。

＊七輪
土器製の小型コンロであり，燃料として主に木炭を使用する。

(1) ガスコンロ

ガスを熱源とする加熱機器である。ガスは空気中の酸素と反応すると熱と光を発し，炎として私たちの目に映る。ガスコンロはガスバーナーの口(炎口)から炎を出し，その温度は高いところで1,700〜1,900 ℃に達する。炎口の周りに五徳を設置し，その上に鍋を置く。2008年以降に製造および輸入された家庭用コンロ(業務用，一口コンロを除く)の炎口には全て温度センサーが装備されている。調理油の過熱防止，鍋底の過熱防止(消し忘れ防止)，煮こぼれや吹きこぼれなどによる立ち消えを防止する機能が備え付けられ，これによりガスコンロを原因とする火災が減少している。

エネルギーの消費効率は50 %程度であり，使われる熱エネルギーの90 %は対流伝熱，10 %程度は放射伝熱として熱伝達される。

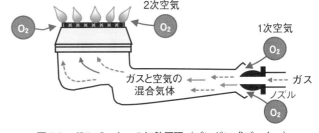

図7.8 ガスバーナーの加熱原理 (ブンゼン式バーナー)

●ガスの種類

調理用の燃料として使われているガスは都市ガスとプロパンガスに分類され(表7.4)，いずれの燃料もほとんどを輸入に頼っている。ガスは無臭であるが，漏洩した際に嗅覚で感知できるように，硫黄を含んだ付臭剤が加えられている。両ガスの利用家屋数はほぼ同程度であるが，都市ガスの普及率は都市部

表7.4　都市ガスとプロパンガスの特徴

	都市ガス	プロパンガス
主成分	天然ガス田に多く含まれるメタン	天然ガス田や油田に含まれるプロパン，ブタン
輸入方法	冷却により液化させた液化天然ガス（LNG[※1]）として輸入	加圧や冷却により液化させた液化石油ガス（LPG[※2]）として輸入
供給方法	地中埋設のガス管を通じて供給	ガスが入ったボンベを事業者が配送
供給区域	国土の 6 %弱のエリア	国土のほとんどのエリア
需要家数	ほぼ同程度[※3]	
重さ	空気よりも軽い	空気よりも重い
種類	発熱量[※4]に応じて 7 グループに分けられ，それぞれガス器具も異なる。最も熱量の高い 13A（42〜63 MJ/m³）が主流。	全国共通で 1 種類。発熱量は 100 MJ/m³。

※1　Liquefied Natural Gas：液化天然ガス
※2　Liquefied Petroleum Gas：液化石油ガス
※3　平成 28 年度　（一社）日本ガス協会調べ
※4　ガスが完全燃焼したときに発生する熱量のこと。MJ（メガジュール）= 1.0 × 10⁶J。
　　プロパンガスの発熱量は都市ガスの 2 倍程度になる。しかし実際には，都市ガスには少量のプロパンガスが混ぜられており，またコンロのガス穴の大きさを調節して，プロパンガスとほとんど違いがない熱量を放出している。

に偏っている。災害時は各需要家に個別に配送されるプロパンガスの方が，都市ガスに比べると復旧が早い。

（2）電気コンロ

　ニッケル（Ni）とクロム（Cr）の合金であるニクロム線に電流を通した際に電気抵抗により発生するジュール熱を利用している。金属製のさや（シース）で電熱線を覆い，渦巻き状に

シーズヒーター

図7.9　シーズヒーター式の電気コンロ

したシーズヒーターを備えたコンロや，電熱線をガラスプレートで覆ったコンロなどがある（図7.9）。電熱線が発熱し，その熱をシースに伝え，ヒーター表面の温度から鍋に熱が伝わるため，温度の立ち上がりは遅い。しかし一度発熱すると冷めるのにも時間がかかるため，余熱を利用することができる。

（3）電磁調理器（IHクッキングヒーター）

　誘導加熱（Induction Heating：IH）とよばれる発熱現象を熱源とした加熱機器である。電磁調理器の上面のプレート（トッププレート）の下にあるコイル状の導線に 20〜50 kHz の高周波電流を流すと磁場（磁力線）が発生する（図7.10）。トッププレートの上に金属製の鍋を置くと，磁場に誘発された誘導電流（渦電流）が金属の中を流れ，この電流と鍋の電気抵抗によりジュール熱が発生し，鍋底が発熱する。電磁調理器は鍋底が直接発熱するために，熱効率が 80〜90 %と非常に高い。ただし使用鍋は制限され，底が平らで，電気抵抗が大きい金属製（鉄，ほうろう，ステンレス）の鍋を使用する必要がある。電気抵抗が小さいアルミニウム，銅，ガラス製の鍋や土鍋などは使用できないが，周波数を上げた一部の電磁調理器では用いることができる。

（4）オーブン

　密閉された空間内の空気を加熱し，庫内の食品を加熱する機器である。鉄やほうろう製などの四角の板（天板）に食品をのせて加熱する。熱源はガスまたは電気が用いられ，いずれの場合も空気からの対流伝熱，オーブン内の庫壁やヒーターからの放射伝熱，天板からの伝導伝熱によって食

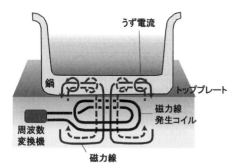

図7.10　IHクッキングヒーターの発熱のしくみ

コラム12　同じ温度で同じ時間焼いているのになぜクッキーの焼き色が違う？

放射伝熱の割合(%)　100　90　70　50

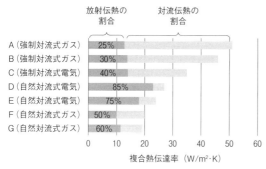

図7.11　放射伝熱の割合の異なるクッキーの焼き色

クッキーの中心温度が同程度になるように焼いているため，焼き色以外の調理成績はほとんど同じ。
出所）渋川祥子：調理における加熱の伝熱的解析および調理成績に関する研究．日本家政学会誌，**49**，949-958（1998）

クッキーやケーキの焼き色は，オーブンの放射伝熱の影響を受ける。オーブンの性能が同じでも，放射伝熱の割合が高いと，ケーキやクッキーの焼き色が濃くなる（図7.11）。

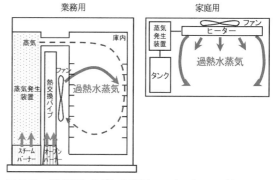

図7.12　7種のオーブンの加熱能※と放射伝熱が占める割合

※オーブンの性能を複合熱伝達率で示している。値が大きいほど熱を伝える能力が高いことを示す。伝導伝熱の影響を考慮に入れないために，測定時に天板を用いていない。
出所）渋川祥子：加熱調理機器（2）オーブンの種類と食品の加熱，調理科学，**22**，264-271（1989）

図7.13　業務用ならびに家庭用のスチームコンベクションオーブンの構造略図の一例

品に熱が伝えられる。現在は，庫内の熱風を循環させるファンが庫壁に埋め込まれている強制対流式オーブン（コンベクションオーブン）が主流であり，ファンがついていない自然対流式オーブンよりも性能が高い（図7.12）。オーブンは機種により性能が異なるため，設定する加熱時間や加熱温度を調整する必要がある。

　強制対流式オーブンに蒸気発生装置を取り付けた構造をもつスチームコンベクションオーブンは，大量調理の厨房で用いられていたが，近年は家庭用でも見られるようになった（図7.13）。高温空気を用いたオーブンとしての機能，100℃以下の蒸し加熱機能，そして100℃以上の過熱水蒸気を用いたオーブン機能の3つの機能を有する。加熱の原理は，「4）過熱水蒸気加熱」（p.66）を参照。

（5）電子レンジ

　食品にマイクロ波を吸収させて誘電加熱を行う調理機器である（図7.14）。加熱原理は，「（4）誘電加熱」（p.68）を参照。マイクロ波はマグネトロンから発振され，マイクロ波の照射むらを防ぐために回転する受け皿（ターンテーブル）に食品を置く。ターンテーブル

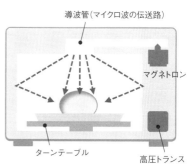

図7.14　電子レンジの構造略図

を備えていない機種は，赤外線センサーにより食品表面の温度を検知して照射むらを防いでいる。オーブン機能を組み入れた複合タイプ（オーブンレンジ）が主流である。

7.2.3　加熱調理器具（鍋類）

鍋の材質や種類は非常に多いが，加熱調理の用途に応じて適した鍋を選ぶ必要がある。鍋に使用される材質の種類および鍋の厚み・重量により，熱伝導性と熱容量に違いが生じる。熱伝導性は熱の伝わりやすさを示し，熱伝導率が高い材質で薄い鍋ほど，熱源からの熱を速く鍋内に伝達することができる。熱を均一に伝えるためには，鍋底の厚いものを用いるとよい。また煮込み料理などは鍋内の温度を一定に保つ保温性が必要であり，この指標となるのが熱容量である。熱容量は「比熱×鍋の質量」の値で求められ，重い鍋では熱容量が大きくなる。**表7.5**に鍋の材質の熱伝導率と比熱を示す。また**表7.6**に鍋の材質と特徴を示す。

表7.5　鍋材質の熱伝導率と比熱

物質名	熱伝導率 W/(m・K)	比熱 kJ/(kg・K)
銅	398.0	0.40
アルミニウム	237.0	0.94
鉄	80.3	0.47
ステンレス	27.0	0.46
ほうろう	78.7	0.44
パイレックス（耐熱ガラス）	1.1	0.73
陶器	1.0	1.05

出所）日本熱物性学会編：新編熱物性ハンドブック，542，養賢堂（2018）

7.2.4　新調理システム

（1）クックチルシステム

食品を加熱調理した後に急速冷却，冷蔵して喫食時

表7.6　各材質を用いた鍋の特徴

材質	長所	短所
銅	熱伝導が非常によい。熱容量が大きい。	さび（緑青）が生じる。高価。
アルミニウム	熱伝導が非常によい。軽い。安価。	酸やアルカリと反応して黒ずみが出やすい（アルマイト鍋はこの変色を抑える[※1]）。変形しやすい[※2]。耐熱性が低い。
鉄	熱伝導がよい。耐熱性が高い。	さびが生じる。
ステンレス	耐食性や耐衝撃性がある。	熱伝導が悪いので焦げ付きやすい。
ほうろう	鉄の鋼板にガラス質をコーティングした鍋。鉄とガラスの両性質を併せ持つ。	
	熱容量が大きい。熱伝導もややよい。着色できる。焦げにくい。	熱伝導が悪い。衝撃に弱い。
耐熱ガラス	焦げにくい。	衝撃に弱い。熱伝導が悪い。
陶器（土鍋）	熱容量が大きい。	熱伝導が悪い。衝撃に弱い。耐熱性が低い。
多層鍋（5層，7層など）	数種類の金属を貼り合わせている鍋であり，熱伝導が高いアルミニウムや鉄をステンレスで挟んだ構造をしている（図7.15）。	

図7.15　5層鍋の材質の一例

図7.16　ゆきひら鍋

※1　アルミニウムは空気中の酸素と反応して自然に酸化被膜を形成し，アルミニウムの腐食を防ぐ。鍋を使っていくと，この酸化被膜が部分的にはがれ，露出したアルミニウムが水と反応して水酸化アルミニウムとなり，これが水に含まれるミネラル等と反応して鍋表面に付着して黒ずみになる。酸性やアルカリ性の調味液での加熱や長時間の浸漬も，酸化被膜が浸食され，様々なアルミニウム酸化物，水酸化物が生じ，黒変化の原因となる。「アルマイト鍋」と呼ばれる鍋は，このような反応を防ぐために，酸化被膜を厚くする表面加工を施しており，処理方法の違いで銀白色または黄金色を呈する。

※2　変形しやすいアルミニウムの特徴を活かし，凸凹の打ち出し加工をしたものを「ゆきひら（行平・雪平）鍋」という（図7.16）。強度が増すと同時に，表面積も増えるために熱の伝わりもよくなる。

に再加熱する調理システムをクックチルシステムと呼ぶ。予め調理したものを喫食時には再加熱するだけでよいため，給食施設などで経営効率の向上を目的に導入されている。90分以内に中心温度を3℃まで下げ，調理した日を含めて5日以内に喫食するという**基準**が設けられている。[*1] 冷却には，ブラストチラーやタンブルチラーといった冷却機器が用いられる。

*1 イギリスの基準

(2) 真空調理

　食品のみ，もしくは食品と調味料を専用の包装袋に入れて真空包装し，袋のまま食材を加熱する調理法を**真空調理**と呼ぶ。水分の蒸発が起こらない，煮くずれしにくい等のメリットがある。95℃以下の低温で加熱するため，レトルト食品とは異なり，保管の際には冷蔵もしくは冷凍する必要がある。また，包装後に加熱しない場合は真空包装と呼び，区別される。

7.3 　調味操作

7.3.1 　味のしみ込み

　食材への味のしみ込みは濃度が濃い方から低い方へ物質が移動する拡散と呼ばれる現象によって起こる。煮汁など調味料を含む液に食材を漬けたり，食材に調味料を振りかけると，食塩や砂糖といった呈味成分は食材の外側の方が濃くなり，低濃度の食材内部へと移動する。生の野菜などの細胞膜は水は通すが溶質は通さないという**半透性**[*2]を有することから，生の食材内部への呈味成分の拡散は起こらず，加熱などによって膜機能が低下することで食材内部へ調味料成分は拡散し，食材中の濃度が上昇する。食材への調味料成分の拡散を速くするには食品の表面積を大きくするとよく，かくし包丁はそのための工夫である。また，落とし蓋は少ない煮汁で食材の濃度差を小さく仕上げるのに効果的である。

*2 半透性の膜を半透膜という。濃度の異なる2つの水溶液の間に半透膜を置くと，溶質が低濃度側へ移動することができないため（拡散できないため），水が低濃度側から高濃度側へ移動することで，2つの水溶液濃度が均一になる。この移動現象を浸透と呼ぶ。漬物が脱水される時などはこの原理で野菜中から水が移動し，水分含量が減少する（浸透圧については pp.90-91参照）。

7.3.2 　調味の仕方

　調味料の添加量は使用する食材や煮汁の量に対して適度な濃度になるように決める。これを調味パーセントという。代表的な食塩および砂糖の調味パ

・・・・・・・・・・・・・・・・・・ コラム13 "冷めるときに味がしみ込む"とは ・・・・・・・・・・・・・・・・・・

　一般に拡散係数は温度が高い方が大きいことが知られている。一方，経験的に「冷めるときに味がしみ込む」と言われており，両者には一見矛盾があるようにみえる。しかしこれは，低温の方が呈味成分が食品中へ拡散しやすいというのではなく，冷めている間に呈味成分が拡散し，結果として加熱直後よりも冷めた後の方が食品中の呈味成分の濃度が高いことを表しているものと考えられている。

出所）畑江敬子，奥本牧子：食品の保温温度が食塩の拡散に及ぼす影響，日本調理科学会誌，**45**，133-140（2012）

表 7.7　食塩と砂糖の調味パーセント

	食塩濃度（%）	砂糖濃度（%）
味付け飯	0.5 ～ 0.8	
汁物	0.6 ～ 0.8	
煮物	0.8 ～ 1.5	3 ～ 5
和え物	1.0 ～ 1.2	3 ～ 7
生野菜のふり塩	1.0 ～ 1.2	
即席漬け	1.5 ～ 2.0	
佃煮	5 ～ 10	0 ～ 8
飲み物		8 ～ 10
ゼリー・プディング		10 ～ 12
ジャム		50 ～ 70
煮豆		60 ～ 100

*1　水溶液中の拡散係数
（0.1M, 25℃）
NaCl　1.48×10^{-5} cm^2/sec
スクロース　0.49×10^{-5} cm^2/sec

*2　老廃鶏　年をとり卵を産めなくなった鶏。

ーセントを表 7.7 に示した。砂糖に比べて塩は適度な食塩濃度の範囲が狭いことが特徴である。

調味料の添加順序を表す言葉に"さしすせそ"があり，調味料は砂糖（さ），塩（し），酢（す），しょうゆ（せ），みそ（そ）の順番に加えるとよいことを表している。砂糖と塩の関係は，拡散のしやすさである。拡散の速度を表す**拡散係数**[*1]は分子量が大きいほど小さいため，塩（NaCl 分子量 58.5）に比べて砂糖（スクロース分子量 342）の方が拡散しにくい。そのため塩よりも砂糖を先に加える。酢酸は分子量 60 であり，NaCl と分子量は同程度であるが，揮発性成分を含むため酢は塩よりも後に加える。しょうゆ，みそは，香気成分が失われないように調理の最後に加えるが，目的に応じて調味のために先に半分加えて，最後に残りの半分を加えて香りを残す場合もある。調味液の粘度も拡散に影響し，片栗粉でとろみ付けするなど調味液の粘度が高い方が液中での調味料成分の移動が遅れ，食材の濃度上昇が遅くなる。

また，食材によって調味の時期を考慮する場合がある。大豆の煮豆を作る際には，煮汁の砂糖濃度が高いとしわがよりやすいので，砂糖を数回に分けて加えるか，浸漬時に加える。いんげんなどの青煮は適度な硬さになるまで加熱したら，一度鍋から取り出して煮汁が冷めてから再度煮汁中に食材を戻すことで，緑色を保つ工夫がなされる。

7.3.3　呈味成分の抽出

かつお節やこんぶといった食材を湯中で加熱もしくは水に浸漬し，呈味成分を抽出する操作を"だしをとる"という。日本料理では，こんぶ，かつお節，煮干し，干ししいたけなど乾物を用いてだしをとる。西洋料理では脂肪の少ない牛肉，鶏肉，魚の身や骨，香味野菜などを用いて長時間煮込むブイヨンやフォンが用いられる。中国料理では植物性の食材で作る素湯（スゥータン），**老廃鶏**[*2]や干し貝柱といった動物性の食材で作る葷湯（フンタン）といった

表 7.8　各食材から抽出されるうま味成分と調理方法

だし材料	うま味成分	調理方法
こんぶ	グルタミン酸ナトリウム	水から入れ，沸騰直前に取り出す。または，水に 15 時間くらい浸して取り出し，加熱して上に浮いたぬめりを取り除く。
かつお節	イノシン酸ナトリウム，アミノ酸類	沸騰したところに入れ，短時間加熱する
煮干し	イノシン酸ナトリウム，アミノ酸類	水から入れ，15 分間程度加熱する。または，水に 30 分間浸し，1 分間加熱する。
干ししいたけ	グアニル酸ナトリウム，アミノ酸類	ぬるま湯でもどす。または，冷蔵庫で 5 ～ 8 時間かけてもどす。
肉	イノシン酸ナトリウム，アミノ酸類	水から入れ，約 1.5 ～ 3 時間でうま味は最大となる。
魚	イノシン酸ナトリウム，アミノ酸類	水から入れ，約 30 分間加熱する。

出所）香西みどり他：調理理論と食文化概論，82，全国調理師養成協会（2016）

湯(タン)が用いられる。**表 7.8** にだしに用いられる材料とうま味成分，抽出方法を示した。

【演習問題】

問 1 調理における熱の伝わり方に関する記述である。正しいのはどれか。
1 つ選べ。 (2014 年国家試験)

(1) ゆで加熱における食材表面から内部への伝熱は，伝導伝熱である。
(2) オーブン加熱における空気から食材への伝熱は，放射伝熱である。
(3) 炒め加熱における鍋から食材への伝熱は，対流伝熱である。
(4) 揚げ加熱における油から食材への伝熱は，伝導伝熱である。
(5) 電子レンジ加熱では，マイクロ波から食材へ伝熱する。

解答（1）

問 2 加熱調理に関する記述である。正しいのはどれか。1 つ選べ。
(2019 年国家試験)

(1) 電子レンジでは，ほうろう容器に入れて加熱する。
(2) 電気コンロには，アルミ鍋が使用できない。
(3) 天ぷらの揚げ油の適温は，250 ℃である。
(4) 熱伝導率は，アルミニウムよりステンレスの方が小さい。
(5) 熱を速く伝えるためには，熱伝導率が小さい鍋が適している。

解答（4）

📖 **参考文献**

香川芳子監修：はじめての食品成分表，女子栄養大学出版部，14，（2012）

香西みどり，上打田内真知子，神子亮子：だしの材料のうま味成分と調理方法，調理理論と食文化概論，全国調理師養成協会，82，（2016）

河村太郎，柴田幸生，渡部愛，佐藤洋子，井上哲男，森下一男，高松和幸，高橋輝一郎：生食キャベツの細菌汚染と消毒方法に関する研究，衛生化学，**12**，30-35，1966

渋川祥子：加熱調理機器（2）オーブンの種類と食品の加熱，調理科学 **22**，264-271（1989）

渋川祥子編：食品加熱の科学，朝倉書店（1996）

渋川祥子：調理における加熱の伝熱的解析および調理成績に関する研究，日本家政学会誌，**49**，949-958（1998）

日本熱物性学会編：新編 熱物性ハンドブック，養賢堂（2018）

畑江敬子，奥本牧子：食品の保温温度が食塩の拡散に及ぼす影響，日本調理科学会誌，**45**，133-140（2012）

肥後温子：*New Food Industry*，**31**(11)，1-7（1989）

松本仲子監修：調理のためのベーシックデータ 第 5 版，女子栄養大学出版部，136-139（2018）

第8章 調理操作による化学的，物理的，組織的変化

8.1 植物性食品

8.1.1 米

(1) 米の種類と成分および構造

1) 分類と種類

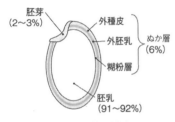

胚芽 (2～3%)
外種皮
外胚乳
ぬか層 (6%)
糊粉層
胚乳 (91～92%)

図 8.1 米粒の構造

出所）長尾慶子，香西みどり編著：N ブックス 実験シリーズ 調理科学実験（第2版），60，建帛社（2018）一部改変

*1 米のたんぱく質の約80%はオリゼニンで，必須アミノ酸のリジン（第一制限アミノ酸）が少なく，アミノ酸スコアは61である。

*2 約1%含まれる脂質は米の酸化に関わり，古米ではその臭いの生成に関与するため低温（10～15℃）で保存することが望ましい。

米はジャポニカ米（短粒種）とインディカ米（長粒種）に分類され，それぞれでんぷんの組成により，もち種（アミロペクチン100 %）とうるち種（アミロース5～30 %とアミロペクチン70～90 %）がある。アミロペクチン100 %のもち米は粘りが強く，アミロースを含むうるち米に比べて老化しにくい。インディカのうるち米は，アミロペクチン構造にアミロース様の長い分子鎖を多く含むため，ジャポニカ米のうるち米に比べて硬く粘りの少ない食感となる。また，栽培地の違いにより，水田で栽培される水稲と畑で栽培される陸稲に分類されるが，わが国では大部分が水稲である。米のかたさにより軟質米と硬質米の分類もある。

2) 構造と成分

米をおいしく，消化しやすくするために，搗精によりぬか層と胚芽を除去して精白米にする（図8.1）。精白米の成分は，水分約15 %，炭水化物約77 %，たんぱく質約6 %，脂質約1 %，灰分約0.4 %である。搗精によりぬか層や胚芽に偏在するビタミンB群，ビタミンE，無機質および食物繊維などの栄養成分が損失するため，歩留りを多くした分づき米，胚芽を残した胚芽精米などが加工されるほか，目的に即し

--- コラム 14 「新形質米」 ---

食事療法，嗜好，調理用途に対応した新しい成分・形質をもつさまざまな新形質米がある。低アミロース米は食味がよく，冷めてもおいしいため中食用米飯などに利用されている。精白米の栄養成分を補う目的でビタミンB₁強化米，GABA（γ-アミノ酪酸）が多く含まれる発芽玄米などがある。臨床では，腎臓病疾患に対応した低グルテリン米，アレルゲンとなるグロブリンを含まない低アレルゲン米などの米が利用されている。有色素米の赤や紫黒の色素はポリフェノールの一種で，抗酸化作用があり健康増進の観点から需要が高い。さらに，とぎ汁による環境汚染に配慮した無洗米は，調理時間を短縮できる利点もある。炊飯した飯を急速に乾燥させたα化米は，湯や水を加えるだけでやわらかい飯となるため，炊飯ができない場面で利用される。

てさまざまな新形質米が開発されている。

(2) うるち米の調理

1) うるち米の炊飯

炊飯は水分約15 %の米に一定量加水し，浸漬後，熱を加えることにより水分約60 %の米飯[*1]にする調理過程をいう。炊飯により米の細胞内にある生でんぷん（β-でんぷん）は糊化でんぷん（α-でんぷん）となる（図5.1参照）。

炊飯した飯を室温や冷蔵庫内で放置すると糊化する前の構造に近い状態に戻り，硬く粘りのない食感となる。これを老化といい，消化しにくくなる。以下に，わが国における一般的なうるち米の炊飯方法[*2]を述べる。

a）洗米[*3]　洗米は米の表面に付着するぬかを取り除くために行う。米は洗米時にその重量の約8〜10 %程度吸水するため，ぬか臭が吸着しないように洗米と水の取り換え操作は手早く数回行う必要がある。米表面のぬかを十分に取り除いた無洗米は，洗米せずに炊飯できる。

b）加水　米重量の2.2〜2.4倍に炊き上がった飯とするため，加熱中の蒸発量分を加えて，加水量は米重量の1.5倍，体積の1.2倍が基準となる。米の新古，品種，炊飯方法により異なるため，好みに合わせて加水量を調整する[*4]。

c）浸漬　浸漬は米が均一に吸水し，その後の加熱によりでんぷんが糊化しやすくするために行う。米は水温が高いほど吸水しやすい（図8.2）。浸漬30分間で急速に吸水し，約2時間で飽和状態となるため，少なくとも30分間浸漬させる。吸水率はうるち米が20〜25 %，もち米は30〜40 %である（図8.3）。

*1　飯のおいしさ
おいしい飯にする条件としてはテクスチャー（かたさ，付着性，粘り，弾力性など）が大きく影響し，香り（カルボニル化合物，硫化水素など），うま味（微量の遊離アミノ酸，還元糖）が関与する。また，これらの特性は外観（飯のつや，形，色），食味（味，香り），食感（硬さ，粘り）などの評価に大きく影響する。そのため，おいしい飯を評価する方法には，テンシプレッサーやクリープメータなどの機器測定，ならびに官能評価がある。

*2　炊き干し法：現代の日本で行われている一般的な炊飯法であり，米の量に対する水の量の比が一定で，「煮る，蒸す，焼く」という一連の加熱により，蒸発分以外の水分をすべて米に吸収させる方法である。
　湯取り法：水に浸した米を多量の水で煮て，沸騰後にざるに上げるなどして重湯を取り，米は蒸して加熱する。インディカ米を炊き干し法で飯にすると臭いが残るため，湯取り法の方が適している。

*3　洗米
洗米方法には米に水を加えて軽く混ぜる「洗う」方法と，米粒どうしをこすり合わせる「とぐ」方法がある。とぐと米に強い力がかかるため，米粒が砕けやすくでんぷん粒子などの成分の損失が大きくなる。搗精技術の進歩により現在市販される米表面に残るぬかは少なく，洗米方法を変えても食味にほとんど影響しない。

*4　米の種類による加水量の違い
玄米は米重量の1.8倍，無洗米は1.6倍，新米の場合は水分含量が多いため米重量に対して1.3倍を基準にするとよい。

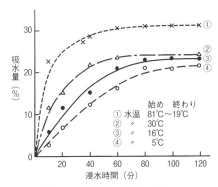

図8.2　米の浸水時間と吸水量

出所）松元文子ほか：調理学，100，光生館（1972）

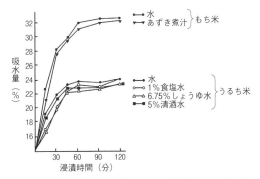

図8.3　うるち米ともち米の異なる浸漬液における吸水率

出所）貝沼やす子：調理科学，248，光生館（1984）

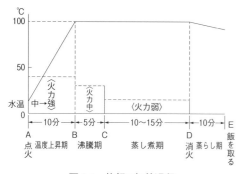

図8.4 炊飯の加熱過程

出所）山崎清子ほか：NEW調理と理論，79，同文書院（2015）

d）加熱　加熱過程は**図8.4**に示した。

【温度上昇期】[*1]　7〜10分で米の中心温度が98〜100℃に
なるように温度を上げる。吸水・膨潤が進みでんぷん
の糊化が始まる段階であるが，短時間で急速に温度を
上げると米の内部まで吸水せず芯のある飯になりやす
い。

【沸騰期】　水の対流により米が均質に加熱され，吸水，
膨潤，糊化がさらに進む。炊き水の粘りが強くなるた
め，ふきこぼれないよう中火で約5分間保つ。

【蒸し煮期】　水がほとんどなくなり米が動かない状態となる。米粒間に
わずかな水分が行き来する程度なので，こげないように弱火にし，約
15分間蒸し加熱の状態にして保つ。沸騰期とあわせて98℃以上を
20分間保持することにより米のでんぷんの糊化はほぼ完了し，甘味
や香りが生ずる。

【蒸らし】　消火後，飯を高温で10〜15分間保つと飯表面の水分が中心
に吸収される。蒸らし終わったら蓋を開け，飯全体を混ぜて余分な蒸
気を逃がす。

2）　味つけ飯

a）すし飯　白飯に合わせ酢で味付けをしたのがすし飯である。加水量は
合わせ酢の水分を考慮して米重量の1.3倍(体積の1.1倍)に減らす。[*2] 蒸ら
し時間を約5分間として，飯が熱いうちに合わせ酢をかけ，風をあてて
飯表面の水分を飛ばしながら切るようにして混ぜるとつやが出る。

b）炊きこみ飯　米に調味料や具材を加えて炊いたものを炊き込み飯とい
う。塩味は加水量の1％(米重量の1.5％，飯重量の0.7％)を目安とする。
調味料の添加により米の吸水率は阻害されるため(図8.3)，米を水浸漬
により十分に吸水させた後，炊飯直前に調味料を加える。

3）　炒め飯

a）ピラフ　ピラフは米を約5％の油脂で炒めてからスープを加えて炊く。
油で炒めるため米への水の浸透が悪く，芯のある飯になりやすい。その
ため，炒めた米に熱いスープを加え，蒸し煮期を長くして炊き上げる。

b）チャーハン(炒飯)　飯を油脂で炒めるチャーハンは，パラパラとした
食感が好まれる。硬めに炊いた飯を用い，7〜10％の油で炒める。冷え
た飯を用いると，温かくなるまでに炒め時間がかかり，飯粒が崩れる原
因となる。

*1　大量炊飯時の工夫
大量調理における炊飯のように
沸騰までに10分以上かかる場合
は，米の表面と内部で糊化度の
差が大きくなるため「湯炊き」
するとよい。
湯炊きとは沸騰湯に米を入れて
炊き上げる方法である。

*2　合わせ酢の割合
合わせ酢は，飯重量に対して酢
6〜7％（体積比10〜12％），
砂糖1.2〜2.5％（体積比2〜6
％），塩0.7％（体積比1.2〜2
％）を目安とする。

4) 粥

粥は普通米飯より水分を多くして軟らかく炊きあげたもので，米の体積に対する加水量を変えて加熱することにより，5倍(全粥)，7倍(七分がゆ)，10倍(五分がゆ)，20倍(三分がゆ)に調製される。日常食の他，七草がゆや小豆粥などの行事食，高齢者・幼児食や治療食など摂食者の身体状況や体調に応じて用いられる。加熱には厚手の鍋や土鍋が適しており，米粒が崩れないように50分程度撹拌せずに炊く。調理後，摂食までに時間がかかると粥の付着性が強くなるため，特に治療食に用いる場合には注意を要する。

(3) もち米の調理

1) おこわ（強飯）

蒸しおこわの重量は米重量の1.6〜1.9倍であり，うるち米飯より水分が少ない。もち米は約2時間以上吸水させると30〜40％の水を吸水するため，浸漬後に蒸し加熱し，その途中でふり水をすることで好みの飯のやわらかさにする(図8.5)。炊きおこわでは，蒸発量を考慮してもち米重量の1.0倍(体積の0.8倍)の加水量が必要であるが，炊飯には不十分な量であり加熱むらが生ずる。そのため，うるち米を混ぜることで加水量を増やして炊飯する。小豆とその煮汁で仕上げたこわ飯は，祝い膳に用いられる。

2) もち（餅）

もち米を浸漬後，十分に糊化するまで蒸し加熱し，搗く・こねることにより餅ができる。米の品質，吸水・加熱時間，搗き方(杵搗き，機械搗きなど)により生地の状態は異なる。でんぷんが老化した餅は保存食として利用され，再加熱すると再び糊化して強い粘りを生ずる。

(4) 米粉の調理

わが国では古くから団子や餅，煎餅などに米粉が使用されてきた。近年ではグルテンが含まれないことから，小麦粉の代替としてパンや洋菓子，天ぷらの衣などに用途が広がっている。代表的な米粉である上新粉はうるち米，白玉粉はもち米を原料として製造される。上新粉を用いる団子の調製では，粉の90〜110％の熱湯を加えてでんぷんを一部糊化させると，粘りが出てまとまりやすくなる。これを加熱してこねるとこね回数に応じて軟らかくなる。また上新粉に白玉粉を加えると軟らかくなるが，片栗粉などのでんぷんを加えると硬く歯切れがよくなる。一方，白玉団子は白玉粉に粉の80〜90％の水を加えるだけでまとめることができ，これを加熱して作られる。いずれの米粉団子においても，砂糖を加えると老化が抑制され軟らかくなる。

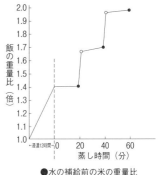

●水の補給前の米の重量比
○水の補給後の米の重量比

図8.5 加熱中のこわ飯の重量変化

出所) 石井久仁子，下村道子，山崎清子：こわ飯の性状について―もち米の浸漬時間と水の補給法の影響―，家政学雑誌，**29**, 82-88 (1978)

8.1.2　小　麦

（1）小麦の種類と成分および構造

1）分類と用途

小麦粉の原料となる小麦は，主に普通系小麦（普通小麦，クラブ小麦）であり，この他にパスタ製造に用いられる二粒系のデュラム小麦がある。収穫期や外皮の色による分類の他，種子の硬さに基づいて硬質小麦，中間質小麦，軟質小麦に分類される。用途に従い，たんぱく質含量の高い順に強力粉，準強力粉，中力粉，薄力粉に分けられており（**表8.1**），灰分の含有率が少ないものから1等粉（一般家庭用），2等粉，3等粉，末粉に分類されている。

2）成分と構造

小麦穀粒の組織は，6層からなる外皮（約13％）と胚芽（約2％），胚乳（約85％）から構成される。細胞内に多量のでんぷんを含む胚乳は粉末になりやすく，外皮（ふすま）は厚く細粉しにくいため，ふるい分けによりふすまと胚芽を除去した粉が小麦粉として利用されている。小麦粉の主成分は約70～76％含まれる炭水化物であり，7～14％含まれるたんぱく質とともに，その質と量は小麦粉生地の性状と，調理品の品質に大きく影響する。脂質は約2％，食物繊維は2.5～2.9％，ビタミンはB_1，B_2およびナイアシンが含まれる。一方，製粉時に除去されたふすまや胚芽には食物繊維，たんぱく質，脂質，微量栄養成分が多く含まれるため，全粒粉としての利用のほか，機能性食品素

表8.1　小麦粉の種類と用途

種類	たんぱく質量（％）	グルテンの性質	原料小麦	用途
強力粉	11～13	強靱	硬質小麦	食パン，フランスパン
準強力粉	10～11.5	強	中間質小麦	中華めん・皮，菓子パン
中力粉	8～10	軟	中間質小麦	和風めん類
薄力粉	7～8	軟弱	軟質小麦	菓子，天ぷらの衣
デュラムセモリナ	約12	柔軟	デュラム小麦	パスタ類

出所）山崎清子ほか：NEW 調理と理論，109，同文書院（2015）

表8.2　添加材料の換水値
（水としてドウやバッターの硬さに作用する割合）（30℃）

材料名	材料の水分（％）	換水値	備考
水		100	
牛乳	88.6	90	
卵	75.0	80	
バター	15.5	70	状態（固体，液体など）により換水値が異なる
砂糖（上白）	0.9	30～60	添加量と添加方法により異なる*
塩			少量であるから計算の必要なし

＊十分水にとけるとき値は大きい
出所）山崎清子ほか：NEW 調理と理論，113，同文書院（2015）一部改変

表8.3　小麦粉と水の割合

小麦粉：水	生地の状態	調理例
100：50～60	手でこねられるドウの硬さ	パン，ドーナッツ，クッキー，まんじゅうの皮
100：65～100	手ではこねられないが流れない硬さ	ロックケーキ
100：130～160	ぽてぽてしているが流れる硬さ	ホットケーキ，パウンドケーキ，カップケーキ
100：160～200	つらなって流れる硬さ	天ぷらの衣，スポンジケーキ，さくらもちの皮
100：200～400	さらさら流れる硬さ	クレープ，お好み焼き

出所）山崎清子ほか：NEW 調理と理論，113，同文書院（2015）

材として有効活用されている。

3) グルテンの形成要因

小麦粉は水や，牛乳，卵，油脂，砂糖などの副材料を配合した生地を調製することが多い[*1]。粉重量に対して加水率50〜60％のドウ(dough)は，手で捏ねられる程度の硬い生地である。加水率100〜200％では流動性のある生地となりバッター(batter)と呼ばれる。小麦粉に加水してこねると，非水溶性たんぱく質のグリアジンとグルテニンが水を吸収して，グルテンという三次元の網目構造を形成し，強い粘弾性を発現する。生地に配合される副材料や調製条件により，グルテンの性状は変化する(図8.6)。

a) **小麦粉の種類** たんぱく質含量が多い強力粉はグルテン形成のために多くの水を吸収し，多量に形成されたグルテンは強靭である。一方，薄力粉のグルテンは軟弱で生地の安定性が低い。

b) **混ねつ・ねかし** 混ねつするほどグルテン形成が促進され伸長抵抗が小さくなる。さらにねかすと伸展性が増す(図8.7)。

c) **加水量と水温** グルテンが形成されるためには粉重量の約30％の加水が必要である。バッターでは水分が多いためグルテンが形成されにくい。また，30℃以上では，温度が高いほどグルテン形成が促進するが，70℃を超えるとタンパク質が変性し始めるため，グルテンは形成されにくくなる。

d) **副材料の影響** 食塩の添加はドウの伸展性と弾力性を高め，生地にこしが出る。中華麺の製造では，ドウの伸展性を増すために**かん水**[*2]が用い

*1 換水値
小麦粉で生地を作るときに使用する砂糖，卵，バター，牛乳は水と同じように生地の軟らかさの調整に関与する。生地をやわらかくする作用の度合いを，水を100として割合で示したものが換水値（表8.2）である。小麦粉生地は目的により適した生地の軟らかさがある（表8.3）。しかし，実際は水だけで軟らかさを調整することは少ないため，生地の水分量を調整する時に，それぞれの副材料の換水値を基に使用量を調整する方法がとられる。

*2 かん水 炭酸カリウム，炭酸ナトリウム，炭酸水素ナトリウム，リン酸塩などを一種類以上を含むアルカリ性の食品添加物。

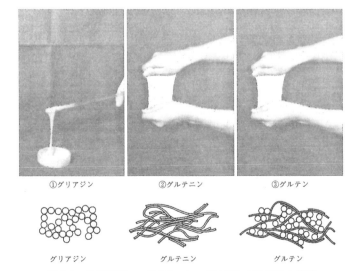

①グリアジン ②グルテニン ③グルテン

グリアジン グルテニン グルテン

図8.6 グリアジン，グルテニン，グルテンの粘弾性と構造

出所）山崎清子ほか：NEW 調理と理論，110，同文書院（2015）一部改変

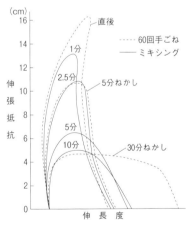

図8.7 小麦粉のドウのねかしによる伸展性の変化（エキステンソグラム）

出所）松元文子，松本エミ子，高野敬子：小麦粉の調理に関する研究（第2報）手動操作によるドウのファリノグラム及びエキステンソグラム，家政学雑誌，**11**，348-352（1960）

られる。親水性の高い砂糖を添加すると，生地中の水分を奪いグルテンの形成を阻害する。油脂もグルテン形成の阻害因子となるが，これは水とたんぱく質の水和を妨げることによる。

(2) 小麦粉の調理

1) 膨化調理

小麦粉生地を膨化させるために，目的に応じて起泡卵白や酵母，化学膨化剤などが配合される。焼成過程では，包含される空気や生地中で発生した二酸化炭素の熱膨張，水分が水蒸気に変わるときの水蒸気圧により，グルテン膜は伸展し，糊化したでんぷんも構造形成に関わる。膨張は変性，乾燥により生地が硬化するまで続く。基本的にいくつかの膨化機構が組み合わされることで膨化するが，次に示す通り調理品ごとに主な膨化機構は異なる。

a）気泡の熱膨張による膨化調理(スポンジケーキ，バターケーキなど)

生地中に気泡として含まれた空気が熱膨張することを利用して膨化させる。泡立てた卵，撹拌した固形油脂などに包含される気泡の膨圧は比較的小さいため，たんぱく質含量が少なく粘弾性が低い薄力粉を利用する。

b）酵母による膨化調理(パン，中華まんじゅう，ピザ生地など)

酵母としてイーストが主に使用され，糖を分解するアルコール発酵[*1]で発生した二酸化炭素を膨化に利用する。発酵過程で増加する二酸化炭素を生地内に包含するためには伸展性の高い生地が必要であるため，中力粉や強力粉が用いられる。

c）化学膨化剤による膨化調理[*2](まんじゅう，ドーナツ，マフィンなど)

重曹(炭酸水素ナトリウム)，ベーキングパウダー(BP)などに水や熱を加えることで発生する二酸化炭素を利用して膨化させる。アルカリ性物質の重曹に酸性剤を配合したベーキングパウダーは二酸化炭素の発生が2倍となるため膨化効率がよい。また中和により，苦味やフラボノイド色素の黄変が抑制される。

d）水蒸気圧による膨化調理(パイ，シュー)

薄いドウとバターの層状構造となっているパイ生地を高温焼成すると，バターはドウに取り込まれ，生地中の水分は油脂が存在していた空洞層に集まり水蒸気に変わるときに非常に大きな水蒸気圧を発生させドウが押し上

*1 アルコール発酵式
 $C_6H_{12}O_6$（グルコース）
 →$2C_2H_5OH$（エチルアルコール）
 +$2CO_2$（二酸化炭素）

*2 化学膨化剤によるガス発生反応
 ［重曹］
 $2NaHCO_3$→（加熱）
 →$Na_2CO_3+H_2O+CO_2$↑
 ［BP］
 $NaHCO_3+HX$（酸性助剤）
 →（加熱）→NaX（中性塩）
 +H_2O+CO_2↑

BPの組成の例を表8.4に示した。また，酸性剤の種類によりCO_2の発生状態が異なる（図8.8）

表8.4 市販BPの表示成分例

表示成分		種類	国産品 (A)	(B)*
		重　曹	28	25
酸性助剤	速効性	グループ	酒　石　酸 リン酸一カルシウム リン酸二水素ナトリウム	40	15
	中間性	酒石酸水素カリウム	3	1
	遅効性	み　ょ　う　ば　ん	―	25
緩和剤		で　　ん　　ぷ　　ん	29	33.6

＊その他グリセリン脂肪酸エステル 0.4%
出所）山崎清子ほか：NEW 調理と理論，115，同文書院（2015）一部改変

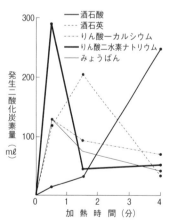

図8.8 BPの酸性助剤ごとの二酸化炭素発生状態

出所）表8.4に同じ

げられる。シューは，水と油脂を沸騰させた後，小麦粉を加えて77℃付近まで加熱したもち状生地を冷却後，卵液を加えて水分と気泡を十分に含んだペーストを高温(200℃)で焼成して作る。温度上昇が早い底面部の気泡が核となり，水蒸気が一気に発生して生地中に空洞を作り，キャベツ状に膨化する。

2) ドウを延ばす調理

めんや餃子などの皮は，グルテンの伸展性を利用しドウを圧延して成形するため，たんぱく質含量の多い小麦粉を利用する。

a) めん　日本のめん類は中力粉に食塩を添加することでグルテンの粘弾性を高め，こしをだす。大量の沸騰湯でゆで，表面のでんぷんを洗い流して歯ごたえと口あたりをよくする。中華麺は準強力粉に弱アルカリ性のかん水を加えるため，小麦粉のフラボノイドは黄変する。パスタ類は硬質小麦であるデュラム小麦のセモリナ粉(粗挽き粉)を使用し，食塩は添加されない。スパゲッティは成形機から高圧でドウを押し出して細い棒状にする。マカロニ類には多種多様の形状がある。でんぷんの流出が少ないため，アルデンテと呼ばれる歯ごたえのある状態にゆで上げた後，水洗いせずに油脂をからめる。

*ソース　p.134参照

b) 皮　水餃子のように多量の水分が吸収されるのに比べて，蒸し餃子や焼き餃子では吸水量が少ない。水分量を増やして軟らかくもちもちとした食感に仕上げるには，熱湯を加える。これにより，でんぷんが一部糊化して粘性が増し，加水量を増やしてもドウがまとまりやすくなる。

3) ルウ

小麦粉をバターで炒めたものをルウといい，ソース*やスープの濃度をつけるために用いられる。バターの重量に対して小麦粉は1〜1.2倍程度が基準である。炒めずに混ぜたものをブールマニエという。ルウはその加熱温度と色調から，ホワイトルウ，淡黄色ルウ，ブラウンルウに分けられる。ソースにした場合，最終温度が高いほどでんぷんのデキストリン化が進み，粘度が低くなる(図8.9，8.10)。

4) 天ぷらの衣

天ぷらを揚げると，衣の水分が蒸発し揚げ油が吸着することでサクサクとした食感となる。グルテン形成が進んだ衣では，水との結びつきが強く脱水されにくくなるため，薄力粉と15℃程度の水を使用して，過度に撹拌しすぎないように混ぜる。加水量は小麦粉重量の1.5〜2.0倍であるが，水の1/3程度を卵に置き換えるとグルテン形成が抑制され脱水されやすい。

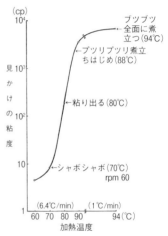

図8.9　白ソースの加熱過程の粘度変化（120℃ルーを用いたもの）

出所）大澤はま子，中浜信子：白ソースの性状について，家政学雑誌，**24**，359-366（1973）

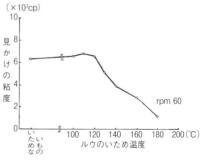

図8.10　ルウのいため温度による白ソースの粘度変化

出所）大澤はま子，中浜信子：白ソースの性状について，家政学雑誌，**24**，359-366（1973）

8.1.3　雑穀類[*]

穀類とは，食料や飼料として利用されるイネ科作物の種子をさす。そのうち雑穀とは，穀類から主穀を除いたものである。イネ科に属さないが，多量のでんぷんを含み疑似穀類と呼ばれるそば，アマランサス，キヌアもこれに含まれる。雑穀の優れた栄養性，機能性は，生活習慣病の予防・健康増進の観点から期待が寄せられている。雑穀粒は精白米と組み合わせて飯として利用されるほか，雑穀粉を小麦粉に一部代替して製めん，製菓・製パンに利用されている。さらに，茶，しょうゆおよびみそ様の発酵調味料などの加工食品も市販されており，アレルゲン食品の代替品としても活用されている。

[*] 各種雑穀の特徴と用途

(1) あわ・ひえ・きび・はとむぎ（イネ科）
精白米に比べて，たんぱく質，脂質，灰分，ビタミン類，食物繊維が多く含まれる。イネ科に属する穀類は一般的に必須アミノ酸のリジンが少なく，たんぱく質のアミノ酸価は低い。グルテンフリー素材として小麦粉の代替穀類として重要な役割を果たしている。
(2) そば，アマランサス，キヌア
疑似穀類は，食物繊維や微量栄養素のほか，たんぱく質が多く含まれ，アミノ酸価も高い。そばは穀類としてはポリフェノールのルチンを豊富に含む。グルテンがないため，小麦粉などをつなぎとして配合し，麺状のそば切りが作られる。アマランサスおよびキヌアは，その高い栄養性から宇宙食の素材としても NASA（アメリカ航空宇宙局）が注目する穀物である[1]。 　1) Gordillo-Bastidas et al.: Quinoa (Chenopodium quinoa Willd) from Nutritional Value to Potential Health Benefits: An Integrative Review, *Journal of Nutrition & Food Sciences*, (2016), DOI: 10.4172/2155-9600.100049
(3) 大麦
大麦は他の穀物に比べて水溶性食物繊維含量が多い。その大部分が β-グルカンであり，血中コレステロールの低下作用など多くの機能性を示す。六条大麦は押し麦・丸麦などに加工され，白米に混ぜて麦飯として利用される他，焙煎した大麦を水や湯で抽出した麦茶が飲用される。二条大麦はビールなどのアルコール飲料の原料として用いられる。

8.1.4　い　も

(1) いもの種類と成分

わが国で利用されるいもには，じゃがいも，さつまいも，やまのいも，さといもなどがある。水分 70〜80 %，炭水化物 13〜30 % のうちでんぷん含量が高い。細胞壁にはペクチンが多く含まれるほか，カリウムやカルシウムも多い。

表 8.5　じゃがいもの調理形態と調理例

調理形態	調理操作		調理例
組織のまま	丸のまま〈皮つき／皮むき 2〜4つ切り 輪切り 拍子切り 角切り　など	加熱する	ベイクドポテト ローストポテト 肉じゃが サラダ シチュー みそ汁 ポテトフライ
細胞単位	加熱する→マッシュ		マッシュポテト
	すりおろす		（ポタージュ グラタン
	揺り動かす		粉ふきいも
でん粉単位	生の状態→おろす		いもだんご いももち
	加熱する→つぶす （でん粉流出）		コロッケ いもだんご いももち

出所) 長尾慶子，香西みどり編著：N ブックス　調理科学実験（第2版），78，建帛社（2018）

(2) いもの調理特性

1)　じゃがいも

じゃがいもは，細胞内のでんぷん含量が多い粉質（男爵など）と少ない粘質（メークインなど）に分けられる。芽や緑色の皮にはソラニンなどのアルカロイドが含まれ，これは加熱しても分解されず毒性を示すため，芽を取り，皮を厚くむいて除去する。剥皮・切裁後放置すると，じゃがいもに含まれるチロシンが酵素作用により褐変するため水にとる。

じゃがいもの調理形態と調理例を表8.5に示す。じゃがいもを加熱すると細胞内ででんぷんが糊化し，細胞壁にあるペクチンがベータ離脱により可溶化することで細胞が分離する。粉質性のいもはこれが起こりやすい。細胞を分離させて仕上げる粉ふきいも，マッシ

ュポテトは，ペクチン質の流動性がある熱いうちに鍋に打ちつけたり，うらごすとよい。細胞壁を崩し糊化したでんぷん粒を流出させると強く粘るため，いももちなどはすり鉢ですりつぶす。肉じゃが，カレーなどで煮崩れを防ぐためには，粘質性のいもを用いるとよい。カルシウムやマグネシウムを含む硬水や牛乳で煮ると軟化が抑制され崩れにくくなる。ポテトチップスやフライドポテトでは，高温加熱されるため，アミノ・カルボニル反応*(p.48 参照)による褐変が起こる。

*アミノ・カルボニル反応　メイラード反応ともいう。カルボニル化合物（還元糖）とアミノ化合物（アミノ酸）との反応である。食品の非酵素的褐変現象に関係するほか，香ばしい香りを付与し，抗酸化成分の発現などにも関与するため，食品の嗜好性や機能性にも影響する。

2）さつまいも

他のいも類に比べてビタミンCや食物繊維が豊富で，甘味が強いため菓子類に使われることが多い。低温に弱く 10 ℃以下で低温障害を起こすため，保存する場合は 13〜15 ℃で管理することが望ましい。さつまいもには 40〜50 ℃および 75 ℃付近で活性化する 2 種類の耐熱性の β-アミラーゼが含まれ，貯蔵中においてもでんぷんがマルトースに分解されて甘味度が高くなる。加熱中のマルトース生成を多くするには，蒸し加熱やオーブン加熱のように緩慢に温度を上昇させて加熱すると良い。電子レンジでは急速に温度が上昇するためマルトース生成は少ない。

また，さつまいもは皮付近にクロロゲン酸やヤラピン(樹脂配糖体)を含み，これらは空気に触れると黒変する。きんとんのように仕上がりの色を美しくするためには，皮を厚めに剥き，水に浸漬するなどの処理をする。またフラボノイド色素が含まれるため，みょうばんを加えると黄色く仕上がる。

3）やまのいも

じねんじょ，ながいも，いちょういも，やまといも，つくねいもなどがある。細胞壁が薄く組織がやわらかいため，消化酵素の作用を受けやすく生で食べることができる。強い粘りは糖たんぱく質によるものであり，起泡性も有するため，かるかんなどの膨化調理に利用される。しかし加熱するとこの粘性はなくなる。すりおろすとポリフェノールオキシダーゼの酸化作用により酵素褐変するほか，細胞からシュウ酸カルシウムの針状結晶が出てくるため，これが手や口に刺さりかゆくなる。食塩や酢などで処理するとこの結晶は溶解する（図8.11）。

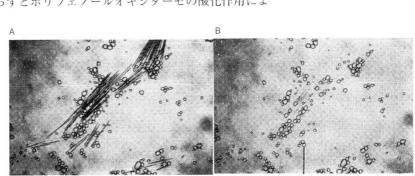

図 8.11　やまのいものシュウ酸カルシウム結晶
塩酸 0.5% 溶液により処理後，20 分（A）および 35 分（B）経過後の顕微鏡写真

出所）北川淑子：ヤマノイモのシュウ酸カルシウムの針状結晶について，家政学雑誌，**25**，27-31（1974）一部改変

4) さといも

子いも種(石川早生, 土垂など), 親いも種(京イモなど), 親子兼用種(やつがしら, セレベスなど)がある。茎(葉柄)はずいきと呼ばれ, 煮物にしたり, 乾物して汁物に利用される。

さといもには特有の粘質物(ガラクタンにたんぱく質が結合した塩溶性の成分)が含まれ, 煮物や汁物では煮汁の粘度を上げ, ふきこぼれの原因となる。煮汁が粘るといもへの調味料の浸透も妨げるため, ゆでこぼすことで粘質物を除去する。その際に, 食塩や食酢を加えると効果的である。また, さといもにはやまのいもにも含まれるシュウ酸カルシウムが微量に含まれるためえぐ味を感じる。

8.1.5 豆・豆製品

(1) 豆類の種類と成分

豆類は, 日本食品標準成分表での分類であり, 完熟豆とその加工品のことを示す。さやえんどうやグリーンピース(みえんどう)などの未熟豆やもやし(スプラウト)などは野菜類に分類され, マメ科(豆類)の植物であるらっかせいは, 種実類に分類される。

表 8.6 豆類の分類

分類	含有率		豆の種類
たんぱく質, 脂質を多く含む物	たんぱく質 脂質	約 35 % 約 20 %	大豆
炭水化物, たんぱく質を多く含む物	炭水化物 たんぱく質	約 55 ～ 60 % 約 20 ～ 25 %	小豆, いんげん豆, ひよこ豆など

豆は, 成分によって 2 種類に分けられる。一つはたんぱく質や脂質を多く含むものと, もう一つは炭水化物を多く含むものである(表8.6)。また, 豆類には消化酵素であるトリプシンを不活性化させるトリプシンインヒビターが含まれている。トリプシンインヒビターはたんぱく質であるため, 消化不良を防ぐためにも充分に加熱し, 酵素を失活させる必要がある。

(2) 豆類の調理特性

1) 吸 水

水分含量が 15 % 程度の乾物であるため, あらかじめ豆重量の約 4～5 倍量の水に浸漬し, 5～8 時間吸水させてから加熱する。このとき, 始めの 4 時間で急激に吸水する(図8.12)。ただし, 小豆は表皮が強靱で, 胚孔部から少しずつしか吸水せず, 吸水性が低いため, 浸漬せずに水と一緒に加熱することが多い。

大豆に含まれる塩溶性タンパク質のグリシニンは, 水に浸漬するよりも 1 % 程度の食塩水に浸漬すると吸水性が増す。

黒豆(黒大豆)の種皮に含まれるアントシアニン系色素のクリサンテミンは, Fe^{2+} と錯塩を形成することで色が安定し黒色が美しくなる。そのため煮熟の

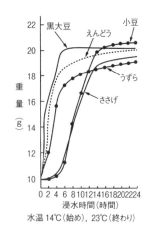

図 8.12 豆類の吸水による重量変化

出所) 山崎清子ほか：NEW調理と理論, 199, 同文書院(2016)

際に鉄鍋や，鍋に鉄くぎを入れる方法が用いられる。

2）　煮　　豆

　煮豆の調理は，まず煮熟（水煮）を行い，その後に調味する。豆が十分に軟らかくなった後，調味を行う。砂糖の添加量が多い時や調味液が濃い場合は，豆にしわが寄ることや硬くなることがあり，これらを防ぐために調味料を複数回に分けて加える方法や，充分に軟化した豆を常温の調味液に浸す方法が用いられる。大豆を煮熟する際，起泡性のあるサポニンが溶出するため，泡立ちやすく，ふきこぼれに注意する。大豆は 0.3〜0.7 ％程度の食塩水で加熱を行うと，軟らかくなりやすく，この濃度であれば調味への影響も少ない。

　小豆は約 3 倍の水とともに加熱するが，タンニンなどの不味成分を除くため，煮熟中に水を数回取り換える「渋切り」を行う。

3）　あ　　ん

　小豆やいんげん豆など，炭水化物を多く含む（でんぷん含量の高い）豆類を十分軟らかくなるまで煮熟したものである。小豆は細胞膜が丈夫なため（図8.13），細胞内からでんぷん粒子が流出しにくく，粘りが少ない。

　豆の形を残したものを粒あんといい，煮熟豆をすりつぶし，種皮を除いて脱水したものを生こしあん（生あん）という。さらにそれを乾燥させたものがさらしあんである。生あんに砂糖を加えて練り上げたものが練りあんである。

4）　大豆加工製品[*]

　主な大豆加工製品を表8.7 に示した。

　豆乳は，豆乳（大豆を浸漬して粉砕した後に絞った液）を加温し，温かいうちに硫酸カルシウム（にがり）などの凝固剤を加えてゲル化させたものである。ゲル化の途中に布でこして，さらに圧搾しながら凝固させるのが木綿豆腐で，容器の中でそのままゲル化させるのが絹ごし豆腐である。

　豆腐を長時間加熱すると「すだち」が起こるが，これは豆腐中に存在する凝固剤由来の Ca^{2+} が，たんぱく質と反応し，凝集が促進されて硬化し，放水するためである。すだちを防ぐために加熱温度を 80℃以下にする方法や，90℃で15 分程度の加熱にする方法の他，湯の中に食塩（0.5〜1.0 ％）やでんぷん（1 ％程度）を加える方法が用いられる。

　湯葉には，「生湯葉」とそれを乾燥させた「干し湯葉」があり，たんぱく質と脂質が豊富である。

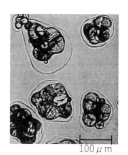

$100\mu m$

図 8-13　小豆の子葉細胞

出所）釘宮正往：酸・アルカリ処理によるあん原料豆子葉細胞の分離，**37**，867-871，日本食品工業学会誌（1990）

＊豆乳クリーム・豆乳ヨーグルト
　乳アレルギーの場合，飲用乳の代わりに豆乳を用いることがある。近年では，乳製品の代替品として，豆乳で作られたヨーグルトや生クリーム，アイスクリームなどが市販されている。

表 8.7　主な大豆加工食品

食品名	調製方法
豆乳	浸漬後の大豆を磨砕し，加熱後にこした液体。
豆腐	豆乳に凝固剤（硫酸カルシウムや塩化マグネシウム（にがり），グルコノデルタラクトン）を加えたもの。
湯葉	豆乳を加熱した際に表面に張る皮膜をすくいとったもの。
油揚げ	豆腐を揚げたもので，生揚げは厚揚げとも言われ，厚みのある豆腐を揚げたもの。
凍り豆腐（高野豆腐）	豆腐を凍結させ，その後溶解と凍結を繰り返し，乾燥させたもの。
納豆	煮熟した大豆に納豆菌（糸引き納豆）や，麹菌（塩納豆）を添加して発酵させたもの。塩納豆は，塩から納豆，大徳寺納豆，浜納豆とも呼ばれる。

8.1.6　種実類

（1）種実類の種類と成分

　穀類や豆類，香辛料を除いた食用の果実や種子の総称で，堅果類，核果類，種子類に分類される（表8.8）。ただし，らっかせい（ピーナッツ）はマメ科（豆類）の植物であるが，種実類に含まれる。また，これとは別に成分により分類すると，炭水化物を多く含み，比較的水分含量が少ないものと，たんぱく質や脂質を多く含むものに分けられる（表8.9）。後者の種実類にはリノール酸などの多価不飽和脂肪酸が多く含まれる。

　成分の特徴として，無機質ではカリウムのほか，アーモンドやごまにはカルシウムが，けしやごま，かぼちゃには鉄が豊富に含まれている。また，ごまには，強い抗酸化性を示すゴマリグナンが含まれる。ゴマリグナンにはセサミンやセサモリン，ごま油製造中に生成されるセサミノールなどの種類がある。

<table>
<tr><td colspan="2">表8.8　種実類の分類</td></tr>
<tr><th>分　類</th><th>種　類</th></tr>
<tr><td>堅果類</td><td>くり，ヘーゼルナッツなど</td></tr>
<tr><td>核果類</td><td>アーモンド，くるみなど</td></tr>
<tr><td>種子類</td><td>ごま，けし，かぼちゃ，ひまわりなど</td></tr>
<tr><td>豆類</td><td>らっかせい</td></tr>
</table>

<table>
<tr><td colspan="2">表8.9　種実類の成分による分類</td></tr>
<tr><th>分　類</th><th>種　類</th></tr>
<tr><td>炭水化物を
多く含むもの</td><td>くり，ぎんなんなど</td></tr>
<tr><td>たんぱく質と脂質を
多く含むもの</td><td>アーモンド，くるみ，カシューナッツ，らっかせいなど</td></tr>
</table>

（2）種実類の調理特性

　丸ごとのほか，スライスや粉末，ペースト状にして料理や製菓の材料として利用される。焙煎（煎る，焼くなど）や，揚げるなどの加熱を行うと独特の香りが生じ，風味が増す。

　ごまやくるみ，らっかせいなど，脂質の多いものはペースト状になるまで磨砕し，和え衣に利用される。また，そのまま，もしくは加熱（煎る，ゆでるなど）して食するほか，製菓に用いられる。カシューナッツ，マカダミアナッツ，らっかせいなどは食塩や砂糖などで調味されているものがある。

　くりは炭水化物が多く，加熱することで甘味が増す。ゆでぐり，焼きぐりとして食べられるほか，甘露煮やマロングラッセ，裏ごしをしてくりきんとんやモンブランなどに利用される。

8.1.7　野菜類

（1）野菜類の種類と成分

　野菜類は食用部位により，葉菜類，茎菜類，根菜類，果菜類，花菜類に分けられる（表8.10）。

　成分の特徴としては，一般的に水分が多く，エネルギーが低いが，食物繊

維や無機質，ビタミン類ではビタミンC
が多い。緑黄色野菜では β-カロテンが
多い。また，カロテン含量（または β-カロ
テン当量）が可食部100gあたり600μg以
上のものを緑黄色野菜と分類し，かぼち
ゃやにんじん，ほうれんそうが含まれる。
ただ，カロテン含量が600μg未満のトマ
トやピーマンなどは，1回に食べる量や使用回数が多いので，緑黄色野菜に
分類される。

表8.10　食用部位による野菜の分類

種類	食用部位	主な野菜
葉菜類	葉	キャベツ，ほうれんそう，こまつな　など
茎菜類	茎	たまねぎ，たけのこ，セロリ　など
根菜類	根茎，根	だいこん，にんじん，ごぼう，しょうが　など
果菜類	果実，種実	きゅうり，トマト，なす，かぼちゃ　など
花菜類	つぼみ，花弁など	カリフラワー，ブロッコリー，食用ぎく　など

(2) 野菜類の調理特性

1) 嗜好特性

a. 色　素 *

*p.18，表3.1.2参照。

① クロロフィル

葉緑素といわれる脂溶性の緑色色素で調理操作中に変色しやすい。クロロ
フィルは，ポルフィリン環に Mg^{2+} を持ち，フィトール（疎水性）が結合した構
造をしている（図8.14）。クロロフィラーゼが作用する条件下では，クロロフ
ィルからフィトールが外れてクロロフィリドが生成される。アルカリ溶液中
で加熱を行った場合でも，フィトールが外れているが，こちらはクロロフィ
リン（鮮やかな緑色）になる。中性溶液でも長時間におよぶ加熱
や，酸性溶液への浸漬や加熱で，Mg^{2+} が H^+ と入れ替わり，
クロロフィルがフェオフィチン（黄褐色）となり，さらに分解
が進むと側鎖のフィトールが外れてフェオフォルバイド（褐色）
になる（図8.15）。

② カロテノイド

赤色や黄色の脂溶性の色素で，クロロフィルと共存してい
ることが多い。カロテン類とキサントフィル類があり，カロ
テン類には動物体内でビタミンAに変わるものがあり，プロ
ビタミンAとしての栄養効果をもつ。

カロテノイドは酸やアルカ
リ，また熱などの影響を受け
にくいため，調理操作中に変
色することはほとんどない。
水には不溶だが，脂質には良
く溶けるため，炒め物などの
調理に適する。

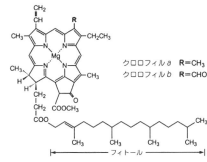

クロロフィル a　R=CH₃
クロロフィル b　R=CHO

図 8.14　クロロフィルの構造

出所）木戸詔子ほか編：調理学第3版，58，化学同人
（2016）

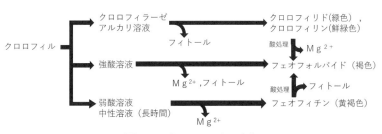

図 8.15　クロロフィルの変化

出所）山崎清子ほか：NEW調理と理論，434，同文書院（2011）を一部改変

③ フラボノイド

無色から淡黄色の水溶性の色素で，たまねぎやカリフラワー，穀類の小麦粉にも含まれる。酸性では無色だが，アルカリ性では黄色に変化する。また，Fe^{2+} や Al^{3+} と錯塩を形成し，黄色や青緑色に変色する。

④ アントシアニン

なすや紫キャベツ，赤じそなどに含まれる赤紫や青色の水溶性の色素で，調理操作中に変色しやすい。酸性で赤色，アルカリ性で青色を示し，100℃までの湿式加熱や水分の多い調理で変色や退色しやすい。しかし，Fe^{2+} や Al^{3+} と錯塩を形成すると紫色が安定するため，なすの漬物では鉄くぎやみょうばんが添加される。また，なすに含まれる色素(ナスニン)は揚げ物や炒め物など，油を用いた高温処理で変色が抑えられる。

b．酵素的褐変

ごぼうやれんこんなど一部の野菜は切断すると切断面が褐変する。これはポリフェノール類(カテキン，クロロゲン酸など)がポリフェノールオキシダーゼの作用により酸化され，生成されたキノン体がさらに酸化重合して褐色の色素(メラニン)を形成するためである(p.48 図 5.5 参照)。この現象を酵素的褐変という。

褐変を防ぐには，①水に浸す(酸素との接触を遮断)，②食塩水に浸す(酵素活性を抑制)，③pH を下げる(酵素活性を抑制)，④加熱する(酵素を失活)，⑤還元剤を使用(キノン体を還元，酵素活性を抑制)などの方法がある。*

*野菜の不味成分の除去については，pp.47-48を参照。

2) テクスチャーの変化

a．生食調理

生で食べる場合，せん切りキャベツのように歯触りを楽しむものと，酢の物やなますなど和え物として食べるものがある。

植物の細胞は最も外側に細胞壁，その内側に細胞膜があり，その中は細胞液で満たされている。細胞膜は半透性で，水は透過するが，食塩や砂糖などは透過できない。また，膜の外側と内側の溶液の濃度を均一にしようとする働きがある。細胞液の浸透圧は約 0.85 ％の食塩溶液，約 10 ％の砂糖溶液，約 0.2 ％の酢酸溶液と等しいため，**図 8.16** に示すように野菜を低張液(低い濃度の液)に浸すと，細胞膜の外から内側へ水が入り，細胞は張りのある状態

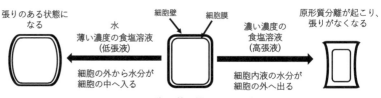

図 8.16　生野菜の浸透圧のしくみ

になる。反対に高張液に浸すと細胞内から細胞外へ水が出ていき，細胞壁から細胞膜がはがれ(原形質分離)，細胞は張りのない状態になる。この性質を利用し，せん切りキャベツなどは水のような低張液に浸して張りのある状態にさせて歯触りを良くさせる。酢の物などに用いる食材は，高張液に浸して細胞内の水分を除く(脱水させる)ことで，調味液の吸収が良くなる。サラダや和え物などは，ドレッシングをかけたり和え衣で和えてしばらく放置すると野菜から水分が出て，味が薄まり，歯触りが悪くなるため，喫食直前に調味するようにする。この細胞膜にある半透性は，加熱により失われる。

b. 加熱調理

野菜を加熱すると軟化するのは，細胞壁内や細胞壁間に存在し細胞同士を接着させているペクチンが分解して可溶化するためである。ペクチンはグリコシド結合によりガラクツロン酸がつながったポリガラクツロン酸である。このグリコシド結合は加熱時の pH によって開裂(切断)の仕方が異なる。pH 3 以下の酸性状態では加水分解し，pH 5 以上の中性状態では，ペクチンリアーゼやポリガラクツロン酸リアーゼにより，ガラクツロン酸が結合した主鎖が分解され，さらにペクチンに存在するメチルエステルを加水分解するペクチンエステラーゼの作用により，β脱離(トランスエリミネーション)が起こる。しかし，pH 4 付近では，加水分解もβ脱離も起こりにくいため，軟らかくなりにくい。このため，れんこんやごぼうをゆでる際に食酢を加えると，シャキシャキとした歯ざわりになる。

野菜の軟化には pH 以外に加熱温度も影響する。沸点に近い温度で加熱するとすぐに軟化するが，50～60℃くらいの温度では硬化し，その後沸点に近い温度で加熱を行っても軟化しない。

8.1.8　果 実 類

(1) 果実類の種類と成分

可食部(果肉)の形態により，仁果類，漿果類，核果類に分けられる(表8.11)。

成分の特徴としては，水分と糖質を豊富に含む物が多い。その他，果実により異なるが，無機質やビタミン類，食物繊維を多く含むものがある。糖質は，グルコース，フルクトース，スクロースを多く含む。無機質ではカリウムが多く，ビタミン類ではかんきつ類やいちご，キウイフルーツ，かきなどにはビタミンCが，すいかやグレープフルーツ(紅肉種：ルビー種)，かき，マンゴーなどにβ-カロテンが多く含まれる。

果実の酸味は，主にクエン酸やリンゴ酸などの有機酸によるが，ぶどうの酸味は酒石酸によるものである。

表 8.11　果実類の分類

種類	主な果実
仁果類	りんご，なし，かき，びわ，かりん　など
漿果類	ぶどう，いちじく　など
核果類	もも，あんず，さくらんぼ，うめ　など

出所) 木戸詔子ほか編：調理学（第3版），64，化学同人 (2016)一部改変

(2) 果実類の調理特性

1) 生食調理

* p.18 参照。

果実中に多く含まれるフルクトースには α 型と β 型があり，β 型は甘味が強い*。低温で保存すると β 型が増えて甘味が増すため，冷やして食べることが多い。ただし，バナナやパパイヤなど熱帯果実は，低温で長時間保存すると褐変やピッティング（果皮表面の陥没），追熟不良などの低温障害を起こし，品質が低下する。日本なしのざらざらとした独特な食感は，リグニンとペントサンからなる厚い膜を持った石細胞によるものである。

2) 加熱調理（ペクチンとゲル化）

果実類は加熱して，ジャムやコンポート，ソースやソテーなどに用いられる。りんごやいちごなど，ペクチンを多く含み酸味のあるものはジャムに用いられる。果実の成熟に従い，プロトペクチンからペクチニン酸（狭義のペクチン），ペクチン酸になる。ゲル形成能をもつのは，ペクチニン酸のみである（表8.12）。

ペクチニン酸にはメトキシル基が含まれており，7％以上含むものは高メトキシルペクチン，7％未満のものは低メトキシルペクチンに分類され，ゲルを形成する条件が異なる（表8.13）。

表 8.12　果実類の成熟とペクチンの変化

分　類	果実の成熟度と状態	ゲルの形成
プロトペクチン（不溶性）	未熟果実に多い。 セルロースと結合し，果実は硬さを維持。	しない
ペクチニン酸（狭義のペクチン）（可溶性）	成熟果実に多い。 プロトペクチナーゼの作用により，プロトペクチンが分解されてペクチニン酸になり，果実は軟化する。	する
ペクチン酸（不溶性）	過熟果実に多い。 ペクチナーゼの作用により，ペクチニン酸が分解されてペクチン酸になる。	しない

出所）西堀すき江編：マスター調理学（第3版），83，建帛社（2018）一部改変

表 8.13　ペクチニン酸のゲル化

分　類	メトキシル基の割合	ゲル形成の条件
高メトキシルペクチン（HMP）	7 ％以上	果実中のペクチン含量　0.5 ％以上 糖濃度　50 ％以上，pH3 付近
低メトキシルペクチン（LMP）	7 ％未満	Ca^{2+} や Mg^{2+} などの二価の金属イオンの存在

出所）表8.12に同じ

3) たんぱく質分解酵素

果物に含まれるたんぱく質分解酵素には，パインアップルのブロメリンやキウイフルーツのアクチニジン，いちじくのフィシンなどがある。これらの生の果汁に硬い肉を浸しておくと，軟化させる効果がある。しかし，ゼラチンゼリーに用いる際は，ゼラチンのたんぱく質を分解して凝固しなくなるため，あらかじめ加熱して酵素を失活させておく。

8.1.9　きのこ類

(1) きのこ類の種類と成分

きのこは，担子菌や子嚢菌の子実体（胞子を生産する器官）のうち，肉眼で観察できる程度の大きさのものをいう。

食用とされるきのこの種類は非常に多い。天然のまつたけやしめじなどは

秋に収穫されるが，ほとんどのきのこは人工栽培され，1年中流通している。栽培種としては，しいたけやほんしめじ(ぶなしめじ)，えのきだけ，なめこ等がある。

きのこ類は生のものと乾燥させたものがある。成分の特徴は，生では約90％が水分で，脂質やたんぱく質が少なく，炭水化物はほとんどが食物繊維である。ビタミン類は，プロビタミン D_2 であるエルゴステロールを含む。エルゴステロールは日光(紫外線)にあたるとビタミン D_2 に変化するため，干し(乾)しいたけやきくらげにビタミン D_2 含量が高い。生のきのこ類は変質しやすく，保存性を高めるために乾燥される。

(2) きのこ類の調理特性

1) しいたけ

生しいたけは食感が良く，焼きや揚げ加熱のほか，椀種やなべ物に用いられる。乾しいたけは，しっかり膨潤させてから用いるが，戻す際の水温が40℃を超えると膨潤度が低下する。また，乾しいたけにはうま味成分として核酸系の 5'-グアニル酸(GMP)が含まれ，戻す際の水温が高いと GMP 含量が減少する。そのため，低温で時間をかけて戻すと，充分吸水してうま味が強くなる。短時間で戻したい場合は，40℃以下のぬるま湯を用いる。その他，香り成分としてレンチオニンが含まれる。

2) まつたけ

香り成分として，桂皮酸メチルやマツタケオールが含まれ，かさが開き始めるころの香りが強い。この香りを生かすため，土瓶蒸しや焼き加熱が行われる。

8.1.10 海藻類

(1) 海藻類の種類と成分

色によって緑藻類や褐藻類，紅藻類に分類される(表8.14)。成分の特徴は，生のものは水分が90％だが，乾燥品は3〜15％程度である。その他，アルギン酸やフコイダンのような難消化性の粘質多糖類が豊富で，水溶性食物繊維の供給源である。また，無機質が豊富でカルシウムやヨウ素，ナトリウム，マンガンなどが他の食品より多い。

表8.14 海藻類の種類と用途

	含有色素	種類	主な用途
緑藻類	クロロフィル カロテノイド（β-カロテンなど）	あおのり ひとえぐさ	青のり，汁物 など のり佃煮
褐藻類	クロロフィル カロテノイド （β-カロテン・フコキサンチンなど）	こんぶ わかめ ひじき	だし汁，塩こんぶ，こんぶ巻き など 汁物，煮物，和え物 など 炒め煮，白和え など
紅藻類	クロロフィル 色素たんぱく質（フィコエリスリン） カロテノイド（β-カロテンなど）	あおのり てんぐさ つのまた おごのり	焼きのり，味付けのり ところてん，寒天 カラギーナン さしみのつま，酢の物

出所) 表 8.12 に同じ，84

（2）海藻類の調理特性

1）こんぶ

だし汁用や煮物用，加工用に分けられる。だし汁用には，まこんぶや利尻こんぶが用いられる。うま味成分は，主にL-グルタミン酸ナトリウムである。こんぶの表面に付着している白い粉は，マンニトールで甘味があるため洗わず，硬く絞ったふきんで表面の汚れを軽く拭き取って使用する。だしをとる際に沸騰させると，アルギン酸が溶出して粘りが出るため，沸騰の直前にこんぶを取り出すか，長く沸騰させないようにする。

2）わかめ

生を湯通しして用いるほか，湯通し後に塩と保存する塩蔵品，湯通ししたものや塩蔵品を塩抜きして乾燥させた乾燥品がある。乾燥品には，灰干しわかめがあり，原料のわかめに灰をまぶして乾燥させたものである。灰に含まれるアルカリ成分が，クロロフィルの分解を防ぎ，鮮やかな緑色が保持され，さらにわかめに含まれる酵素の活性を抑制するため，保存性を向上させることができる。塩蔵品や乾燥品は水で戻すと，重量が乾燥品で約12〜14倍，塩蔵品では約2倍の重量になる。わかめの色素は，クロロフィルとフコキサンチンである。加熱前のフコキサンチンは，たんぱく質と結合して赤色を示すが，加熱によりたんぱく質と分離し橙黄色になる。クロロフィルは短時間の加熱ではほとんど変色しないため，加熱前はクロロフィルの緑色と赤色が混ざった褐色をしているが，加熱後は緑色になる。

8.2　動物性食品

8.2.1　食肉類

（1）食肉類の種類と成分および構造

食肉は，牛肉，豚肉，鶏肉が主なもので，食肉として利用している部位は，家畜や家禽（かきん）の筋肉を構成している骨格筋である。動物の種類，品種，年齢，飼育方法により，たんぱく質の量，脂肪のつき方や量が異なるため，硬さ，色，味などに差がある。

1）構　　造

骨格筋の基本単位は，筋線維と呼ばれる直径20〜150μmの円筒形の細長い細胞である。筋線維は，筋原線維とその隙間の細胞液である筋形質（筋漿）からなり，筋内膜で覆われている。50〜150本の筋線維が筋周膜で束ねられて筋束を形成し，この筋束がさらに束ねられて筋肉になる（図8.17）。骨格筋は，腱で骨につながっている。筋肉の膜や腱などを形成しているのは結合組織である。結合組織は筋肉の構造を保持しており，一般的には筋と呼ばれ，周辺

には脂肪組織が多く存在する。脂質の沈着状態は，肉の食感や風味に影響する。筋肉中に蓄積脂肪が細かく分散し沈着した霜降り肉は，肉質が軟らかく，口当たりが良い。

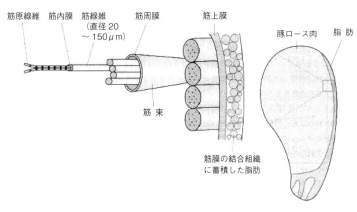

図 8.17　食肉の構造

出所）畑江敬子・香西みどり編：調理学，134，東京化学同人（2016）一部改変

2）成　分

食肉の成分は部位により異なり，たんぱく質が約 20 %，水分約 50～75 %，脂質 5～30 % 程度，炭水化物は 1 % 未満である。

たんぱく質　食肉のたんぱく質は，筋原線維たんぱく質，筋形質（筋漿）たんぱく質，肉（筋）基質たんぱく質から構成される。これらの 3 種類のたんぱく質は，所在や溶解性，分子の形状，加熱時の変化などが異なる（**表8.15**）。肉質は，結合組織を形成する肉基質たんぱく質の割合が多くなるほど硬く，筋形質たんぱく質が多くなると軟らかくなる。鶏肉は，牛肉や豚肉に比べて肉基質たんぱく質の割合が低い。牛肉や豚肉では，背部や背部に近いロースやヒレなどは軟らかく，すねは硬い。

表 8.15　筋肉中のたんぱく質の種類と性質

			筋原線維たんぱく質	筋形質（筋漿）たんぱく質	肉（筋）基質たんぱく質
所在			筋原線維	筋漿	結合組織
主なたんぱく質			アクチン ミオシン	ヘモグロビン ミオグロビン ミオゲン（各種酵素）	コラーゲン エラスチン
分子の形状			繊維状	球状	繊維状，網状
溶解性	水		—	○	—
	塩溶液		○	○	—
	希酸・希アルカリ溶液		○	○	—
特徴			筋収縮，硬直に関係 保水性，結着性	肉色に関係	肉の硬さに関係
加熱による変化			収縮・凝固：42～52℃	凝固：56～62℃	収縮：37～58℃ コラーゲンは湿式加熱で可溶化 （ゼラチン化）
含量 （%）	牛肉	背肉		84[*]	16
		胸肉		72[*]	28
		すね肉		44[*]	56
	豚肉	背肉		91[*]	9
		もも肉		88[*]	12
	鶏肉	胸肉		92[*]	8
	魚肉		20～30	70	2～5
	魚皮		（—）	（—）	（90 以上）

＊うち筋形質（筋漿）たんぱく質は約 25 %
出所）下村道子，橋本慶子編：動物性食品，3，朝倉書店（1993）を参考に作成

表 8.16　食肉類脂質の脂肪酸組成と融点

脂肪酸含量と融点	牛肉	豚肉	鶏肉
主要な脂肪酸の含量（%）			
パルミチン酸　C16：0	27 ～ 29	25 ～ 30	24 ～ 27
ステアリン酸　C18：0	24 ～ 29	12 ～ 16	4 ～ 7
オレイン酸　C18：1	43 ～ 44	41 ～ 51	37 ～ 43
リノール酸　C18：2	2 ～ 3	6 ～ 8	18 ～ 23
飽和脂肪酸（%）	53 ～ 61	38 ～ 47	28 ～ 34
不飽和脂肪酸（%）	46 ～ 48	50 ～ 62	55 ～ 66
脂肪の融点（℃）	40 ～ 50	33 ～ 46	30 ～ 32

出所）川端晶子ほか編：時代と共に歩む新しい調理学, 142, 学研書院（2009）一部改変

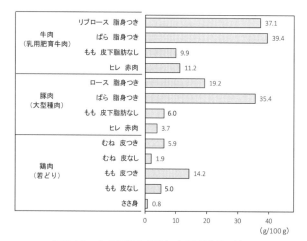

図 8.18　肉の種類と部位による脂質量の違い

出所）文部科学省：日本食品標準成分表 2020 年版（八訂）に基づく。

脂質　食肉に含まれる脂肪の量や脂肪酸組成は，動物の種類や部位により異なる。肉類の脂質は，おもに飽和脂肪酸（パルミチン酸，ステアリン酸）と不飽和脂肪酸（オレイン酸，リノール酸）からなり，植物性脂肪や魚介類の脂肪に比べて飽和脂肪酸の割合が高いため融点が高い（表 8.16，図 8.18）。牛脂の融点は口中の温度よりも高いため，脂質の多い部位は熱いうちに食べる料理に適している。冷めた状態で食べる場合には，融点の低い鶏肉や，牛肉や豚肉では脂肪の少ない部位を選ぶと良い。

3）熟　成

　動物は屠殺後，筋肉 pH が低下し，筋原線維たんぱく質のアクチンとミオシンが結合・収縮して死後硬直が起こる。このとき，肉は硬く，うま味や保水性が低く食用に適さない。その後，肉中の酵素による自己消化が起こり軟らかくなる（解硬）。同時に，うま味成分のペプチド，アミノ酸，イノシン酸が増加し，pH の上昇に伴い保水性も増し，風味や食感が良くなる。このような変化を熟成という。市販されている肉は，熟成が適度に進んだ状態のものである。熟成は低温で行われ，2～4℃で熟成した場合，牛肉で 10 日前後，豚肉で 3 日前後，鶏肉で半日程度である。

（2）食肉類の調理特性

　肉類は生食することは少なく，通常は加熱して食べる。適度な加熱により，味，におい，色，テクスチャーが変化し，嗜好性が向上する。また，食中毒原因となる細菌が死滅し，食品衛生上安全になり保存性も高くなる。

1）加熱による肉の変化

硬さの変化　加熱により，筋原線維たんぱく質は繊維状に凝固・収縮し，筋漿たんぱく質も豆腐状に凝固する。結合組織を構成する肉基質たんぱく質も変性して収縮するため，肉を加熱すると硬くなる。一方，水中で長時間加熱すると，結合組織のコラーゲンは徐々に分解してゼラチン化し，軟らかくなる（図 8.19）。

色の変化　生肉の色は，主にミオグロビン（肉色素）によるもので，この含有

量の多い牛肉は，含有量の少ない豚肉や鶏肉より赤色が濃い。新鮮な肉の塊の内部は，ミオグロビンの暗赤色をしているが，空気に触れると酸素化されてオキシミオグロビンになり鮮赤色を呈する（図8.20）。長時間空気にさらすとヘム鉄が酸化して褐色のメトミオグロビンになる。加熱するとたんぱく質のグロビンが変性し灰褐色のメトミオクロモーゲンになる。

食肉加工品のハムやベーコンでは，塩漬工程で添加された硝酸塩や亜硝酸塩により，ニトロソミオグロビンが生成される。これは加熱によりニトロソミオクロモーゲンに変化し，桃赤色として固定される。

においの変化　食肉を加熱すると，アミノ・カルボニル反応や，脂質の酸化・分解により，生肉とは異なる好ましい香気が生成される。

2）　肉の軟化

動物の種類や部位により硬い肉があるため，酵素や調味料の利用や，水中長時間加熱により軟化させたり，肉の繊維を切断することにより食べやすくしている（表8.17）。

3）　肉類の調理

食肉は品種や部位により肉質が異なるため，それぞれに適した調理法を選ぶ必要がある。牛肉，豚肉，鶏肉の部位と特徴，各部位に適した調理を**表8.18**に示した。

焼く調理　ステーキには，サーロイン，ヒレ，ロースなどの結合組織が少ない軟らかい部位が適する。ビーフステーキは肉のおいしさそのものを味わう料理で，最初に高温で表面のたんぱく質を凝固させ，焼き色と香りをつ

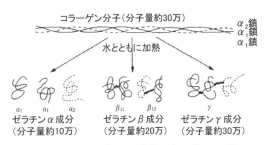

図 8.19　コラーゲンの熱変性によるゼラチン化

出所）野田晴彦，永井裕，藤本大三郎：コラーゲン，23，南江堂（1975）一部改変

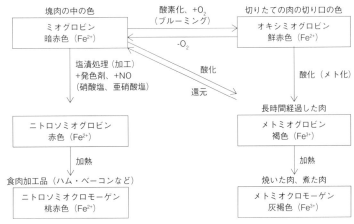

図 8.20　食肉の色の変化

出所）藤原葉子編：食物学概論，101，光生館（2017）を参考に作成

表 8.17　食肉の軟化方法

方　法	内　容
機械的な方法	①肉の繊維の方向に直角になるように薄切りにする。 ②ひき肉にする。 ③肉たたきでたたいて筋線維間の結合をほぐす。 ④結合組織（すじ）に切り込みを入れる。
酵素の利用	たんぱく質分解酵素（プロテアーゼ）を作用させる。 例）しょうが，なし，キウイフルーツ，パインアップルの搾汁に浸ける。
調味料の利用	①肉の保水性が最も低くなる pH（等電点の pH5 付近）から，酸性側またはアルカリ性側にして保水性を向上させる。 例）ワイン，みそ，しょうゆ，酒，酢，マリネ液（酸性側） 　　重曹，ベーキングパウダー（アルカリ性側） ②食塩により筋原線維たんぱく質を可溶化して保水性を向上させる。 ③砂糖により加熱中のたんぱく質の凝固を遅らせて軟らかい状態を保つ。
水中長時間加熱	結合組織の多い肉を水中で長時間加熱する。コラーゲンがゼラチン化して軟らかくなる。

表 8.18　食肉の部位と調理法

部位		特徴	適する調理						
			ステーキ	焼き肉	すき焼き	しゃぶしゃぶ	煮込み	ひき肉	生食
牛肉	かたロース	脂肪が適度にあり軟らかい		○	○	○			
	リブロース	霜降り肉で軟らかい	○	○	○	○			
	サーロイン	軟らかで霜降りが入りやすく風味は最高に良い	○						○
	ヒレ	きめが細かく，脂肪が少なく，最も軟らかな部位	○						○
	ランプ	軟らかく，赤身	○						○
	かた	すじや膜が多く，硬い赤身					○		
	ばら	三枚肉。結合組織や膜が多い		○	○		○	○	
	もも	そとももよりも軟らかい，脂肪が少ない赤身		○	○				○
	そともも	脂肪が少ない赤身，硬め（薄切り，細切りで使用）			○	○	○		
	すね	筋が多く硬い					○		

部位		特徴	適する調理						
			ロースト	ソテー	カツレツ	しゃぶしゃぶ	焼き肉	煮込み	ひき肉
豚肉	かたロース	赤身に適度な脂肪が入っている，やや硬め，濃厚な味	○	○	○	○			
	ロース	きめが細かく軟らかい，外側に白い脂肪がある	○	○	○	○	○		
	ヒレ	きめが細かく，脂肪が少なく，最も軟らかな赤身		○	○				
	かた	硬く，すじが多い，濃厚な味の赤身肉，きめはやや粗い						○	○
	ばら	三枚肉，脂肪が多い，きめは粗いが硬くない					○	○	○
	もも	脂肪が少ない赤身，軟らかい		○	○			○	
	そともも	脂肪が少ない赤身						○	○

部位		特徴	適する調理					
			ロースト	ソテー	揚げ物	煮込み	蒸し物	生食
鶏肉	手羽	手羽もと，手羽なか，手羽さきに分けられる。ゼラチン質，脂肪が多く，濃厚な味	○	○	○	○		
	むね	肉色が薄い，脂肪が少なく，淡泊で軟らかい	○	○	○	○		
	もも	肉色は濃く，むねよりやや硬く脂肪があり，こくがある	○	○	○	○		
	ささ身	最も軟らかく，淡泊，脂肪はほとんどない				○	○	○

表 8.19　ビーフステーキの焼き加減

焼き加減	内部温度	表面の色	内部の状態		
			色	硬さ	肉汁
レア	55〜65℃	灰褐色	鮮赤色	軟らかい	多い　赤色
ミディアム	65〜70℃	灰褐色	薄いピンク	↕	↕　　↕
ウエルダン	70〜80℃	褐色	褐色・灰色	硬い	少ない　透明

* p.96参照。

け，うま味を含んだ内部の肉汁を流出しにくくする。焼き加減は 3 段階に分けられ，仕上がりの状態が異なる（表 8.19）。豚肉には，寄生虫がいることもあるため，ポークソテーなどでは中心部まで十分に加熱する。

煮る調理　シチューには，結合組織（すじ）の多いすね肉やばら肉などの硬い肉が用いられる[*]。スープストック（ブイヨン）には，硬く，脂肪が少なく呈味成分が多いすね肉が用いられる。香辛料や香味野菜と共に長時間加熱し，肉や野菜のうま味を溶出させるとともに，ゼラチンによりこくが出る。

ひき肉の調理　ハンバーグステーキや肉団子では，ひき肉に食塩を加えて混

ぜると，筋原線維たんぱく質のアクチンとミオシンが結合してアクトミオシンが形成される。この変化により粘着性や保水性を生じ，**他の材料**[*1]を加えて形を作ることができる。また，細かく切断されたひき肉は，水中で煮込むとうま味成分が溶出しやすい。このため，ひき肉はミートソース等にうま味を付与する。ひき肉は表面積が大きく，微生物が付着しやすく，脂肪も酸化しやすいため，取扱いには注意が必要である。

*1 他の材料の役割　炒め玉ねぎは，肉のにおいを弱める。パン粉は，量を増し，ハンバーグステーキを軟らかくする。卵は，材料同士をつなげる。

8.2.2　魚介類

（1）魚介類の種類と成分および構造

食用する魚介類は，魚類，貝類，えび・かに類，いか・たこ類ほか，多種類におよぶ。また，生息場所や生態の違いにより，海水魚・淡水魚，天然魚・養殖魚，回遊魚・沿岸魚・底生魚などに分類される。

1）構　　造

筋肉(骨格筋)の基本構造は食肉類と同様である。しかし，魚肉の筋線維は，薄い筋隔膜で仕切られた筋節構造を持つため，畜肉に比べて筋線維の長さは短い(図 8.21)。背部と腹部の接合部付近には赤褐色の血合筋が存在し，これ[*2]以外の筋肉を普通筋という。普通筋に含まれるミオグロビンの量が多く，赤色を帯びているものを赤身魚，白色に近いものを白身魚という(表 8.20)。

*2 血合筋は普通筋に比べて，脂質，ビタミン類，鉄，ミオグロビンを多く含む。

2）成　　分

魚肉の成分は食肉類と類似し，たんぱく質が約 20 %，水分は約 65〜80 %，脂質 2〜40 % 程度，炭水化物は 1 % 未満である。魚介類では普通，産卵期前の旬にグリコーゲンや脂質，アミノ酸量が増加して味が良くなる。

たんぱく質　食肉と同様に，筋原線維たんぱく質，筋形質(筋漿)たんぱく質，肉(筋)基質たんぱく質から構成される。食肉と比べて肉基質たんぱく質の割合が低く，肉が軟らかいので死後硬直中でも食べることができる。

脂質　脂質含量は，魚種や季節，部位などにより異なる。一般に，脂質含量は，産卵前には多く，産卵後は減少する。また，赤身魚の方が白身魚よりも多く，腹肉の方が背肉よりも多い(例：まぐろの脂質と赤身)。養殖魚は天然魚に比べて多い。魚介類の脂質は，不飽和脂肪酸が60〜80 %を占め，とくにn-3系多価不飽和脂肪酸のイコサペンタエン酸(IPA)，ドコサ

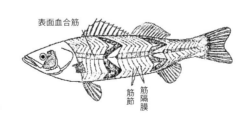

すずきの側面図

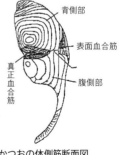

かつおの体側筋断面図

図 8.21　魚肉の構造

出所) 松原喜代松，落合明，岩井保：新版魚類学（上），32-33，恒星社厚生閣（1979）一部改変

表 8.20　白身魚と赤身魚　筋肉の構造と組成，調理上の特徴

		白身魚（底棲性）	赤身魚（沿岸性）	赤身魚（外洋性）
代表的な魚種		いさき，かれい，すずき，たい，たら，ふぐ	あじ，いわし，さば，にしん	かつお，まぐろ
断面模式図 筋肉の分布	魚断面の模式図	普通肉／血合肉／腹腔	普通肉／血合肉／腹腔	普通肉／血合肉／腹腔
	血合肉	少ない		多い
	普通肉	多い		少ない
	ミオグロビン量	少ない		多い
普通肉中の筋肉たんぱく質	筋原線維たんぱく質（50〜70%）	多い	◁─────▷	少ない
	筋形質たんぱく質（20〜50%）	少ない	◁─────▷	多い
	肉基質たんぱく質（10%以下）	多い	◁─────▷	少ない
脂肪分		少ない	◁─────▷	多い
調理上の特徴	生食時の食感	硬い，プリプリした食感	◁─────▷	軟らかい
	さしみの切り方	糸作り，そぎ切り（薄く切る）	◁─────▷	平作り，角作り（厚く切る）
	加熱後の色	不透明な白色	◁─────▷	灰褐色
	加熱魚肉の状態	ほぐれやすい（そぼろに利用）	◁─────▷	硬くまとまりやすい（節類や角煮に利用）
	魚臭の強さ	弱い	◁─────▷	強い

出所）畑江敬子，香西みどり編：調理学，141，東京化学同人（2016）を参考に作成

ヘキサエン酸(DHA)を含むことが特徴である。食肉類に比べて融点は低い。

呈味成分　魚介類の味の主体は，甘味や苦味を呈するアミノ酸とうま味を呈するイノシン酸である。この他に，海水魚に含まれるトリメチルアミンオキシドや，いか，たこ，えびに含まれるベタインは甘味を，貝類に含まれるコハク酸はうま味を有する。

（2）魚介類の調理特性

1）　鮮度と調理

魚も食肉と同様の死後の変化が起こる。死後数十分から数時間で硬直が始まり，硬直の持続時間が短く，解硬(自己消化)・腐敗へと進む変化は，食肉に比べて速い。熟成して食用とする肉類とは異なり，魚は鮮度が重要であり，硬直前や硬直中には，生き作りやさしみとして生で食される(図 8.22)。

図 8.22　魚の死後の鮮度と調理

出所）鴻巣章二監修：魚の科学，44，朝倉書店（1994）を参考に作成

　魚の鮮度は，眼球やえらの外観，表皮・腹部や肉質の弾力等から経験的に判断できる。化学的な判定法としては，筋肉中の ATP（アデノシン三リン酸）の分解程度から‘生きのよさ’を知る指標として，K 値が用いられる（図8.23）。鮮度低下に伴い K 値は上昇し，20 ％以下では生食が可能であり，20〜50 ％のものは加熱調理が必要である。この他に，腐敗の指標として，付着微生物の作用で増加する揮発性塩基窒素（アンモニア，トリメチルアミンなど）量による判定法などがある（図8.22）。

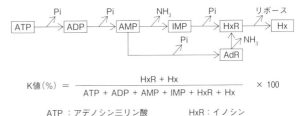

$$K値(\%) = \frac{HxR + Hx}{ATP + ADP + AMP + IMP + HxR + Hx} \times 100$$

ATP ：アデノシン三リン酸　　　HxR ：イノシン
ADP ：アデノシン二リン酸　　　Hx ：ヒポキサンチン
AMP ：アデノシン一リン酸　　　AdR ：アデノシン
IMP ：5'-イノシン酸

図 8.23　ATP の分解経路と K 値

出所）山崎英恵編：調理学　食品の調理と食事設計，108，中山書店（2018）を参考に作成

2)　魚臭の除去

　魚は鮮度低下に伴い生臭くなる。このにおいの主因は，微生物の作用で生じるトリメチルアミンであり，海水魚に多く含まれる。調理の際の魚の不快臭の抑制方法には，①一尾魚の水洗いや切り身の食塩による脱水（魚臭成分を洗い流したり水分と共に除く），②香味野菜，香辛料，発酵調味料の香気成分によるマスキング（ねぎ，しょうが，酒，みりんなどの使用），③酸の添加（塩基性のトリメチルアミンを食酢，梅干し，ワインなどで中和する），④コロイド粒子による吸着（牛乳やみそでにおいを吸着する）などがある。

3)　生食調理

　鮮度の良い魚を衛生的に取り扱うことが重要である。

さしみ　魚の生肉のテクスチャーを味わう料理である。生肉の硬さは畜肉と同様に，肉基質たんぱく質のコラーゲンが多いほど，硬くかみ切りにくくなる。赤身魚は白身魚よりも結合組織が少なく軟らかい。このため，まぐろやかつおなどの赤身魚では，厚めの平作りや角作りにし，かれいやふぐなどの白身魚では薄作りや糸作りにする（表8.20）。

　魚に湯をかけたり，軽く焼くなどして，表面だけを加熱する「霜降り[*]」という操作を行うことがある。かつおのたたきがこの例であり，焼いた表面は硬くしまり，内部は軟らかいため複雑なテクスチャーを楽しむことが

＊霜降りには，魚の表面を直火で焼く「焼き霜」と，魚に熱湯をかけたり，湯の中にくぐらせたのち，冷水にとる「湯霜」という方法がある。

できる。

あらい　死後硬直前の魚(こい，たい，すずき)をそぎ切りにして，冷水，湯の中で振り洗いし，筋肉中のATPを流出させる。これにより筋肉を収縮させ，こりこりした歯ざわりを賞味する。

酢じめ　生魚に食塩をふり肉の水分を減少させてから塩じめ，酢に浸漬する手法で，たんぱく質の変性により肉質がしまり，歯切れがよくなる。また，魚臭が抑えられ，保存性も向上する。「しめさば」が代表例である。

4)　加熱調理

魚肉を加熱すると，たんぱく質が凝固・収縮して水分が流出し，硬くなる。また，魚肉のコラーゲンは畜肉よりも容易に可溶化するので筋隔膜が弱化し，筋節がはがれやすくなる。加熱後の魚のテクスチャーには，筋原線維の太さと全筋肉たんぱく質に対する筋形質たんぱく質の割合が影響する。この割合が高い赤身魚では，筋形質たんぱく質の熱凝固により，筋原線維どうしの接着が強められて硬くなる。かつおやさばの身がしまって節になることや，かつおの角煮がこの例である。一方，筋原線維が太く，筋形質たんぱく質が少ない白身魚では，加熱すると身がほぐれてそぼろ(でんぶ)ができやすい。

煮魚　味が淡泊な魚肉を，しょうゆ，砂糖，みりん，酒などの入った煮汁中で加熱する。魚が浸る程度の量の沸騰した煮汁に魚を入れるが，これは表面のたんぱく質を凝固させて，うま味の流出を抑えるためである。落とし蓋を使用すると魚の上部まで均一に味がつき，煮崩れを防ぐことができる。煮汁に香味野菜(ねぎ，しょうが)を入れると魚臭を抑制できる。淡泊な白身魚は薄味で短時間加熱し，うま味やにおいの強い赤身魚は，味付けを濃くしてやや長く煮ると，煮熟香の生成が促進され不快なにおいがマスキングされる。

＊第7章，p.67参照。

焼き魚[＊]　高温加熱(200〜250℃)により，表面が焦げ，香気が生じてうま味が濃縮される。串や網を用いる直火焼きと，フライパンやオーブンを用いる間接焼き(鉄板焼き，包み焼きなど)がある。魚臭の弱い魚は塩焼きにすることが多く，強い魚は漬け汁に浸けてから焼く。下処理として1％程度の食塩をふると，生臭みが除かれ，串を用いた直火焼きでは崩れにくくなる。火加減は遠火の強火で均一に加熱する。

魚肉だんご(ねり製品)　魚肉に1〜3％の食塩を加えてよくすると，筋原線維たんぱく質が溶出してアクトミオシンとなり，粘りの強いすり身になる。これを加熱すると弾力のあるゲルを形成する性質を利用する。

いか肉　皮付きのいかを加熱すると，表皮側を内側にして体軸の方向に丸くなる。これは，いかの表皮が4層からなり，筋肉に密着している第3，4層のコラーゲン線維が収縮するためである。皮をむいて第1，2層を除い

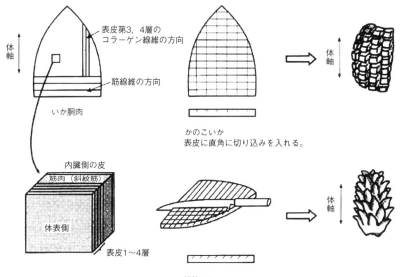

表皮第3, 4層の
コラーゲン線維の方向

筋線維の方向

体軸

いか胴肉

かのこいか
表皮に直角に切り込みを入れる。

内臓側の皮

筋肉（斜紋筋）

体表側

表皮1〜4層

体軸

松笠いか
表皮に斜めに切り込みを入れる。

図 8.24　いか肉の切り込みの入れ方と加熱による変化

出所）渡部終五編：水産利用化学の基礎，118．恒星社厚生閣（2010）

たいかの表皮側に切込みを入れて加熱すると，内臓側の皮が収縮して松か
さいか，かのこいかになり（図 8.24），噛み切りやすく，調味料もからみや
すくなる。

8.2.3　卵　　類

（1）卵の構造および成分

　鶏，がちょう，あひる，うずらなどの卵が食用とされているが，最も消費
量が多いのは鶏卵である。鶏卵は卵殻部（約10%），卵白部（約60%），卵黄部（約
30%）から構成される（図 8.25）。

1）卵殻部

　卵殻表面のクチクラは産卵時に分泌される粘液が乾燥したもので，微生物
の侵入を防ぐはたらきがあるが，市販の洗卵された鶏
卵では消失している。卵殻は炭酸カルシウムを主成分
とし，その内側に繊維状のたんぱく質からなる外卵殻
膜と内卵殻膜がある。卵の鈍端では2つの卵殻膜の間
に空気の入った気室が形成されている。卵殻には気孔
という小さな孔が多数あり，保存により気孔から水分
が蒸発，空気が入るため気室が大きくなる。

2）卵白部

　卵白は外水様卵白，濃厚卵白，内水様卵白，カラザ

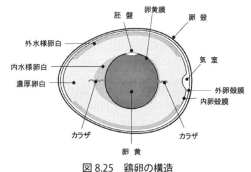

胚 盤　　卵黄膜

外水様卵白

内水様卵白

濃厚卵白

卵 殻

気 室

外卵殻膜

内卵殻膜

カラザ

カラザ

卵 黄

図 8.25　鶏卵の構造

からなる。カラザは卵黄を卵の中心に固定するはたらきがある。新鮮卵では濃厚卵白が約60％であるが，保存により濃厚卵白は水様卵白に変化する。また，新鮮卵の卵白はpH 7.5程度であるが，保存により二酸化炭素が気孔から発散することでpH 9.5程度まで上昇する。[*1]

卵白は約90％が水分で約10％がたんぱく質である。主要な卵白たんぱく質であるオボアルブミン(約54%)，オボトランスフェリン(約12％)，オボグロブリン(約8％)は加熱によって変性し凝固するが，オボムコイド(約11%)は熱安定性が高く変性しにくい。

3）卵黄部

卵黄は卵黄膜，卵黄，胚盤からなる。卵黄を包む卵黄膜は保存により透過性が増し，卵白の水分が卵黄へ移行する。また，膜強度も低下するために鮮度の低下した卵は卵黄がくずれやすい。

卵黄の成分は水分約50％，たんぱく質約17％，脂質約33％であり，脂質の約65％が中性脂肪，約31%がリン脂質，約4%がコレステロールである。卵黄リン脂質の70～80％がフォスファチジルコリン(レシチン)である。卵黄の脂質はたんぱく質と結合してリポたんぱく質[*2]を形成している。

(2) 卵の調理特性

1）流動性・粘性

生卵は流動性，粘性をもつことから，卵かけご飯のように他の食品とからめて食べることができる。また，天ぷらの衣に溶き卵を加えることで具材に衣をからめやすくすることができ，ひき肉料理ではつなぎとして用いられる。

2）熱凝固性・希釈性

卵白，卵黄ともに加熱によって凝固する。温度上昇に伴う変化は卵白と卵黄で異なる。卵白は60℃前後で凝固が始まり，70℃で半流動性，80℃で流動性を失って完全に凝固する。卵黄の凝固開始温度は65℃で卵白よりやや高いが，70℃では流動性を失い，75～80℃で凝固する。また，生卵はだし汁や牛乳を加えて希釈することができ，希釈後の卵液も加熱によって凝固する。熱凝固性と希釈性を利用したさまざまな卵料理があり，希釈割合や添加材料は凝固性に影響する(**表8.21**)。

ゆで加熱料理　殻つき卵を沸騰水中で12～13分程度加熱すると，卵黄，卵白ともに凝固した固ゆで卵となる。加熱時間を沸騰水中5～6分程度にすると卵白は凝固するが，卵黄は80℃まで加熱されずに流動性をもった半熟卵となる。また，殻付き卵を65～70℃で30分程度加熱すると卵黄は流動性を失うが，卵白は白濁するものの半流動性を保った状態の温泉卵となる。固ゆで卵の過加熱により卵黄表面が暗緑色になることがある。加熱により卵白たんぱく質から生じた硫化水素が卵黄の鉄と結合した硫化鉄に

*1　鶏卵の鮮度低下は，水分蒸発による卵重の低下や気室の拡大に伴う比重の低下，卵白pHの上昇の他，卵黄高の低下を反映する卵黄係数(卵黄高(mm)÷卵黄の直径(mm)×100)やハウ・ユニット(HU)の低下にあらわれる。HUは濃厚卵白から水様卵白への変化を表す指標で，平板に割卵した濃厚卵白の高さH(mm)と卵重W(g)から，HU＝100・log(H－1.7W^{0.37}＋7.6)の式で求められる。

*2　p.44参照。

表 8.21　熱凝固性と希釈性を利用した主な卵料理

鶏卵の状態		加熱方法	料理名	希釈割合 卵液：希釈液	添加材料の影響
希釈なし	殻つき	ゆで加熱	固ゆで卵		・ポーチドエッグのゆで水に食酢（3%）を添加してpH を低下させると，卵白たんぱく質の等電点に近づき，凝固が促進される。
			半熟卵		
			温泉卵		
			ポーチドエッグ		
	殻なし	揚げ加熱	揚げ卵		
		焼き加熱	目玉焼き		
希釈あり		焼き加熱	厚焼き卵	1：0.1～0.3	・食塩を添加すると，ナトリウムにより硬いゲルになる。
			オムレツ		
			スクランブルエッグ		・牛乳を添加すると，カルシウムにより硬いゲルになる。
		蒸し加熱	卵豆腐	1：1～1.5	
			カスタードプディング	1：2～3	・砂糖を添加すると，なめらかなゲルになる。
			茶わん蒸し	1：3～4	

よるものであり，保存により pH が上昇した卵白たんぱく質ほど硫化水素
が生じやすい。

焼き加熱料理　溶き卵に 10～30 ％のだし汁や牛乳を加えた希釈割合の低い
卵液は，焼き加熱する際の撹拌操作により，厚焼き卵，オムレツ，スクラ
ンブルエッグなど，さまざまな形状に凝固させることができる。

蒸し加熱料理　溶き卵を 2 倍以上に希釈した卵液は，型や器に入れて蒸し加
熱し，凝固させる。溶き卵を同量のだし汁で希釈した卵液を加熱凝固させ
た卵豆腐は，硬いゲルとなり型から出しても形を保っているが，希釈倍率
3～4 倍の卵液を加熱凝固させる茶わん蒸しは，やわらかくなめらかなゲ
ルとなり，器から出すことはできない。溶き卵を 2～3 倍の牛乳で希釈す
るカスタードプディングは牛乳中のカルシウムによって凝固が促進され，
型から出しても形を保っており，砂糖のはたらきによりなめらかな食感と
なる。卵液の加熱凝固ゲルの水分が蒸発し気泡となった状態を「すだち」
といい，見た目や食感が悪くなる。卵液の急激な温度上昇や過加熱が原因
であるため，希釈に用いるだし汁や牛乳を 60 ℃程度に温めて用いたり，
ふたをずらして蒸し器内の温度を 85～90 ℃に保つようにする。また，沸
騰させた蒸し器内で 3～5 分間加熱した後，消火して余熱で 5 分間程度加
熱する方法もある。

3）　起泡性

卵白，卵黄ともに撹拌すると泡沫を形成する。これはたんぱく質の変性に
伴うものであり，特に卵白たんぱく質の起泡性が高い。

卵液の粘性は起泡性ならびに起泡安定性に影響し，粘性が高いと起泡性は
低下するが泡沫安定性は高くなる。よって粘性の高い濃厚卵白の多い新鮮卵
は泡立てにくいが，泡の安定性は高い。砂糖を添加すると卵白の粘性が高ま
り，泡立てにくいが泡沫安定性は高まるため，砂糖はある程度泡立ててから

添加する。

　卵白のpHも起泡性に影響する。卵白にレモン汁を添加してpHを低下させると，卵白たんぱく質の等電点pH 4.8〜4.9に近づき，泡立ちやすくなる。卵白に少量の卵黄や油脂が混入すると起泡性が低下するため，泡立てに使用する器具はよく洗浄したものを用いる。卵の起泡性は**スポンジケーキ**[*]などの小麦粉の膨化調理やムースなどのデザートに利用されている。

4）乳化性（p.113 参照）

　卵白，卵黄ともに乳化性をもつが，卵黄のリポたんぱく質（LDL）の乳化性が高い。卵黄の乳化性を利用した調理がマヨネーズソースである。卵黄を少量の食酢で希釈し，撹拌しながらサラダ油を加えると，水中油滴型のエマルションを形成してサラダ油が分散し，粘性のあるマヨネーズソースとなる。

8.2.4　乳・乳製品

（1）乳・乳製品の種類と成分および構造

　乳・乳製品は，さまざまな料理や飲料として利用されている。乳を原料としてクリーム，チーズ，バター，ヨーグルトなどの加工品が作られている。

1）構　　造

　牛乳は，水中油滴型エマルション（p.113 参照）である。主要タンパク質カゼインとリン酸カルシウムで形成されたミセル（粒径0.03〜0.6μmのコロイド粒子）と，均質化処理により微細化された脂肪球（直径1μm以下）が水中に分散している。これらの粒子による光散乱のため，牛乳は白色を呈する。牛乳を遠心分離して得られるクリームも水中油滴型エマルションであり，クリームを激しく撹拌して練圧したバターは，相転換して油中水滴型エマルションになる。

2）成　　分

　牛乳および主要乳製品の成分を**表8.22**に示した。牛乳は約87％が水分であり，たんぱく質3.3％，脂質3.8％，炭水化物4.8％，灰分0.7％を含む。たんぱく質の約80％がカゼイン，約20％が乳清たんぱく質である。カゼインは熱に安定であるが，酸（等電点のpH 4.6）や凝乳酵素（キモシン）の作用で

表8.22　牛乳・乳製品の主要成分

（可食部100g あたり）

		エネルギー [kcal]	たんぱく質 [g]	脂質 [g]	炭水化物 [g]	灰分 [g]	水分 [g]	カルシウム [mg]
普通牛乳		61	3.3	3.8	4.8	0.7	87.4	110
クリーム類	乳脂肪	404	1.9	43.0	6.5	0.4	48.2	49
	植物性脂肪	353	1.3	39.5	3.3	0.4	55.5	50
有塩バター（無発酵）		700	0.6	81.0	0.2	2.0	16.2	15
プロセスチーズ		313	22.7	26.0	1.3	5.0	45.0	630
ヨーグルト（全脂無糖）		56	3.6	3.0	4.9	0.8	87.7	120

出所）文部科学省：日本食品標準成分表2020年版（八訂）を基に作成

*スポンジケーキ　作り方には，卵白と卵黄を別に泡立てる別立て法と，全卵を泡立てる共立て法がある。共立て法は別立て法に比べて泡立てにくいが泡沫安定性が高い。卵液を湯せんで30〜40℃に温めると粘性が低下して泡立てやすくなる。

沈殿して凝固物（カード）を形成する。この性質を利用してヨーグルトや**チーズ**[*1]が作られる。酸で沈殿しない乳清たんぱく質には，ラクトグロブリンやラクトアルブミン，ラクトフェリンなどが含まれ，65℃付近で凝固する。脂質の脂肪酸は不飽和脂肪酸が約30％と少なく，炭素数10以下の短鎖および中鎖脂肪酸の量が多い（10％）。炭水化物の99％以上が乳糖で，スクロースの1/6程度の穏やかな甘みを呈する。無機質はカルシウム，カリウム，リンが多く含まれ，カルシウムは吸収率が高いことが特徴である。

(2) 乳・乳製品の調理特性

牛乳

　牛乳は，料理の仕上がりの色（白く仕上げる，焼き色をつける），香り（生臭みを除く），テクスチャー（なめらかさの付与）に好ましい影響を与える（**表8.23**）。また，牛乳により，たんぱく質ゲル強度は増加し，じゃがいもの軟化は抑制される。一方，加熱による皮膜形成や風味変化，酸を含む食品による凝固といった好ましくない変化も起こるため，調理時には注意や工夫が必要になる。

クリーム[*2]

　クリームは，乳脂肪含有量から，ライトクリーム（約20％，コーヒー用）とヘビークリーム（約35〜50％，ホイップ用）に分けられる。ヘビークリームは，撹拌すると空気を抱き込む。撹拌を続けると気泡の周りの脂肪球が凝集して網目状の構造を作り（**図8.26**），可塑性をもつようになるので，洋菓子のデコレーションなどに用いられる。可塑性とは，外部から加えられた力により変形する性質である。泡立ての度合いは，**オーバーラン**[*3]で判定する。オーバーラン100は，体積が2倍に増加した状態を示す。低温で，ある程度泡立ててから砂糖を加えると，オーバーランが大きくなり安定性が高くなる。

表8.23　牛乳の調理特性と調理の注意・工夫点

	調理特性	調理例と調理時の注意・工夫点
白色の付与	カゼイン粒子や脂肪球の光散乱による。	ブラマンジェ[*4]，奶乳豆腐，ホワイトソース
焼き色の付与	乳糖とアミノ酸によるアミノ・カルボニル反応が起こる。	グラタン，ホットケーキ
脱臭効果（生臭み除去）	脂肪球やカゼイン粒子の吸着作用による。	魚のムニエル，レバー類の下処理
なめらかな食感の付与	脂質がエマルションで存在するため。	スープ，シチュー，クリーム煮
たんぱく質ゲル強度増加	カルシウム（Ca^{2+}）やその他の塩類の作用による。	カスタードプディング（p.105 参照）
じゃがいもの軟化抑制	カルシウム（Ca^{2+}）によるペクチンの溶出抑制作用による。	クリーム煮（p.85, 107 参照）
加熱による ・皮膜形成 　（ラムスデン現象） ・風味変化	乳清たんぱく質は60℃で変性し，65℃付近で皮膜を作り脂肪球を取り込んで浮く。70℃以上で加熱臭を生じる。	ホワイトソース，スープ　注意・工夫点：加熱調理では過加熱を避け，加熱中の撹拌や少量のバター添加により皮膜形成を抑制する。
酸凝固	有機酸によりカゼインが凝集し，なめらかな仕上りにならない。	チンゲンサイのクリーム煮，クラムチャウダー　注意・工夫点：有機酸を含む野菜は予め加熱して酸を揮発させる。ホワイトソースにして材料と牛乳を直接作用させない。

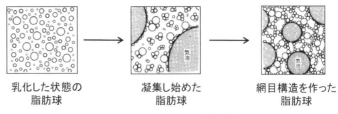

乳化した状態の 脂肪球	凝集し始めた 脂肪球	網目構造を作った 脂肪球

図 8.26　生クリームの泡立て操作

出所）河田昌子：お菓子「こつ」の科学，121，柴田書店（1987）

バター

　バターは，発酵バターと非発酵バター，有塩バターと無塩バターに分けられ，日本では非発酵の有塩バターが多用される。バターは温度により硬さが変わり，軟らかくしたバターは可塑性が高くなる。これを撹拌したときに空気を抱き込む性質をクリーミング性[*1]と呼び，バターケーキの膨化やバタークリームに応用される。また，グルテン形成を阻害し，クッキーやビスケットの食感をもろく砕けやすくする性質(ショートニング性)がある。

*1　可塑性，クリーミング性，ショートニング性については p.112参照。

8.3 　成分抽出素材

8.3.1 　でんぷん

(1) でんぷんの種類と成分

　でんぷんは植物の貯蔵器官である根・茎・種子などに蓄えられている貯蔵多糖類である。でんぷんは粒子で存在し，沈殿しやすい性質を利用して穀類やいも類などから抽出分離される成分抽出素材の代表的なものである。食品として利用されているものは，とうもろこしでんぷん[*2](とうもろこし)，小麦で

*2　とうもろこしでんぷん　コーンスターチともいう。

表 8.24　各種でんぷんの特性と主な使途

種類	分類	種実（地上）でんぷん 穀類			根茎（地下）でんぷん いも類		
	原料	とうもろこし	小麦粉	うるち米	じゃがいも	さつまいも	キャッサバ
	でんぷん	とうもろこしでんぷん	小麦でんぷん	米でんぷん	じゃがいもでんぷん	さつまいもでんぷん	キャッサバでんぷん
形状	粒形	多面形	比較的球形	多面形	卵形	球形・楕円形	球形
	平均粒径 （μm）	16	20	5	50	18	17
成分	アミロース含量 （%）	25	30	17	25	19	17
物性	糊化温度（℃） ＊6%糊	86.2	87.3	67.0	64.5	72.5	69.6
	ゲルの状態	もろく硬い	もろく軟らかい	もろく硬い	強い粘着性	強い粘着性	強い粘着性
	透明度	不透明	やや不透明	やや不透明	透明	透明	透明
	おもな使途	糖化原料	練り製品，菓子	打ち粉	透明	わらび餅	タピオカパール
	備考・他の使途		医薬，繊維工業	化粧品，工業用	かたくり粉として広く利用	わらび粉として利用されること有	

資料）渋井祥子ほか編：ネオエスカ　調理学（第2版），142，同文書院（2012）；久木久美子ほか：調理学，127，化学同人（2016）より作成

んぷん（小麦），米でんぷん（米），緑豆でんぷん（緑豆），じゃがいもでんぷん（じゃがいも），さつまいもでんぷん（さつまいも），キャッサバでんぷん（キャッサバ），くずでんぷん，（くずの宿根），かたくり粉（かたくりの根茎），わらび粉（わらびの根茎），サゴでんぷん（サゴヤシの樹幹）などがある。でんぷんを加工した食品としては，はるさめ，くずきり，タピオカパールなどがある。表8.24に各種でんぷんの特性と主な使途について示す。

(2) でんぷんの調理特性

調理材料としてでんぷんを使用する場合，粉末のままと糊化させて利用する場合がある。糊化したでんぷんを放置すると，水が放出され白濁し生でんぷんに似た構造となる。これをでんぷんの老化[*2]と言い，一般的に好まれない品質となることが多い。でんぷんの老化は，でんぷん濃度が低い，低温（0〜5℃）での保存，水分含量が30〜60%，アミロース含量が多い場合などで起こりやすい。でんぷんには，次のような調理特性がある。

1) 吸水性，粘着性（つなぎ）

粉末としてのでんぷんは，水に不溶であり吸湿性もあることから，から揚げや竜田揚げのように，水気が多く表面が軟らかい食品を揚げる場合，でんぷんをまぶすことで表面の水分を吸収しうま味成分の損失を防ぐことができる。食品のつなぎとしては，肉団子やかまぼこなどに使われる。また，もち（餅）の打ち粉としてつかわれるのは食品同士の付着防止のためである。

2) 粘稠性（ねんちゅう）

低い濃度で糊化したでんぷん糊液は粘稠性があり，料理に流動性のあるゾル状のとろみをつけることができる。汁物に薄い濃度でとろみをつけると口当たりがなめらかになり，保温作用が高まる。また，あんかけや炒め物では糊化されたでんぷんの粘性により，調味料や具の分散がよくなり，全体に味をからめることができる。かきたま汁をつくる場合，でんぷんを糊化させてとろみをつけた汁に卵液を流し込むことで，具が沈まず分散した美しい汁ができる。

3) ゲル化性（粘弾性）

高い濃度で糊化したでんぷん糊液を冷却すると一定の形を保つゲルを形成する。このゲル化を利用した料理に，くずまんじゅうやブラマンジェ[*3]，ごま豆腐[*4]などがある。

4) 添加する食品の影響

でんぷん糊液の粘度やゲルのかたさは，添加する調味料や食品により次のような影響を受ける。

砂糖　でんぷん糊液の粘度や透明度が増加する。ゲルの離水を防ぎ老化しにくくするが，多量の砂糖添加ではでんぷんの糊化に必要な水分が不足する

*1　糊化については，第5章pp.42-43参照。でんぷんを糊化させて使用する場合，全体が一様に糊化することが望まれるため，でんぷんに水を加えて加熱前によく撹拌し，ムラのない状態で使用する。

*2　糊化でんぷんを80℃以上の高温，または0℃以下で急速に乾燥させると，老化を防止することができる。これを利用した加工品としてせんべいなどがある。

*3　ブラマンジェ　p.107参照

*4　ごま豆腐　精進料理の1つ。おもにくずてんぷんが使われる。高濃度のでんぷん液にすりごまを加え，火にかけてよく練り，型に流し入れて冷やし固めたゲル。割りじょうゆやわさびを添える。ごま豆腐がもつ特有の粘着力ある滑らかな舌触りを出すためには，よく練ることが大切となる。

ため糊化が妨げられ粘度が低下する。

食塩 じゃがいもでんぷんの糊化を抑制して粘度を低下させる。小麦でんぷんの場合には粘度が増す。でんぷん糊液が食塩から受ける影響はでんぷんの種類により異なる。

食酢 pH 3.5以下になると酸により加水分解が起こり，アミロースやアミロペクチンが分解され，じゃがいもでんぷん糊液の粘度が低下する。したがって，食酢や果汁を加える場合には，でんぷんが糊化した後に添加するなどの工夫が必要である。

油脂 でんぷん粒が水と接触するのを妨げるため，でんぷんの膨潤糊化を抑制し，糊化開始温度を高める。また加熱撹拌による**ブレークダウン**[*1]が阻止されるために安定した粘度がえられる。このことから，じゃがいもでんぷん糊液では粘度が高くなり，溜菜(りゅうつぁい)(p.133参照)のように油が共存する調理では粘度低下が抑制される。

牛乳 じゃがいもでんぷんやとうもろこしでんぷんは軟らかい糊液になる。またじゃがいもでんぷんでは，糊化開始温度が高くなる。

5) 化（加）工でんぷん

天然でんぷんを利用目的に合うように，化学的，物理的，酵素的に処理を行ったもので α 化でんぷんなどがある。α 化でんぷんは，でんぷんと水を加熱して糊化させ，急速に脱水・乾燥させて粉末状にしたものである。冷水にもよく溶けて糊状となることから，加熱処理なしでとろみをつけることができ，応用範囲の広いでんぷんである。

6) デキストリン

デキストリンは，でんぷんに水を加えずに加熱(120~180℃)した際に生成されるでんぷん分子が切断されたものである。でんぷんの加水分解生成物であるデキストリンは可溶性であるが，でんぷんが低分子化されているため粘度は低下する。調理への応用例としては，バターと小麦粉を加熱撹拌して作るルウがある。でんぷんの加水分解の程度を表す指標として**DE値**[*2](Dextrose Equivalent)が国際的に利用されている。

8.3.2 油脂類

(1) 油脂類の種類と成分

食用油脂は，常温で液状の油(oil)と固体の脂(fat)があり，天然の動物や植物から抽出・精製されて用いられる。さらに，原料油脂に水素添加やエステル化などの加工を行った加工油脂もある。食用油脂の種類を**表8.25**に示す。天然油脂の多くは3つの脂肪酸とグリセロールがエステル結合したトリグリセリド(中性脂肪)からなる。それぞれの油脂を構成する脂肪酸組成が異なる

*1 **ブレークダウン** でんぷん懸濁液を加熱するとでんぷん粒が膨潤し，糊化開始温度で粘度上昇が始まり，その粘度ピークは最高粘度といわれる。さらに加熱を続けるとでんぷん粒の崩壊が起こり，糊化液の粘度が低下する。この現象をブレークダウンという。ブレークダウンの程度は，加熱温度や水分，でんぷん粒の大きさや粘性などで変化する。

*2 **DE値** DE値が100に近いほどグルコースの状態に近く，DE値が0に近いほど加水分解が進んでいないでんぷんの状態に近い。DE値20以上を水あめ，DE値20以下をマルトデキストリンとしている。水あめは古くから利用されてきた甘味料であり，粉末化したものが粉あめである。

表 8.25　食用油脂の種類

分類	種類	用いられる油脂
動物油脂	動物油（魚油）	いわし油，まぐろ油
	動物脂（獣鳥類）	ラード（豚脂），ヘット（牛脂），鶏油（脂），乳脂肪，バター，羊脂
植物油脂	植物油	大豆油，とうもろこし油，オリーブ油，ごま油，なたね油，らっかせい油 サフラワー（紅花）油，ひまわり油，米ぬか油，綿実油，小麦胚芽油
	植物脂	やし油，パーム油，カカオ脂
加工油脂	植物性（脂）	ショートニング，マーガリン，カカオ脂代用脂
	植物性（油）	MCT（中鎖脂肪酸トリグリセリド），保健機能食用油

出所）中嶋加代子編：調理学の基本（第4版），103，同文書院（2019）一部改変

表 8.26　おもな油脂の脂肪酸組成（脂肪酸総量 100g 当たりの各脂肪酸の割合）

油脂	飽和脂肪酸（%）			不飽和脂肪酸（%）		
	ミリスチン酸 （14：0）	パルミチン酸 （16：0）	ステアリン酸 （18：0）	オレイン酸 （18：1）	リノール酸 （18：2）	リノレン酸 （18：3）
大豆油	0.1	10.6	4.3	23.5	53.5	6.6
とうもろこし油	0	11.3	2.0	29.8	54.9	0.8
なたね油	0.1	4.3	2.0	62.7	19.9	8.1
オリーブ油	0	10.4	3.1	77.3	7.0	0.6
ごま油	0	9.4	5.8	39.8	43.6	0.3
牛脂	2.5	26.1	15.7	45.5	3.7	0.2
ラード	1.7	25.1	14.4	43.2	9.6	0.5
バター	11.7	31.8	10.8	22.2	2.4	0.4
ショートニング	2.1	32.8	8.8	37.6	11.3	1.1
マーガリン	2.3	15.1	6.4	51.6	15.7	1.6

出所）文部科学省：日本食品標準成分表2020年版（八訂）脂肪酸成分表編

ことから，その違いが油脂の性状に大きく関係している。一般に二重結合をもつ不飽和脂肪酸が多いものは液体に，二重結合をもたない飽和脂肪酸が多いものは固体になりやすい。しかし，やし油やパーム油は植物性であるが飽和脂肪酸が多く常温で固体，魚油は不飽和脂肪酸が多く常温で液体である。油脂の脂肪酸組成を表8.26に示した。

　油脂のエネルギーは約 9 kcal/g と炭水化物やたんぱく質（約 4 kcal/g）に比べて高く，効率的なエネルギー源であり，食物から摂取する必要のある体内で合成されない必須脂肪酸の給源としても重要である。また，n-6 系（リノール酸，アラキドン酸）や n-3 系（α-リノレン酸，IPA，DHA）の多価不飽和脂肪酸による疾病予防の効果が明らかにされてきていることから，その摂取バランスも重要である。

(2) 油脂類の調理特性

1) 油脂味の付与

　揚げ物，炒め物，焼き物など油脂を調理に利用することにより，高温で加

熱することができ，食品に特有のまろやかな風味となめらかな食感を与える。バターやオリーブ油，ごま油などは特有の芳香をもち，料理に特徴的な香りを与える。油に香辛料を漬け込むことで，香味を付加した油となり，これをドレッシングなどに利用することができる。

2） 高温調理の熱媒体

油脂の比熱は水の約 1/2 であり（p.68 参照），同じ火力で熱すると水の 2 倍の速さで速度が上昇することから，短時間で高温になる。また，油脂を熱媒体とすることで 100 ℃ 以上での加熱が可能となる。天ぷらやフライなどの揚げ物は 160～190 ℃ の油中で全面から急速に加熱されるため，短時間で加熱できる。

3） 疎水性

油脂は水となじみにくいという疎水性があることから，ゆでたパスタに油をからめることでパスタどうしの付着を防止したり，サンドイッチのパンにバターやマーガリンをぬることで，材料から出る水分がパンにしみこむことを防ぐことができる。また，ケーキ型，プリン型，焼き網，天板，フライパンなどの容器や調理器具に油をぬることで，食品と容器類との付着を防ぐこともできる。

4） 可塑性

固形油脂は，外から加えられた力でも変形し，そのままの形を保つことができ，かつ自由に形を変えることもできる。この性質を可塑性という。バターの可塑性を生かして，小麦粉生地の中に油脂を織り込み，折り込みパイやクロワッサン，デニッシュなどがつくられる。

5） クリーミング性

バター，マーガリン，ラードなどの油脂を撹拌すると細かい空気の泡を取り込み，なめらかなクリーム状になる。このような性質をクリーミング性という。抱き込んだ気泡により容積が増すだけではなく，軽い口当たりになるなど食味やテクスチャーに影響を与える。バターケーキ，アイスクリーム，ホイップクリームなどはこの性質を利用してつくられる。

6） ショートニング性

小麦粉生地に練りこんだ油脂は，製品にサクサクとしたもろさや砕けやすい特性（ショートネス）を与える。この性質をショートニング性という。疎水性のある油脂が小麦粉中のでんぷんやたんぱく質に付着して防水し，でんぷんの糊化やグルテンの網目形成を妨げることで小麦粉生地の粘性が弱まるためである。クッキーやクラッカー，パイなどのサクサクとした食感はこの性質を利用している。

7）乳化性

　酢と油を混ぜてつくるフレンチド
レッシングは，合わせて静置すると
水の層と油の層に分離してしまう。
このように水と油は本来混じり合わ
ないものであるが，乳化剤が存在す
ることで水滴または油滴となって混
じり合った状態（エマルション）をつく
ることができる。これを乳化という。
乳化剤は，その分子内に水に溶ける

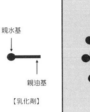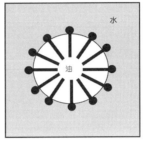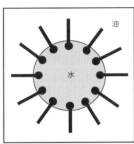

図 8.27　エマルション（乳濁液）の模式図
出所）中嶋加代子編：調理学の基本（第四版），105，同文書院（2019）を基に作成

親水基と油に溶ける親油基があり，その親水性と親油性が適当なバランスを
もち，水と油の界面に吸着されてその界面張力を低下させて分散を助けてい
る。

　バターやマーガリンは油相の中に水滴が分散している油中水滴型（W/O）エ
マルションであり，マヨネーズや牛乳，生クリームは水相の中に油滴が微粒
子として分散している状態の水中油滴型（O/W）エマルションである。**図 8.27**
にエマルション（乳濁液）の模式図を示す。マヨネーズは卵黄を乳化剤として，
食酢（水）と油の O/W 型エマルションに食塩，香辛料を加えて味を調製した
ものである。**多相エマルション**[*]として，W/O/W 型，O/W/O 型がある。

（3）油脂の劣化

　油脂は加熱調理や直射日光，長期保存などにより酸化されやすく，酸化さ
れた油脂は粘性や泡立ちが増加し油切れの悪さにつながり，着色，不快な臭
いや不味を引き起こす。酸化は温度が高いと速く進み，光や金属によっても
促進される。酸化は二重結合の隣接位置で起こりやすいことから二重結合の
多い不飽和脂肪酸は劣化しやすい。

　空気中の酸素により酸化された不飽和脂肪酸は過酸化物を生成するが，こ
の酸化は自動的に反応が進行するため自動酸化とよばれる。また，加熱によ
る酸化は熱酸化とよばれ，過酸化物の生成後ただちに重合や分解が起こり油
脂が劣化する。酸化を防ぐためには，過剰な加熱を避け，保存の際には冷暗

［＊多相エマルション　エマルショ
ンの分散相中に，さらに別の相
が分散した多層構造を有するエ
マルション。W/O 型エマルシ
ョンが液滴として水に分散した
W/O/W 型，油相中に O/W 型
が分散した O/W/O 型がある。
W/O 型，O/W 型にはない性質
や特性が期待されている。

所にて遮光できる容器を用いて空気との接触をできるだけ避けることが大切である。また酸化防止剤としてビタミンEが用いられている油脂製品もある。

8.3.3 ゲル化剤

＊コロイド　直径1〜100nmの小さな粒子のことであり，コロイド粒子は溶液の中で浮遊し，安定した分散状態を示す。一般的に食品は多くの成分から成り立っているコロイドである。流動性のあるコロイドを「ゾル」と言い，多量の溶液を包含した状態で流動性を失い固体のような状態のものを「ゲル」という。

ゲル化剤は液体に添加することにより**コロイド**[*]として分散し，食品の粘度を高めたり，固めたりすることに利用される。ゲルは弱い非共有結合により三次元の網目構造を形成し，水分を包含している。これを加熱すると結合が切れ，再びゾルに戻る熱可逆性を示す。ゲル化剤の種類によりゲルの調製法やその特徴が異なるため，目的に応じて使い分ける（**表 8.27**）。

（1）寒天の調理特性

寒天は，紅藻類のてんぐさ，おごのりなどを原料として熱水抽出された多

表 8.27　主なゲル化剤の種類と調理特性

	動物性	植物性		
	ゼラチン	寒天	カラギーナン（κ，ι，λ）	ペクチン	
				HMペクチン	LMペクチン
原料	牛，豚などの骨や皮	てんぐさ，おごのりなどの紅藻類	すぎのり，つのまたなどの紅藻類	かんきつ類などの果実や野菜	
主成分	たんぱく質（誘導たんぱく質）	多糖類アガロース（70%），アガロペクチン（30%）	多糖類（ガラクトース）	多糖類（ガラクチュロン酸，ガラクチュロン酸メチルエステル）	
製品の形状	板状，粉状，顆粒状	棒状，糸状，粉状	粉状	粉状	
溶解の下準備	吸水膨潤※顆粒状は吸水の必要なし	吸水膨潤※粉状は膨潤させずに使用可	砂糖とよく混合しておく	砂糖とよく混合しておく	
溶解温度	40〜50℃	90℃以上	90℃以上	90℃以上	
適した濃度	2〜4%	0.5〜1.5%	0.3〜1.0%	0.3〜1.0%	
凝固温度	要冷蔵	常温で固まる	常温で固まる	常温で固まる	
その他（凝固の条件）	たんぱく質分解酵素を含まないものあるいは酵素を失活したもの。	酸の強いものを添加後再加熱しない，混合時の温度は60℃にする。	種類によっては，カリウム，カルシウムイオン	糖濃度65度以上pH3.5以下	カルシウム，マグネシウムイオン（1.5〜3.0%）
融解温度	25℃以上	80℃以上	60℃以上	60〜80℃	30〜40℃
ゲルの物性（口当り）	軟らかく独特の粘りをもつ。口の中で溶ける。	粘りがなく，かたく，もろいゲル。ツルンとした喉ごしをもつ。	やや軟らかく，やや粘弾性をもつゲル	かなり弾力のあるゲル	やや軟らかいゲル
保水性	高い	離水しやすい	やや離水する	最適条件から外れると離水する	
熱安定性	弱い（夏期には崩れやすい）	室温では安定	室温では安定	室温では安定	
冷凍耐性	冷凍できない	冷凍できない	冷凍保存できる	冷凍保存できる	
消化吸収	消化吸収される	消化されない	消化されない	消化されない	
栄養価	約3.5kcal/gトリプトファンを含まないためアミノ酸価はゼロ	ほとんどなし	なし	なし	

出所）吉田惠子，綾部園子編著：調理の科学，198，理工図書（2012）に一部加筆

糖類である。主成分はアガロース(70 %)とアガロペクチン(30 %)であり，食物繊維としての生理作用を有し，低エネルギー食品として知られている。

1) 膨潤・溶解

主に市販されるのは粉寒天で，膨潤させずに90 ℃以上で溶解させることができる。糸・棒寒天は水に浸漬させて膨潤させてから使用する。使用濃度は棒寒天で0.5〜1.5 %で，ゲル強度は，棒寒天に対して，糸寒天では0.8〜0.9 %，粉寒天では0.5 %の割合で同程度となる。

2) 凝固*・融解

凝固温度は約40 ℃であり室温でも凝固するが，寒天の種類や濃度，添加する調味料などにより影響を受ける。再度80 ℃以上に加熱すると融解する。寒天ゲルを放置するとゲルの網目構造が徐々に収縮し，離水(離漿)が起こる。

3) 添加物の影響

砂糖の添加量が増えると寒天ゲルは凝固しやすく融解しにくくなる。また，ゲルは硬くなり，透明度も増し，離漿量も減る。酸を加えて寒天を加熱すると軟らかいゲルとなり，pH 3以下になるとゲルは形成されにくくなる。果汁かんを作る場合には，寒天溶液の温度が60 ℃以下になってから果汁を加えると，ゲル強度の低下を防ぎ，果汁の風味が生かされる。牛乳かんでは牛乳の脂肪，たんぱく質によりゲルが軟らかく仕上がる。

(2) ゼラチンの調理特性

熱水中で動物の皮や骨などに含まれるコラーゲンを変性させることにより，可溶化させた誘導たんぱく質がゼラチンである。

1) 膨潤・溶解

使用濃度は寒天より多く2〜4 %である。板，粒状ゼラチンは10倍程度の水を加えて予め膨潤させ40〜50 ℃で溶解する。これ以上の温度で加熱し続けると，ゼラチンが低分子化してゲル形成力が失われるため，湯せんや加熱後の余熱を利用して溶解させる。市販品として流通量の多い顆粒ゼラチンは，予備浸漬(吸水)不要で，60 ℃の湯に直接振り入れ溶解させることができる。

2) 凝固・融解

ゼラチンは10 ℃以下に冷却すると凝固する。冷却時間が長く，冷却温度が低いほどゲル強度は高くなる。ゼラチンゼリーの融解温度は約25 ℃であるので口中で容易に溶けるが，食べる直前まで冷蔵する必要がある。

3) 添加物の影響

砂糖の添加は，ゲルの凝固温度，硬さ・弾力性を高め，融解しにくくなる。酸の添加によりゼラチンの等電点(pH 4.7)付近になると，硬いゲルとなるが，等電点から離れるとゲル強度は低下する。また，たんぱく質分解酵素を含む果物や果汁を生のまま加えると，ゼラチン分子が加水分解してゲルは形成さ

*コロイド食品のゲル形成
寒天：比重が軽い起泡卵白を加えるあわ雪かんや，比重の重いあんを混ぜる水ようかんは，凝固温度付近で寒天液と合わせて型に流し入れ，急冷することで均一に凝固させることができる。
ゼラチン：ババロアを作る場合，ゼラチン溶液(牛乳・卵・砂糖を配合)よりも比重が軽い起泡クリームを均一に分散し固めなくてはならない。ゼラチン溶液の粘稠性が増す25℃付近まで冷却してから，起泡クリームを加えて型に流して冷やすと分離しない。

＊ペクチンゲルについては, p.92 を参照。

れない。予め果汁を加熱して酵素を失活させるか, 缶詰を用いるとよい。

(3) その他のゲル化剤＊

1) カラギーナン

すぎのり, つのまたなどの紅藻類から熱水抽出される多糖類で, ガラクトースを主成分とするガラクタンの一種である。カラギーナンは κ-, ι-, λ- の3種に区別され, κ-, ι- はゲル化剤, λ- は増粘剤として加工食品に利用されている。カラギーナンゲルは寒天に比べて透明で離漿が少なく, 融解温度も低いので口当たりがなめらかである。

2) グルコマンナン

こんにゃくいもに含まれる難消化性多糖類のグルコマンナンは, アルカリ性塩類(水酸化カルシウム)を添加して加熱すると凝固する。寒天, ゼラチン, カラギーナンと異なり熱不可逆性ゲルであり, 耐熱性があるので煮物などに用いられる。さまざまな形状や色のこんにゃくとして市販されるほか, 他のゲル化剤と混合し, ゼリーや飲料に利用されている。

8.3.4 その他の成分抽出素材

(1) 大豆たんぱく質

大豆油を抽出した後の脱脂大豆を原料として製造され, 形状は粉末, 粒, 繊維状がある。たんぱく質含量の多い粉末状の分離大豆たんぱく質は, ゲル化性を生かして, ハムやソーセージなどの食感の改善に利用される。その他, 乳化性, 粘稠性, 親油性, 保水性を利用して幅広い加工品に添加される。近年では大豆ミート(代替肉)の素材として利用されるほか, 加工食品の健康機能性向上を目的に添加される場合もある。

(2) 小麦たんぱく質

小麦粉より分離したグルテン製品である小麦たんぱく質には, 粉末, 粒・ペースト状がある。これらは製パン時の膨化性を高め老化を抑制し, 製めんにおいては食感改良剤となる。水産, 畜産ねり製品の弾力性・保水性を高めるためにも添加される。また, 伝統食品である生麩・焼き麩・飾り麩の製造に利用されている。

(3) 乳清 (ホエー) たんぱく質

乳清たんぱく質は, チーズ製造の副産物である乳清(ホエー)から製造される。アミノ酸組成が良好であり, 生理機能性成分を豊富に含むことから乳児用粉ミルク, たんぱく質強化飲料の原料として用いられている。風味や物性の改良剤の他, 加熱ゲル化性を製品に付与するなど, 多様な目的で加工食品に添加される。

8.4 嗜好飲料

8.4.1 茶

生の茶葉に含まれる酸化酵素による発酵の程度により，不発酵茶の緑茶，半発酵茶のウーロン茶，発酵茶の紅茶に分類される。茶にはカテキン，タンニン(渋味)，カフェイン(苦味)，テアニン(うま味)が含まれている。

(1) 緑茶

玉露は湯温を 50〜60 ℃の低温にし，タンニンの浸出を抑えながらテアニンなどのうま味成分を浸出させる。煎茶は 75〜80 ℃の湯を用いるが，香りを引き出す場合には高め，甘味やうま味を引き出すにはやや低めの湯温にする。番茶は香りを楽しむために熱湯で抽出する。抹茶は玉露の粉末である。

(2) ウーロン茶

一般的に沸騰したての熱湯を注ぎ 1 分おいて浸出させる。四煎目まで賞味できるが，煎出回数が増すごとに蒸らし時間を長くするとよい。

(3) 紅茶

紅茶浸出液特有の色はテアフラビン(赤色系)，テアルビジン(橙褐色系)である。沸騰した湯を用い保温しながら 3〜4 分おいて浸出させる。タンニンが多い茶葉を用いると，温度低下により**クリームダウン**[*]を起こしやすい。紅茶にレモンを入れると酸性になり，テアフラビンが退色して色が薄くなる。

*クリームダウン　紅茶浸出液が温度の低下と共に液が混濁してくる現象をいう。液中に含まれる紅茶ポリフェノールとカフェインまたは無機質が複合体を形成することなど，クリームダウンにはさまざまな要因が関与している。

8.4.2 コーヒー

コーヒー生豆を焙煎すると香ばしい香気成分カフェオールが生じ，これを粉砕した粉に湯を注いで浸出させる。特有の苦味成分はカフェインとクロロゲン酸であり，焙煎や抽出条件により色や味が異なる。コーヒー浸出液を乾燥して粉末化したものがインスタントコーヒーである。

8.4.3 清涼飲料水

清涼飲料水はアルコールを含まない(1%未満)飲料および水のことであり，果汁飲料，炭酸飲料，スポーツ飲料，ミネラルウォーターなどがある。

8.4.4 アルコール類

(1) 醸造酒 (ワイン・ビール・清酒)

穀物や果実を酵母によってアルコール発酵させて造った酒のことである。

(2) 蒸溜酒 (ウィスキー・ブランデー)

大麦，ぶどう，さとうきびなどを発酵させた醸造酒を，さらに蒸溜してアルコール度数を高めた酒が蒸留酒である。

(3) 混成酒（リキュールなど）

混成酒は醸造酒や蒸溜酒に香料，着色料，調味料を加えたものをいう。

8.5 調味料

8.5.1 食　塩

(1) 食塩の種類と成分

食塩の原料には海水や岩塩があるが，海水濃縮による製塩はイオン膜・立釜法の開発により，簡便に短時間で海水から大量の食塩をつくることができるようになった。食塩は，塩化ナトリウム(NaCl)を主成分とし，塩味の調味料として，調理には欠かすことができないものである。特にナトリウムはカリウムとともに細胞内の浸透圧維持や水分代謝に関与し，生体の恒常性維持には不可欠である。人間の味覚が好ましいと感じる塩味濃度は，人間の体液の浸透圧に等しい生理食塩水の濃度(約0.9 %)にほぼ近いことから，汁物の塩分濃度はこの付近で調味することが多い。また，過剰摂取による疾病予防の観点からも適度な使用が必要な調味料である。

(2) 食塩の調理特性

塩味の付与以外の調理特性を**表8.28**に示す。対比効果や抑制効果，脱水と浸透，防腐作用，酵素活性の抑制，たんぱく質に対する作用などがある。

表 8.28　食塩の調理特性

食塩の調理特性	内容
塩味の付与	・分子量が小さく食品への味の浸透が速い ・一般的な食塩濃度：汁物 0.6 ～ 0.8％，煮物 1 ～ 1.2％
対比効果，抑制効果	・対比効果：少量の添加により甘味が引き立ち強く感じる ・抑制効果：食酢の酸味をやわらげる
脱水と浸透	・野菜にふった食塩の浸透圧作用により細胞内の水分が脱水され塩味が浸透 ・魚にふった食塩により脱水し生臭みがとれて調味される
防腐作用	・食塩の濃度が高くなると水分活性が低下し微生物の繁殖が抑制される
酵素活性の抑制	・ポリフェノールオキシダーゼ（酸化酵素）による褐変を阻害（りんごを塩水に浸漬）
たんぱく質に対する作用	・卵液の熱凝固促進（ゆで卵や茶わん蒸し） ・肉たんぱく質の溶解（かまぼこやすりみ） ・小麦粉のグルテン形成促進（麺やパン，餃子の皮）

8.5.2 甘味料

(1) 甘味料の種類と成分

甘味料の中心は砂糖であるが，代替品としてさまざまな甘味料が開発されて多くの食品に使用されている。甘味料は化学的特性から糖質系甘味料と非糖質系甘味料に分類される(**表8.29**)。これらの甘味料は低エネルギーで，低う蝕性や腸内環境の改善などの機能をもつものもある。砂糖は，甘味をつけ

る調味料として一般的なものであり，甘蔗（さとうきび），ビート（てんさいまたはさとうだいこん）などを原料にして，その抽出液を精製してつくったスクロースの結晶である。調理で用いられる砂糖の種類を表 8.30 に示す。

(2) 砂糖の調理特性

甘味を付与する以外にも，表 8.31 に示す調理特性がある。砂糖の調理特性の 1 つである加熱による変化について，砂糖溶液の温度による変化を表 8.32 に示す。砂糖のこれらの性質を利用して，シロップ，フォンダン，カラメルなど，さまざまな調理に利用されている。

表 8.29　おもな甘味料の種類

分類		一般名	甘味度	原料
糖質系甘味料	砂糖	砂糖（スクロース）	1	甘しょ
	でんぷん由来の糖	グルコース	0.6 ～ 0.8	でんぷん
		フルクトース	1.2 ～ 1.7	グルコース，砂糖
		マルトース	0.3 ～ 0.4	でんぷん
		異性化液糖	1 ～ 1.2	でんぷん
		水あめ	0.3	でんぷん
	オリゴ糖類	トレハロース	0.45	でんぷん
		パラチノース	0.2 ～ 0.25	乳糖
		フルクトオリゴ糖	0.5	砂糖
	糖アルコール類	エリスリトール	0.8	グルコース
		キシリトール	1	キシラン
		ソルビトール	0.5 ～ 0.7	グルコース
		マルチトール	0.8 ～ 0.9	麦芽糖
非糖質系甘味料	天然	ステビア	200	キク科植物の葉
		グリチルリチン	100 ～ 200	甘草の根
	人工	サッカリン	500	＊化学合成品
		アスパルテーム	200	アミノ酸
		アセスルファム K	200	酢酸由来
		スクラロース	600	砂糖

資料）渋井祥子ほか編：ネオエスカ　調理学（第二版），159，同文書院（2012）
　　　杉田浩一ほか編：新版　日本食品大事典，194，医歯薬出版（2017）を基に作成

表 8.30　砂糖の種類

種類		
含蜜糖	黒砂糖	
	和三盆	
	カエデ糖	
砂糖（分蜜糖）	さらめ糖	白ざら糖
		中ざら糖
		グラニュー糖
	車糖	上白糖
		中白糖
		三温糖
	加工糖	角砂糖
		氷砂糖
		粉砂糖

出所）大谷貴美子ほか編：栄養科学シリーズ　基礎調理学，127，講談社（2017），杉田浩一ほか編：新版　日本食品大事典，333，医歯薬出版（2017）を基に作成

表 8.31　砂糖の調理特性

砂糖の調理特性	内容	調理例
甘味の付与	・スクロースはグルコースとフルクトースの二糖類である ・さわやかな甘味が特徴	
防腐・脂質酸化作用	・微生物の繁殖に必要な水分（自由水）を吸収する ・共存する油脂の酸化を防ぐ	果実の砂糖漬けやジャム クッキー
保水作用	・でんぷんの老化を防止する（砂糖を添加したもち生地は硬くなりにくい） ・ゼリーからの離水（離漿）を防ぐ	寒天ゼリー
たんぱく質変性の抑制効果	・熱変性を抑制し，ゲルを軟らかく仕上げる ・卵白泡の安定性を高める	プディング，卵焼き メレンゲ
物性への作用	・ペクチンのゲル化を促す ・ゼリーのゲル強度を高める ・グルテン形成を抑制し，サクサクとしたもろさをだす	ジャム 寒天・ゼラチンゼリー クッキー
酵母の栄養源	・酵母の栄養源となり二酸化炭素の生成を促す	パン
加熱による変化	・アミノ・カルボニル反応を促進し，焼き色と芳香をだす ・砂糖溶液の温度により状態が変化する（表 8.32）	クッキー，ケーキ シロップ，カラメルソース

資料）中嶋加代子編：調理学の基本（第 4 版），135，同文書院（2019）一部改変

表 8.32 砂糖溶液の温度による変化

温度（℃）	用途	作り方・備考
102 ～ 103	シロップ	砂糖濃度 50 ～ 60 ％に仕上げると冷却しても結晶化しない
106 ～ 107	フォンダン	加熱後冷却してスクロースの過飽和液から，スクロースを再結晶させたもの
115 ～ 120	砂糖衣	材料をいれて火を止め，手早く撹拌して結晶を材料のまわりにつける
140 ～ 160	銀絲，金絲	温度により透明な糸と金色の糸ができる 140 ～ 160 ℃まで煮詰めた液に材料を入れて温度が下がり，80 ～ 100 ℃になると糸をひく 食酢を加えることでスクロースの一部が転化糖になり結晶化が防げる
160 ～ 170	べっこう飴	色づいた液を流して固める
170 ～ 180	カラメル	茶褐色になるまで煮詰めて湯を加えて仕上げ，ソースや着色料として用いる

資料）渋井祥子ほか編：ネオエスカ 調理学（第 2 版），160，同文書院（2012）；山崎清子ほか：NEW 調理と理論，178，同文書院（2016）；河村フジ子：系統的調理学，92，家政教育社（1994）より作成

8.5.3 しょうゆ

　しょうゆは，蒸した大豆（脱脂加工大豆を含む）に炒って砕いた小麦を混合してつくったこうじに食塩水を加えて発酵・熟成させてつくる日本の伝統的な液体調味料の醸造品である。しょうゆの原形は中国大陸から伝来し，初めは醤（ひしお）と呼ばれる半固形のものであったが，その後，たれ汁を分離して液体調味料として使用する現在のしょうゆに発展したとされる。醤（ひしお）はもともと，東南アジアなどの発酵食品に起源があるといわれ，その原料も穀類や豆類だけでなく，肉や魚，野菜などさまざまであった。現在でも魚醤は東南アジアの基本調味料であり，日本でも秋田のしょっつるや能登のいしるなどは魚醤の名残だといえる。

　日本農林規格(JAS)では，こいくち，うすくち，たまり，さいしこみ，しろしょうゆの 5 つに分類されている。このうち，こいくちしょうゆが一般的であり，消費量の 80 ％を占めている。うすくちしょうゆの消費量は約 15 ％で，主に関西地方で使われている。

　しょうゆの呈味はおもに塩味であり，食塩濃度はこいくちしょうゆ 14.5 ％，うすくちしょうゆ 16 ％である。酸味やうま味，豊かな香りや独特の色を有しているが，これらは醸造中に原料から生成される成分によるものである。しょうゆの酸味は乳酸をはじめとする有機酸類，うま味の主体はグルタミン酸をはじめとする各種のアミノ酸によるものである。しょうゆの色は，熟成中のアミノ酸類と糖類とのアミノ・カルボニル反応により生成されたメラノイジン色素によるものである。しょうゆは，加熱により味や香りが変化することから，香りを生かす料理では，しょうゆの一部を最後に加えるとよい。

8.5.4 み　　そ

（1）みその種類と成分

　みそは，しょうゆと同様に蒸した大豆に米や大麦でつくったこうじ，食塩，

水などを混ぜて発酵・熟成させた
醸造食品であり，日本特有の調味
料である。その原形は朝鮮半島を
経由して日本に伝来し，日本独特
の製造技術が加味されて多種多様
なみそが各地でつくられるように
なった。

原料に使用されるこうじの種類
により，米みそ・麦みそ・豆みそ，

表 8.33　みその種類

種類	原料	味や色による分類		主産地	主な銘柄
米みそ	大豆・塩・米・こうじ	甘みそ	白	近畿地方	西京白みそ
			赤	東京	江戸甘みそ
		辛口みそ	淡色	長野地方	信州みそ
			赤	東北地方	仙台みそ，越後みそ
麦みそ	大豆・塩・麦・こうじ	甘口みそ		九州地方	長崎みそ
		辛口みそ		関東地方	田舎みそ
豆みそ	大豆・塩・こうじ	辛口みそ		中部地方	八丁みそ，たまりみそ

資料）杉田浩一ほか編：新版　日本食品大事典，764，医歯薬出版（2017）
中嶋加代子編：調理学の基本（第 4 版），139，同文書院（2019）より作成

味により甘みそ・甘口みそ・辛口みそ，色により赤みそ・白みそなどに分け
られている。粒の違いで粒みそ，こしみそなどに分けられる。さらに，産地
によって仙台みそ，信州みそ，八丁みそなどと呼ばれる（**表 8.33**）。

調味料の呈味としては塩味が主であるが，発酵・熟成過程で生成される，
うま味や甘味・香りも強くさまざまな料理に使われる。みそのうま味は，原
材料のたんぱく質分解により生成されるアミノ酸類や有機酸類である。色は，
しょうゆと同様にアミノ・カルボニル反応によるものである。発酵期間が長
いみそは色が濃く，香りも強くなる。甘味の強いみそは米こうじの割合が多
い。食塩の含有量はみその種類によって大きく異なるため，調味の際にはあ
らかじめ使用するみその塩分濃度を知り，量の加減が必要である。

（2）みその調理特性

調味以外にもみそは，緩衝能（加える材料によって大きく pH が変化することがなく，
味が変化しにくい），消臭効果（みそのコロイド粒子による吸着性や揮発性香気成分によ
るマスキング効果で肉や魚類の臭みを消すことができる），肉質の軟化（みそに漬け込む
ことで，みそ中のたんぱく質分解酵素などにより肉や魚の肉質を軟らかくする）などの調
理特性がある。また，みその香気成分は熱により損なわれることから，長時
間加熱は避けて料理の最後に加えるようにする。

8.5.5　食　酢

（1）食酢の種類と成分

酢は人類最古の調味料といわれ，フランス語の vinaigre（ビネガー）は，vin（ワ
イン）と aigre（すっぱい）に由来しているように，ワインが酢酸菌によりすっぱ
くなったことから名付けられた。食酢の主成分は酢酸で料理に酸味を付与す
る調味料である。酢酸以外にも有機酸やアミノ酸などさまざまな成分が含ま
れており，それぞれ独特の香りや味がある。日本農林規格(JAS)では，食酢
は醸造酢と合成酢に分類されているが，調理に使われているのはほとんどが
醸造酢である（**図 8.28**）。醸造酢は穀物酢と果実酢に大別されており，これら

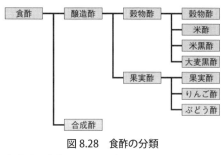

図 8.28　食酢の分類

出所）大谷貴美子ほか編：基礎調理学, 130, 講談社（2017）を基に作成

は原料の穀物や果実などをアルコール発酵させてから，種酢と呼ばれる酢酸菌により酢酸発酵させてつくられる。

（2）食酢の調理特性

　食酢は，食品に酸味や風味を与える以外に，①殺菌・防腐作用（すし飯，酢漬けなど），②褐変防止作用（ごぼう，れんこんなど），③たんぱく質の凝固促進作用（ポーチドエッグ，魚の酢じめなど），④魚臭の除去（酢あらいなど），⑤色素への作用（しそ葉による梅干しの赤色など），⑥生体調節機能（血圧降下作用，血糖値上昇抑制効果），などがある。

8.5.6　うま味調味料・風味調味料

　うま味調味料には，うま味を付与するグルタミン酸，イノシン酸，グアニル酸などが複合調味料として用いられる。現在，うま味調味料はあまり使用されず，風味調味料が多く使われている。風味調味料は，かつおだし，煮干しだし，こんぶだし，コンソメ，鶏がらスープなどに食塩や糖類などを加えて乾燥させ，粉末状や顆粒状にしたものである。水に溶けやすく調理に利用しやすいこともあり，簡便化を図れる調味料であるが，だしの味が強く香りに欠ける。食材の味を損なわないような使い方が必要である。

8.5.7　その他の調味料（みりん，酒など）

① みりん

　本みりんは，蒸したもち米，米こうじ，焼酎を原料とし，これらを発酵させて米を糖化させたのち，圧搾してつくられる日本独特の醸造調味料である。アルコールを約 13〜14 ％含むため酒類として扱われる。また約 40 ％の糖類を含み，その多くがグルコースであるため甘味を有する。甘味は砂糖の約 1/3 で上品な甘さが特徴である。糖類のほかにアミノ酸，有機酸，香気成分を含んでいることから，料理に焼き色や照り，つやをつける，臭みをマスキングして風味をつける，野菜の煮崩れを防ぐなどの作用がある。本みりんはアルコール分を除くために「煮切り*」を行ってから使うことが多いが，みりん風調味料はその必要がない。みりん風調味料は水あめなどの糖類とアミノ酸や有機酸を混合してつくられ，みりん類似調味料として利用されるが，アルコール分が 1 ％未満のため酒類とならない。

② 酒

　調味料として使う清酒やワインは，特有の香りやうま味の付与，照り，つやの付着，生臭みの消臭効果により，料理の風味を向上させる。肉や魚に酒を入れて加熱すると表面たんぱく質の変性が促されて食品の水分やうま味成

*煮切り　アルコール分が料理の味を損なう場合，本みりんを加熱して揮発性のアルコール分を除き，アルコール臭をなくしたものをいう。主に和え物や酢の物，めんつゆなど，加熱しない料理に用いる。

分が保持されて料理が軟らかく仕上がる。また，肉たんぱく質の等電点より低いワインに浸してから焼いた肉は，膨潤が起こり軟らかくなる(p.97参照)。料理の味つけや風味づけに使われている料理酒は，清酒に糖類，食塩，風味調味料を配合した発酵調味料の清酒タイプであり，食塩濃度は2％程度ある。

③ その他の調味料

ソース類，トマト加工品，マヨネーズ，ドレッシング類，中国料理の調味料(豆板醤，甜麺醤，辣油，蠔油(牡蠣油)，芝麻醤など)などがある。また，日本特有の発酵調味料の製造工程で酵素の役割として使用するこうじを，塩こうじやしょうゆこうじとして利用されている。

【演習問題】

問1　米とその製品の調理に関する記述である。正しいのはどれか。2つ選べ。

(2017 年国家試験)

(a) うるち米飯は，もち米飯よりも水分が少ない。

(b) もち米を蒸す場合は，不足する水分を振り水で補う。

(c) すし飯は，加水量をすし酢の分だけ少なくして炊く。

(d) 上新粉は，冷水を用いてこねる。

(e) 白玉粉は，熱水を用いてこねる。

解答　(b) と (c)

問2　野菜の調理操作に関する記述である。正しいのはどれか。1つ選べ。

(2019 年国家試験)

(1) 緑色野菜を鮮緑色にゆでるために，ゆで水を酸性にする。

(2) 煮崩れ防止のために，ゆで水をアルカリ性にする。

(3) 山菜のあくを除くために，食酢でゆでる。

(4) 十分に軟化させるために，60℃で加熱する。

(5) 生野菜の歯ごたえを良くするために，冷水につける。

解答　(5)

問3　肉類の調理に関する記述である。正しいのはどれか。1つ選べ。

(2013 年国家試験)

(1) 肉を長時間加水加熱すると，筋原線維たんぱく質がゼラチンとなる。

(2) 豚脂は，牛脂よりも融け始める温度が高い。

(3) 豚ロース肉のエネルギー減少量は，ゆでがフライパン焼きより小さい。

(4) ヒレ肉は，短時間の加熱料理より長時間の煮込み料理に適する。

(5) 肉をしょうが汁に浸漬すると，プロテアーゼの作用により軟化する。

解答　(5)

問4　魚介類に関する記述である。正しいのはどれか。1つ選べ。

（2017 年国家試験）

（1）赤身魚の脂質含量は，白身魚より少ない。
（2）魚肉の肉基質たんぱく質含量は，畜肉より多い。
（3）貝類の旨味は，酒石酸による。
（4）淡水魚の生臭さは，ピペリジンによる。
（5）さけ肉の赤色は，β-クリプトキサンチンによる。

解答（4）

問5　牛乳に関する記述である。正しいのはどれか。1つ選べ。

（2019 年国家試験）

（1）主な糖質は，マンノースである。
（2）主な脂質は，リン脂質である。
（3）中鎖脂肪酸が含まれているのが特徴である。
（4）加熱で変性するたんぱく質は，カゼインである。
（5）LL 牛乳は，低温長時間殺菌法で殺菌される。

解答（3）

問6　卵の調理に関する記述である。正しいのはどれか。1つ選べ。

（2015 年国家試験）

（1）完全に凝固する温度は，卵白より卵黄のほうが高い。
（2）カスタードプディングでは，砂糖を多くすると凝固が抑制される。
（3）卵白を泡立てるときは，砂糖をはじめから加えると泡立てやすい。
（4）茶わん蒸しでは，すだち防止のため蒸し器内を 95℃に保つとよい。
（5）マヨネーズは，油中水滴型（W/O 型）のエマルションである。

解答（2）

問7　ゲル化剤に関する記述である。正しいのはどれか。1つ選べ。

（2016 年国家試験）

（1）ゼラチンゲルは，寒天ゲルに比べ弾力がない。
（2）ゼラチンのゲル温度は，カラギーナンと同じである。
（3）ゼラチンゲルのゼラチン濃度は，通常 8 ～ 10%である。
（4）寒天の溶解温度は，通常 60 ～ 65℃である。
（5）ペクチンゲルは，寒天ゲルに比べ耐酸性が強い。

解答（5）

問8　でんぷんの調理に関する記述である。正しいのはどれか。1つ選べ。

（2018 年国家試験）

（1）透明度を重視するあんかけでは，コーンスターチを使用する。
（2）くずでんぷんのゲルは，低温（4℃）で保存するとやわらかくなる。
（3）じゃがいもでんぷんのゲルに食塩を添加すると，粘度が増加する。
（4）ゲルに使用するじゃがいもでんぷん濃度は，2%が目安である。
（5）さつまいもでは，緩慢加熱によりでんぷんが分解して，甘みが増す。

問 9　でんぷんに関する記述である。正しいのはどれか。1つ選べ。

（2016 年国家試験）

(1) 脂質と複合体が形成されると，糊化が促進する。

(2) 老化は，酸性よりアルカリ性で起こりやすい。

(3) レジスタントスターチは，消化されやすい。

(4) デキストリンは，120 ～ 180℃の乾燥状態で生成する。

(5) β-アミラーゼの作用で，スクロースが生成する。

解答 （4）

問 10　食用油脂に関する記述である。正しいのはどれか。2つ選べ。

（2017 年国家試験）

(1) 不飽和脂肪酸から製造された硬化油は，融点が低くなる。

(2) 硬化油の製造時に，トランス脂肪酸が生成する。

(3) ショートニングは，酸素を吹き込みながら製造される。

(4) ごま油に含まれる抗酸化物質には，セサミノールがある。

(5) 牛脂の多価不飽和脂肪酸の割合は，豚脂よりも多い。

解答 （2）と（4）

問 11　油脂の酸化に関する記述である。正しいのはどれか。1つ選べ。

（2018 年国家試験）

(1) 動物性油脂は，植物性油脂より酸化されやすい。

(2) 酸化は，不飽和脂肪酸から酸素が脱離することで開始される。

(3) 過酸化脂質は，酸化の終期に生成される。

(4) 発煙点は，油脂の酸化により低下する。

(5) 酸化の進行は，鉄などの金属によって抑制される。

解答 （4）

📖 **参考文献**

阿部宏喜編：魚介の科学，朝倉書店（2015）

石崎俊行，吉浜義雄，平松順一，高橋康次郎：本みりんの抗酸化性について，
　日本醸造協会誌，**101**，839-849（2006）

今井悦子編著：食材と調理の科学，アイ・ケイ・コーポレーション（2012）

上野川修一編：乳の科学，朝倉書店（2015）

江崎秀男，大澤俊彦，川岸舜朗：醤油中のオルトジヒドロキシイソフラボン含
　量とその抗酸化性，日本食品科学工学会誌，**49**，476-483（2002）

江間章子，貝沼やす子：調理後の経過時間および保温条件が粥の性状に及ぼす
　影響　粥の調理に関する研究（第4報），日本家政学会誌，**51**，571-578（2000）

遠藤繁：製麺適性に関与する小麦粉成分，日本食生活学会誌，**8**，32-35（1997）

貝沼やす子：粥の調理，日本調理科学会誌，**33**，107-111（2000）

金谷昭子：食べ物と健康　調理学，医歯薬出版（2007）

河田昌子：お菓子「こつ」の科学，柴田書店（1987）

佐竹覺，福森武，目崎孝昌，宗貞健，柴田恒彦，池田善郎：小麦粒の組織と硬さおよび強度に関する研究，農業機械学会誌，**62**，37-49（2000）

四宮陽子：膨化のメカニズム，日本調理科学会誌，**33**，494-502（2000）

下村道子，橋本慶子編：動物性食品，朝倉書店（1993）

全国調理師養成施設協会編：改定　調理用語辞典，428，調理栄養教育公社（1999）

谷達雄，吉川誠次，竹生新治郎，堀内久弥，遠藤勲，柳瀬肇：米の食味評価に関係する理化学的要因（1），栄養と食糧，**22**，452-461（1969）

長尾慶子編著：調理を学ぶ［改訂版］，八千代出版（2019）

長尾精一：小麦粉の知識（1），―グルテンが小麦粉のいのち―，調理科学，**22**，125-129（1989）

中川致之：紅茶の水色および品質とテアフラビンおよびテアルビジンの含量，日本食品工業学会誌，**16**，266-271（1969）

中村良編：シリーズ《食品の科学》卵の科学，朝倉書店（1998）

成瀬宇平，廣田才之：食品中の褐変物質の脂質に対する抗酸化性，栄養学雑誌，**53**，71-81（1995）

新田ゆき：香辛料の油脂に対する抗酸化性，調理科学，**10**，254-257（1977）

日本調理科学会編：総合料理科学事典，211，光生館（1997）

農林水産省農林水産技術会議：新たな用途をめざした稲の研究開発，農林水産研究開発レポート No.6（2003）
　http://www.affrc.maff.go.jp/docs/report/pdf/no06.pdf（2019 年 8 月 29 日閲覧）

福田靖子，大澤俊彦，並木満夫：ゴマの抗酸化性について，日本食品工業学会誌，**28**，461-464（1981）

松石正典，西邑隆徳，山本克博編：肉の機能と科学，朝倉書店（2015）

真鍋久：雑穀ブームの背景を探る，日本調理科学会誌，**38**，440-445（2005）

持永春奈，河村フジ子：ラード水煮におけるショウガの脂質酸化防止効果に及ぼす共存物質の影響，日本調理科学会誌，**33**，2-6（2000）

山口直彦，山田篤美：黒糖の抗酸化性について，日本食品工業学会誌，**28**，303-308（1981）

山崎歌織，河村フジ子：味噌の種類が味噌漬け魚肉の品質に及ぼす影響，日本調理科学会誌，**30**，122-126（1997）

山崎清子，島田キミエ，渋川祥子，下村道子：新版　調理と理論，学生版，同文書院（2003）

山崎英恵編：調理学　食品の調理と食事設計，中山書店（2018）

吉田惠子，綾部園子編著：調理の科学，理工図書（2012）

渡邊乾二編著：食卵の科学と機能―発展的利用とその課題―，アイ・ケイコーポレーション（2008）

渡部終五編：水産利用科学の基礎，恒星社厚生閣（2010）

第9章　調理と食文化

9.1　日本の食文化

9.1.1　日本料理の特徴

（1）風土と食材

　日本の国土は東北より西南に長い山国で，周囲は海に囲まれているので，海産物は豊富である。気候は温暖で，四季の移り変わりがはっきりしており，農産物や果実にも恵まれている。この気候は稲の栽培に適していることから，米を主食とした食生活で，副食に魚介類や野菜類を多く用いている。日本料理は，気候や風土，生活習慣等からの古い伝統に根ざしているだけではない。明治開国以後より畜産食品が加わると共に，外国の食文化の影響も受け，これらを上手に取り入れながら食生活の内容を豊かにし，現在の状態にまで発達しているのである。また，日本料理では四季の季節感を重んじていることより，生鮮魚介類の生食(さしみ，酢の物，すし等)や野菜の煮物のように食品の風味，色，形等を生かした調理法が多い。

（2）調味料と味付け

　日本料理の調味料には，みそやしょうゆ等の発酵食品が使用される。また，味の基本となる煮出し汁には，かつお節やこんぶ等が用いられている。これらより出てくるうま味は，料理を味わい深いものにし，日本料理の一番の特徴になっている。今や「umami」は世界でも通用する言葉である。日本における四季の変化，食材の風味や外観を生かす調理法等から，素材の味を引き立たせるために，味付けは薄味で淡泊である。

（3）調理法と食器

　日本料理では，さまざまな食材や調味料は調和がとれた配合や組合わせになっている。これらを調理する方法を分類すると，ご飯物，汁物，ゆで物・煮物・鍋物，蒸し物，焼き物・煎り物，炒め物・揚げ物，なま物，和え物・浸し物・酢の物，寄せ物等がある。食器は，塗り物や陶磁器が主であるが，ガラス製や竹製もあり，それぞれの料理や季節に合った器を使用している。また，食品の色や形，切り方等を考慮して選択している。

9.1.2　日本料理の歴史と料理形式

(1)　本膳料理

　本膳料理は，日本料理の供応形式の原点と考えられているものである。室町時代に作られ，江戸時代に内容がより充実し，形式が整い，正式な供応食が完成したと言われている。最近ではあまり用いられないが，日本料理においては大切な形式である。本膳料理は汁と菜の数により献立の上下の程度が示され，料理の数が増えると，膳の数も増えていく（表9.1，図9.1）。このときの膳は塗り物で，足つきの角膳を用いる。食器は鱠・猪口以外は塗り物である。飯は数には入らないが，必ずつく。香の物を一つの菜として数える時は一汁共三菜と言い，別に数える時は一汁本三菜と言い，焼き物が加わる。本膳料理の献立では，最初から全部の料理が出され，飯・汁・菜を勧め，次に酒を供する。

表 9.1　本膳料理の献立

汁（本汁）	みそ汁。汁の実は魚・肉のつみれなどに野菜ときのこ類。
鱠	生の魚・貝類に酸味を加えたものや現在のさしみにあたるもの。
坪	主として汁の少ない煮物やあんかけ料理。
二の汁	すまし汁，実は普通の吸い物と同じ。
平	海・山の物の煮物3品か5品を，味・色・形が調和するように取り合わせる。煮染平（煮汁がほとんどないもの），つゆ平（汁の多いものを汁と共に盛る）などがある。
猪口	主に浸し物や和え物。
三の汁	みそ汁，一の汁とみそを変える。実は野菜一品とする。
焼き物	魚の姿焼。
香の物	種類の違うもの2〜3品取り合わせて盛る。
台引	引物菓子，かつお節等で土産物にする。

出所）千田真規子，松本睦子，土屋京子：新版　調理—実習と基礎理論—，30，建帛社（2017），一部改変

*一汁本三菜（汁・鱠（なます）・平（ひら）・焼き物）：本膳・焼物膳の2つ。
二汁五菜（汁・鱠・坪（つぼ）・二の汁・平・猪口（ちょく）・焼き物）：本膳・二の膳・焼物膳の3つ。
三汁七菜（汁・鱠・坪・二の汁・平・猪口・焼き物・三の汁・鉢肴（はちざかな）・刺身）：本膳・二の膳・三の膳・焼物膳（与の膳）・五の膳（台引）の5つ。

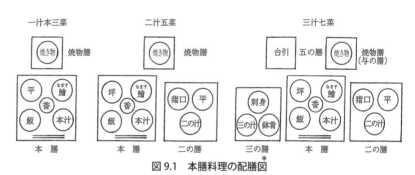

図 9.1　本膳料理の配膳図*

出所）表 9.1 に同じ

(2)　懐石料理

　茶席でお茶をもてなす前に供する料理を懐石料理（茶懐石料理）という。懐石料理は，室町時代に茶道が盛んになったのに伴い発達してきた。懐石とは，禅僧が修行の時に寒さと飢えをしのぐために懐に温めた石を入れたことに由来するものである。茶の心は禅にもつながると言われていることより，この趣旨を茶事に取り入れる意味から懐石料理と呼ばれているのである。懐石料理は比較的簡素で，季節の食材を食べやすく調理することが特徴である。ま

128

表 9.2　懐石料理の献立

汁	みそ汁またはしょうゆの吸い物，実は季節の野菜が少量とし，水辛子を添える。
向　付	魚・貝類の酢の物，甘酢または**かげん酢**[*1]を用いる。
飯	ごく少量盛る。
椀盛（煮物椀）	動物性食品，季節の野菜，乾物等 3 品位を取り合わせた汁の多い煮物。
焼き物	魚肉等の切り身を用いた焼き物，揚げ物，蒸し物等を一つの器に盛り，青竹箸を添えて供し，正客から順に回す。
強肴 （しいざかな）	特に主人の心入れのもので，魚介類，鶏肉類，野菜類どれでも良い。
箸洗い（一口吸い物，湯吸い物）	次に出される八寸を味わうために，味覚を新しくするのが目的。出し汁は薄く塩味くらいで淡泊に調味したすまし汁で，器は小さい。実は季節感を出す程度で少量とする。
八　寸	八寸（23cm）四方の折敷に山海の珍味を 2 ～ 3 種，客数に亭主の分として一人前多く盛る。酒の肴で，箸洗いの器のふたに受ける。
香の物	たくあんを必ず用い，ほかに季節の漬物を添える。一つの器で取り回す。
湯桶	飯を炊いた後の釜の底のおこげに湯を注ぎ，塩味をして湯桶に入れて取り回し，飯碗で食べる。食器をきれいに後始末する意味を持つ。

出所）表 9.1 に同じ，31 を一部改変

*1　かげん酢　砂糖，塩，しょうゆなどを加えて調味した酢（合わせ酢）。

た，食べ終わった時に魚の骨などが残らないように，調理法を工夫したり，狭い茶室でも供応でき，労力も節約できるようにされている。膳は足のない折敷（おしき）を用いる。最初に飯碗・汁椀・向付（むこうづけ）の三器だけが置かれ（図9.2），それ以外は食事の途中で出す。椀盛と箸洗いは汁があるため，銘々器で出されるが，焼き物・強肴（しいざかな）・八寸・香の物・湯桶（ゆとう）は一つの器で出されるので，各自の膳の空いた器や，椀のふたへ取り分ける。食事中に酒もすすめる。食事が終わると，膳の上には最初の飯碗・汁椀・向付の三器だけが残る形になる。

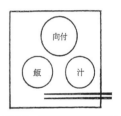

図 9.2　懐石料理の最初の配膳図

出所）表 9.1 に同じ，31

（3）会席料理

　会席料理は，現在でも客膳料理として最も普通に使われている。江戸時代に酒宴向きとして始まった供膳形式であるが，その根源は茶懐石料理で，これに本膳料理やその他の料理を取り入れながら，現在のような宴会の席での形式になっていった（表9.3）。献立は奇数が多く，**三品献立**，**五品献立**，**七品献立**，**九品献立**[*2]等と呼ばれ，飯と香の物は数に入れない。会席膳は塗り物の角膳が多く用いられ，食器は汁物に塗り物，その他は陶磁器が多く使われる。会席料理では初めにさかづき（盃）と前菜，またはさかづきと向付，吸い物等を供し，食べ終わったものから器を下げ，順次献立構成にそって供していく。酒宴が終わったら，飯・止め椀・香の物を供する（酒を飲まない時は，最初から飯が出される）。

*2　三品献立：向付・吸い物・口取り
五品献立：向付・吸い物・口取り・鉢肴・煮物
七品献立：前菜・向付・吸い物・鉢肴・煮物・小丼・止め椀
九品献立：前菜・向付・吸い物・口取り・鉢肴・煮物・茶碗・中皿・止め椀

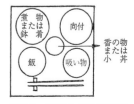

図 9.3　普通向き会席料理の例（三品献立）

出所）表 9.1 に同じ，138

表 9.3　会席料理の献立

前菜（お通し，つき出し）	料理の初めに，主として酒の肴として出される。海・山の材料の中から，季節感があり，珍しいものや食欲を促すようなもの。色どり，形，味付け等を工夫し，1～3種を少量ずつ取り合わせる。
向付	新鮮な魚介類をさしみや酢の物にする。付け合わせのつまも主材料との調和を考えて選ぶ。
吸い物	すまし汁が多い。椀種には魚介・鶏肉等に野菜をあしらう。季節感を表すため，木の芽，柚子等の吸い口を添える。食器は塗り物椀。
口取り（口代わり）	海・山・野のものを3～7種位取り合わせて選ぶ。全体としての調和を考えながら，1品ごとに調理法と味付けを変えて調味し，一つの器に美しく盛る。器は材料により違うが，普通は平皿が多い。口取りは，従来，土産物として持ち帰る習慣があったので，汁気の少ない濃厚な味に調理したものが多かった。しかし，現在では，その場で食べるよう簡単にし，分量も少なくした口代わりが多くなった。口取りと言っても，実際は口代わりを意味するようになり，八寸とも呼ばれる。
鉢肴 はちざかな	魚介類や肉類の焼き物が多い。揚げ物，蒸し物，煮物も用いられるが，調味の良い野菜を付け合わせる。豆腐やその加工品等を用いることもあり，その中から1品または2～3品を盛り合わせて野菜類を付け合わせにする。器は料理の内容により違うが，鉢・皿のほか，ふた付きの器等も用いられる。
煮物	野菜だけ数種，または野菜を主にして肉や魚等を煮合わせたもの等がある。材料の切り方，色どり，盛り付けの工夫により，日本料理としての特徴を表す。汁気の少ない時は平皿に，多い時は深い鉢に盛る。
茶碗	淡泊な材料で汁を多くした煮物や蒸し物。
小丼（小鉢）	酢の物，浸し物，和え物等から，他の材料との調和を考えて選ぶ。小さくて深い食器を用いる。
中皿	魚介類・肉類の焼き物，蒸し物等に野菜を盛り合わせる。
止め椀	酒と料理の供応の後，飯と共に出される汁。みそ汁が多い。
飯	酒を飲まない時は最初から出される。白飯のほか，種々の変わり飯で，季節感を表すこともできる。
香の物	2～3種を取り合わせて盛る。季節の野菜の古漬けや浅漬け。

出所）表 9.1 と同じ，32 を一部改変

9.1.3　日本における食卓作法

（1）酒

＊一献とは，さかづき一杯の酒のことをいう。

　客は席につくとまず酒を勧められる。飲めなくても最初の一献は受けるようにする。さかづきは両手で持ち酒を受ける。膳において待ち，皆が揃い挨拶がすんでから口をつける。あとは断っても良い。

（2）箸

　箸が袋に入っている時は，袋から出して箸置きの上に置く。膳で箸置きのない時や，食べ始めて箸先が汚れた時は，膳の左手前のふちに箸先を出しておく。箸袋を結んで箸置き代わりに用いても良い。箸は右手で上から取り，左手で下から受け，右手に持ちかえる。吸い物椀や茶碗を持ったままで箸をとる時は，左手親指を支えるようにお椀に添え，右手で箸を上から取り，左手の小指と薬指の間に挟み，右手を箸の先まで移し，普通の持ち方にする（図9.4）。

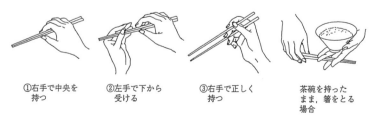

①右手で中央を持つ　　②左手で下から受ける　　③右手で正しく持つ　　茶碗を持ったまま，箸をとる場合

図 9.4　箸の持ち方の図

出所）表 9.1 に同じ，139

（3）汁　物

　左手を添えて右手の親指と人差し指で，お椀のふたの糸底の手前をつまみ，他の指は揃える。ふたを取り，裏返して左手で受けて右手で持ち直して，膳の右外に置く。両手でお椀を持ち，汁を一口吸い，お椀に右手を添えて左手の上にのせる。次に箸を取り，中身を食べて，また汁を吸って下に置く（図9.5）。

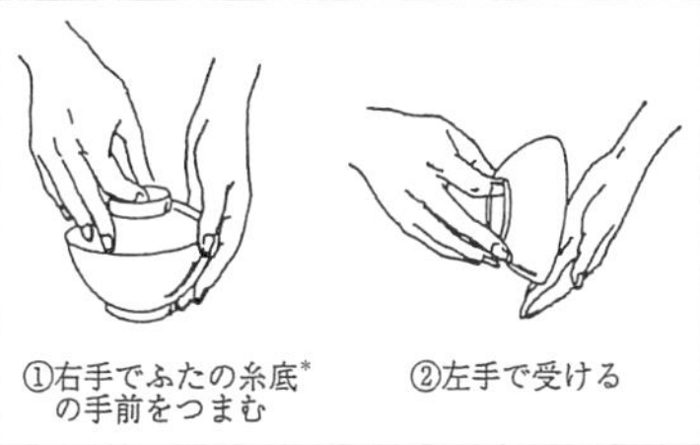

①右手でふたの糸底*の手前をつまむ　②左手で受ける

図9.5　椀の扱い方の図

出所）図9.4と同じ

＊糸底（出っぱりの部分）

（4）ご　飯

　飯茶碗は左側にあるので，ふたのある時は左手を主に右手を添えてふたを取り，上向きにして左側におく。飯と共に供される汁物は，まず汁を一口吸って実を食べ，後は飯，汁，おかずを偏らないように食べていく。

（5）その他

　料理の食べ方としては，一献を受けた後，箸を取り，前菜または向付から吸い物へと順に進めていく。食べ終わったら，取った時とは逆の順にそれぞれふたをしていく。器を重ねると傷をつける場合があるので，重ねないようにする。

9.2　世界の食文化

9.2.1　中国料理とその特徴

（1）中国料理の特徴

　「中国4,000年の歴史」と言われるように，中国料理は長い歴史と優れた文化により育まれており，その伝統は材料や味の奥行きの深さに現れている。中国人の食の真髄を追究する姿は，料理に豊かな味わいを持たせ，その魅力は世界に知られている。また，「医食同源」という言葉でもわかるように，食物は体の養生や，病気の治療にもつながるという考えが食生活の根底に流れ，今も受け継がれている。中国料理の献立は「菜譜（ツァイフ）」や「菜単（ツァイタン）」と呼ばれる。中国料理の特徴には，**表9.4**に示す7つがあげられる。

（2）中国料理の系統

　中国は日本の25倍もの国土があり，約9割の漢民族と多数の少数民族から成っている。地域により，気候・風土が異なり，産物や生活習慣も異なるため，当然味付けや好みも違ってくる。その味の違いは「南淡（ナンタン），北鹹（ベイシエヌ），東酸（スワヌ），西辣（シイラア）」で表されている。すなわち，南はあっさりとした味，北は塩辛い味，東は酸っぱい味，西は辛い味である。中国のホテルのレストランでは，西洋料理が「西餐（シイツァン）」と呼ばれるのに対し，中国料理はまとめて「中餐（チョンツァン）」と表示されている。

　中国料理の地域的な体系の違いは「菜系（ツァイシィー）」と呼ばれるが，4大菜系や

表 9.4　中国料理の特徴

1	材料の種類が多く，その使い方に無駄がない。	自然界のあらゆるものを食の対象にしており，空を飛ぶものは飛行機以外，海中にいるものは潜水艦以外，4本足のものは机や椅子以外，何でも食べるという笑い話があるほどである。特殊材料には珍しいものもあり，つばめの巣，ふかのひれ，干しなまこ等のほか，かえる，へび，アリクイ等も使われる。
2	油の使い方が上手で，料理を油っぽくしない。	下調理，本調理，仕上げと，それぞれの場面で合理的に使用される。本調理では高温短時間加熱により食品の持ち味が生かされ，野菜類のビタミンC損失も少ない。仕上げでは風味づけとなり，料理がよりおいしいこくのあるものになる。
3	でんぷんをよく利用する。	でんぷんを使うことにより，食品がコーティングされ，持ち味を保つことができる。また，口当たりをなめらかにし，料理を冷めにくくする保温効果もある。さらに，油と汁の分離を防ぎ，しつこさを緩和させる。このようなでんぷんの特性が料理のおいしさに関与している。
4	香辛料を巧みに用いる。	中国料理では，一般的にねぎ・しょうが・にんにく等が多く使われている。これらは，動物性食品の臭い消しや，材料独特のくせを除いている。香辛料は香りや辛味の付与だけでなく，消化吸収や健胃の効果もある。
5	調理器具の数が少ないので，作業が合理的である。	鍋は中華鍋1つで，炒め物・揚げ物・焼き物・煮物・汁物等，ほとんどの料理はできる。ほかには，まな板と包丁，蒸籠（蒸し器）があれば，大体の料理はできる。
6	なま物を食べることはなく，加熱調理が中心なので，衛生的に安心である。	油脂を用いた炒め物・揚げ物や焼き物が多く，高温短時間加熱で処理されるので，衛生的である。また，この調理法だと栄養素の損失も少ない。
7	丸い卓を偶数の人数で囲み，料理は1品ごとにまとめて1皿に盛りつけられ，各自はそれらを取り分けて食べる。	食事を楽しみながら食べることを目的にしているので，皆で丸い卓を囲み，和やかな雰囲気のもとで食事ができる。ちなみに，現在，中国料理店で見かける丸い卓の中央にあるターンテーブルは，日本人が発明したものである。

出所）表 9.1 と同じ，217-218 を参照して作成

図 9.6　中国料理の 4 大系統とその分布の図

出所）表 9.1 と同じ，218

*1　餅は，中国と日本にあり，同じ字を使うが意味は違う。中国の餅は小麦粉をこねて平らにしたものを焼いたり蒸したりして食べるが，日本の餅は，もち米を蒸したものをついて作る。

*2　包子は小麦粉の生地にさまざまなあんを包んで蒸したものをいう。

12菜系等さまざまである。ここでは 4 つにわけ（図 9.6），その特色をあげる。

① 北方系（北京・山東・山西・河南・黄河流域等）

代表となる北京料理は，庶民的な山東料理に，地方官吏によりもたらされた各地の料理が一体となっている。また，首都として発展した北京では，宮中の伝統料理も伝えられている。北京料理は「京菜」（チィンツァイ）と言われる。北方で気候が寒冷であるため，油を使ったカロリーの高い濃厚な料理が多い。豚・あひる・鯉等を使い，蒙古と国境を接している所では羊の肉も使われる。また，米がとれず，小麦の生産が多いので，粉食（餅[*1]（マヌトウ），饅頭（ミエヌ），麺，包子[*2]（バオズ）等）が多い。

② 南方系（福建・広州・広東等）

「食在広州」（シサイ）（食は広州にあり）と言われているように，中国で一番食べることに執着している地域である。広東料理は「粤菜」（ユエツァイ）と言われる。亜熱帯に近い気候風土で，産物は豊富である。海に面しているので，物資流通のための海路が早くから開けており，外国の影響も受けやすかった。調理法は材料の持ち味を生かしたものが多く，あまり手を加えない淡泊な味付けであるが，材料は独特である。たとえば，野味香の料理（へび，さる，ねこ，かえる等）や特殊材料（ふかのひれ，うみつばめの巣等）を使った料理である。

　中国料理は菜（料理）と点心（軽食）から成る。

　菜は調理法により主に次の 8 つに分類される（～料理は略）。炒菜（炒め物），炸菜（揚げ物），溜菜（あんかけ），湯菜（スープ），煨菜（煮物），蒸菜（蒸し物），烤菜（直火焼き），冷菜（冷食）。点心は大きく鹹点心（甘くないもの）と甜点心（甘いもの）の 2 つに分けられる。鹹点心には，餃子，焼売，春巻き，肉まん，ラーメン，焼きそば，チャーハン等がある。甜点心には，月餅，餡まん，胡麻団子，杏仁豆腐，蒸しカステラ，アーモンドクッキー等がある。中国茶を飲みながら，点心類を食べることを「飲茶」と言い，広東や香港で盛んである。

③ 江浙系（南京・蘇州・上海・杭州・長江下流域等）

　四季がはっきりしている地域で，季節に応じた産物が採れることが，料理をより多彩なものにしている。蘇州料理は「蘇菜」と言われる。海に面しているだけでなく，周辺には湖沼や河川が多く点在しているため，海水魚・淡水魚等に恵まれている。特に湖でとれる上海がには有名で，9～10 月はかに料理が多い。水が豊かで中国一の米の産地であることにより，主食は米である。味付けは，一般にしょうゆ・砂糖等で甘辛く仕上げたものが多いが，酸味があるのも特徴である。

④ 四川系（四川・成都・湖南・貴州・雲南等）

　山に囲まれた盆地で，冬は寒く，夏は暑くて湿気が多いので，食欲を出させるような辛い味付け（とうがらし，さんしょう，ねぎ，しょうが等）が多い。四川料理は「川菜」と言われる。山の幸や蔬菜類，河からとれる鯉，ふな，なまず，鱔魚（たうなぎ），すっぽん等，素材は豊富で，岩塩と香辛料を用いた漬物（榨菜）は有名である。味付けには香辛料を多種類用い，その組合せによる複雑な味も特徴である。「四川の七味」といわれ，次のような味が入り混じっている。甜（甘い），酸（酸っぱい），鹹（塩っぱい），苦（苦い），辣（辛い），麻（しびれる），香（香ばしい）。

9.2.2　西洋料理とその特徴

（1）西洋料理の特徴

　西洋料理とは欧米諸国の料理の総称である。それぞれの国により，気候・風土が異なり，産物や生活習慣が異なるので，特色ある料理が多い。西洋料理の献立は「メニュー」と呼ばれる。西洋料理の特徴には表 9.5 に示す 4 つがあげられる。

（2）各国の料理の特徴

1）フランス

　フランス料理は西洋料理の代表と言われており，19 世紀に確立され，全世界に広まり，高い評価を得ている。まず，料理の素材が豊富である。フラ

表 9.5　西洋料理の特徴

1	材料は獣鳥肉類が多く，牛乳・乳製品や油脂が多く用いられる。	材料をサラダ油やオリーブ油で炒めたり，バターや生クリームをソースに使う。また，さまざまな種類のチーズも利用される。
2	調味料は塩が主で，各種の香辛料や酒類を使うことにより，料理の風味を高めている。	香辛料は料理に香りや辛味を与えるだけでなく，食欲をそそり，消化液の分泌を促すのにも役立ち，生臭みや獣臭さを消すのにも効果がある。
3	材料や調理法にあったソース類が作られる。	ソースは料理に風味，色どり，潤いを持たせたり，盛り付けに風情を添える。その種類や数は多く，温かいものや冷たいもの，料理用やデザート用等400種以上にもおよぶ。
4	食事中，その料理に適した酒類が出される。	魚料理には白ワイン，肉料理には赤ワイン，その他にシェリー酒やカクテル等も供される。

出所）表 9.1 に同じ．141 を参照して作表

ンスは農業国で，広い平野からは小麦，野菜，果実が採れ，牧草地には牛，豚，羊が，山野からは，しか，うさぎ，野猪，きじ等の野禽類，河からは川魚，海からは舌平目，オマール海老，かき(牡蠣)，帆立て貝等とさまざまな食材がある。また，フランス料理に欠かすことのできないワインも，ボルドーとブルゴーニュという2大産地を有していることが，料理の発展に寄与している。このような自然環境のもと，料理に関心のある国民により美味が追求され，「ガストロノミー(美食学)」が発達し，今に伝統が受け継がれている。その後「ヌーベルキュイジーヌ(新フランス料理)」も発展し，時代とともに変化している。

2）　イタリア

イタリアはフランス料理の源流で，古代ローマより受け継がれた古い伝統を持っている。パスタや米，オリーブ油を使った料理が多い。特にパスタは「マンマの味」と言われるように，古くから母から娘へと受け継がれた日本のおふくろの味的存在である。他にも，スパゲティ，ピザ，ラザニアやミネストローネ，オッソブーコ(牛の骨髄の煮物)が有名である。ワインも，キャンティやマルサラ等がある。また，イタリアでは，ファーストフードに対してスローフード運動＊も生まれ，自然のエコロジカルな保全とも密接に関連し，注目されている。

＊1980年代に，イタリア北部でおこった食生活を見直す市民運動。食文化や生産者の保護，食教育が基本理念となる。

・・・・・・・・・・　**コラム 18　西洋料理のソースについて**　・・・・・・・・・・

ソース（sauce）は，塩味をつけたもの（塩は sel）から発生している。「フランス料理はソースが決め手」と言われるくらい，ソースの出来栄えは料理の味を決める重要な役割を持っている。基礎ソースを作るのに必要な材料は，煮出し汁（fond）と炒め粉（roux）である。また，ソースの仕上げや，基礎ソースから他の応用ソースを作る時にはつなぎ材料（liaison）を用いる。主なソースには次のものがある（〜ソースは略）。料理用には，温かいベシャメル（白），ブルテー（淡黄色），トマト，ブラウン等，冷たいマヨネーズ，ビネグレット，ショーフロワー等が，菓子用には，アングレーズ，カラメル，フルーツ，サバイヨン等がある。

3) ドイツ

　ドイツの食文化はゲルマン民族の伝統を受け継いでいる。食材には小麦を使ったパンや麺(パスタ)が多く，肉類は牛や仔牛も食べるが豚肉が多い。ドイツと言えばじゃがいもが浮かぶが，その他の野菜では，キャベツやかぶ，アスパラガス等も使われる。魚は北では海水魚，南では淡水魚が採れる。果実はりんごが多いが，すももやさくらんぼ，ベリー類も菓子に利用される。ソーセージ，ハムやザウアークラウト(キャベツを塩漬けにして発酵させた物)等も有名である。ワインはラインやモーゼルなどが人気の産地である。

4) イギリス

　イギリスの食文化は全体としてバラエティに乏しく，地方による差異が非常に少ないことが特徴である。シェイクスピアの活躍した頃，宗教改革により断食中は肉食を断つことにより魚を食べることが一般的になった。階層の差は大きかったが，「ぜいたく禁止法」により食生活は家庭内化し，自分の所領内でとれた素材をシンプルな調理法で食べることが多くなった。これがイギリス料理が家庭的な料理と言われる所以でもある。イギリス料理では，ローストビーフやシチュー，パイ料理が知られている。ヨークシャープディングやバンベリケーキ，アイリッシュコーヒーのように地名がついた料理もある。また，フィッシュアンドチップス(軟らかい揚げポテトとたらや小えびをフライにしたもの)も有名で，テイクアウトでも食べられる。

5) アメリカ

　アメリカは広大な地域で，気候・風土が異なるため，食べ物の違いも大きいが，イギリス料理を基調にしていると言われている。南北戦争後に缶詰食品の製造が急伸し，コンビーフ，さけ，ロブスター，かきや，野菜・果実等も製品化されるようになった。冷凍食品は第2次世界大戦後に急速に拡大した。このような食品の加工技術の進歩がアメリカ料理を支えている。また，それまで暖炉で調理をしていたものが，天火(オーブン)の利用で料理の幅を広げた。さらに電子レンジを普及させたことが，料理に簡便さを加え，アメリカ料理は発展していった。アメリカ料理は多様性に富んでいるので1つをあげることは難しいが，ハンバーガー，ホットドッグ，シーザーサラダ，アップルパイ等，さまざまな料理が浮かんでくる。

9.2.3　諸外国の食文化

(1) 韓国・東南アジア

　東南アジアの大陸部は「民族の十字路」と呼ばれているほど，たくさんの民族が集まっている。日本と同様に稲作が盛んで，魚の発酵食品をたんぱく源として取っている。また，野菜の生食もこの地域の共通点であり，香辛料

も利用される。

1）韓国

日本同様ご飯が主食でビビンパ（いろいろなものが混ざったご飯）はよく知られている。クッパ（汁にご飯を入れたもの）やチゲ（鍋物）も有名である。また，韓国料理と言えばプルコギ（焼肉）という日本人も多い。キムチは漬物の総称で，種類は多いが，白菜が最も多く食べられる。これは漬物としてだけではなく，さまざまな料理にも使われ，韓国人の惣菜となっている。とうがらしを多く使うので，韓国料理のイメージは赤くて辛いものになっている。

2）タイ

タイは，中部，東北部，北部，南部の４つに地方分けされる。中部は首都バンコクがあり，アユタヤ王朝の伝統と田や川のそばに暮らす庶民の複合的な料理が特徴となる。特にトムヤム・クンはタイの代表的な料理で，えびの入った酸っぱくて辛いスープである。世界三大スープの一つといわれている。

3）ベトナム

ベトナムは中国の南部と接しており，食文化は中国の影響を強く受けているが，さらに，フランスの植民地として支配下にあったことより，フランスの食文化の影響も受けている。東南アジアで，唯一茶碗にご飯を盛り，箸で食べる文化圏である。米食中心だが，米の利用法が豊富で，フォー（米粉めん）や生春巻きは日本でも良く知られている料理である。また，米粉の菓子もある。味は淡泊でなじみやすい。

4）カンボジア

カンボジア料理は米と魚の発酵食品に代表されることより，東南アジアの食の原型はカンボジアではないかと考えられている。塩辛をベースにし，香辛料やライムの果汁を加えて基本の味を作り出したのはカンボジア人と言われている。料理によっては，タイやベトナムの影響を受けているものもある。

5）ラオス

主食はもち米である。中国の雲南省に接していることより，粘り気のある食材を主食にもおかずにも使うことに影響している。タイ料理に比べて味は辛く，四川のさんしょうにもつながると考えられている。また，竹の利用が発達しており，もち米を蒸すものも，蒸し上がったものを入れるものも，また食卓も竹でできている。

6）ミャンマー

ご飯のおかずにカレーがよく作られる。このカレーは，限られた香辛料が入り，ココナツミルクは入らないものである。材料をたっぷりの油で炒め煮にする方法が特徴的で，汁気が少ないので，スープをセットにすることが多い。乾燥地帯であるため豆類をたくさん使うことはインドとも共通している。

7）インドネシア

インドネシアは「赤道にかかるエメラルドの首飾り」と言われるように250以上もの多くの島々からなっている。そのため気候・風土も異なり、当然食べるものも異なってくる。民族、言語、宗教も多種で、食材特に肉類の選択は宗教の影響を受けている。主食も、米、サゴでんぷん、バナナや、さつまいも等のいも類、とうもろこし、雑穀、パンの木[*]の実等さまざまである。日本ではナシ・ゴレン（スパイスのきいた炒めご飯）が有名である。

（2）オセアニア

南太平洋のオーストラリアとニュージーランドが有名であるが、いずれもイギリスの植民地であったことにより、食生活はイギリス料理の影響を受けている。

1）オーストラリア

先住民のアボリジニは狩猟民族で、この流れをくみ、肉類が多く食べられる。野生動物（カンガルー、エミュー、わに等）も食用とされる。食の特徴は「ピクニック料理」とも言われ、その場にある食材を使い、手早く簡単に作る。

2）ニュージーランド

こちらの先住民マオリは、ポリネシアから来た農民で、農作物を栽培した。海洋民でもあることから、魚介類や海藻等も利用し、食材は豊かである。主食はでんぷん質のいも類である。また、しか肉を使った料理も食べられる。

（3）ハラールフード

アラビア語でハラールとはイスラム法に合法的のものを指すので、ハラールフードとはイスラム教徒（ムスリム）が食べているものである。豚肉は不浄のもの（ナジス）ということで全面的に禁止されており、豚由来のもの（ポークエキス、ゼラチン、豚脂等）も利用することができない。また、ハラールな動物であっても屠殺の仕方が合法的でないと食べられない。しかしながら、ハラールには健康的、清潔、安全、高品質、高栄養価という意味もあることから、誰でも食べることができる。欧米では早くから、また日本でも健康の意識の高い人には注目されている。

9.3 行事食と郷土食

9.3.1 行事食

日本の家庭には伝統的な年中行事がある。これらの行事にはそれぞれの行事の意義や意味をあらわす料理が作られる。これを「行事食」という。行事食は家族で食卓を囲んだり、親類縁者や地元の近隣の人々を招いたりする。

以前は，暮れに重箱に詰めた料理を作っておき，正月三が日は主婦の手を煩わせないようにすることが目的であった。したがって，腐りやすいものは避け，できるだけ保存がきくように，砂糖や塩等の味を濃い目に作った。重詰の順序に決まりはないが，一例を示す。

一の重（口取り）：紅白（日の出）かまぼこ，梅花羹，伊達巻，くりきんとん等

二の重（焼き物）：牛肉の八幡巻き，鶏のみそ松風焼き，魚の西京みそ漬け等

三の重（煮物）：梅人参，手綱こんにゃく，昆布巻き，亀甲しいたけ照り煮，えびうま煮等

与の重（酢の物）：なます，平目昆布しめ，菊花かぶ，矢羽根れんこん等

（四番目の重は与の字をあてる。正月の縁起を担ぎ，数字の四は死につながることから使わない。）

（1）正月料理

伝統的な正月料理は新年を迎え，皆でお祝いする気持ちが込められている。代表的な献立は祝い膳で，屠蘇，祝い肴，雑煮が主体になる。他にも重箱に詰めた，いわゆる「お節料理」^{＊1}もある。

1）屠蘇

祝い酒で，不老長寿の酒と言われている。屠蘇散をみりんまたは清酒につけておき，これを銚子に入れてさかづきと共に膳に盛る。

2）祝い肴

酒の肴を三種盛り合わせることから「三つ肴」とも呼ばれる。関東では，田作り，黒豆，数の子の三種だが，関西では田作りの代わりに叩きごぼうが入り，地域によっては黒豆の代わりの所もある。

田作り：ごまめ（五万米）とも呼ばれ，江戸時代に五穀豊穣を願って，田畑に小魚を肥料として用いたことに由来する。

黒豆：「まめ」は元来，健康・丈夫という意味がある。1年をまめに暮らせるように願いを込める。また，黒色が邪気を祓うとも言われている。

数の子：にしんの卵の数が多いことから，多くの子（数の子）を授かるように，子孫繁栄を祈る。また，にしん（二親）が健在という意味もある。

たたきごぼう：ごぼうは正月の花びら餅（和菓子）の芯に使われるように，縁起が良い食材である。ごぼうの根が地中深く，細く長く根付くことより，家や家業がしっかりと基礎を固め，安定することを祈る。

3）雑煮

もちに具をあしらった汁物で，汁の仕立て方（澄まし，みそ），もちの形（丸，角），具の種類（野菜，肉，魚）等が地方により異なっている。

（2）七草（1月7日）人日の節句^{＊2}

古来は悪鳥を追い払う行事で，縁起として七草粥を食べて1年間の厄を祓

・・・・・・・・・・・・・・・コラム19　お節料理のいわれについて・・・・・・・・・・・・・・・

紅白蒲鉾：蒲鉾は新年の日の出に見立てる。紅は慶びとめでたさを，白は神聖を表し，新しい門出を祝う。

くりきんとん：きんとんは「金団」と書き，黄金色を財宝に見立てる。くりは山の幸の代表で，古来「勝ちぐり」と言い勝負運を願う。

伊達巻き：伊達は華やかさや派手さを表す。形が巻物に似ていることから，文化の発展や学問・習い事の成就を願う。

昆布巻き：喜ぶにかけている。よろこぶを「養老昆布」とし，不老長寿を願ったり，こんぶを「子生」とあてて子孫繁栄を祈る。

えび（海老）：腰が曲がるまで長生きするように。

たこ（蛸）：たこを「多幸」とあて，幸多かれと願う。

たい（鯛）：めでたいにつながる。縁起が良いので，祝いの席には欠かせない。

い，健康を祈った。現在では，ご馳走が続いた正月に胃腸を休めるために食べ，無病息災を祈る方が知られている。春の七草は，せり，なずな（ぺんぺん草），ごぎょう（ははこ草），はこべら（はこべ），ほとけのざ，すずな（かぶ），すずしろ（だいこん）である。

(3) 鏡開き（1月11日）

正月に供えた鏡もちを下げ，これを割って汁粉にしていただく。鏡もちは暮れから正月にかけて歳神様を迎えるのに供えるもので，三方（折敷に台がついたお供え物をのせる器）に四方紅（四方が赤く彩られた和紙）または奉書紙を敷き，その上に丸い大小の餅を2つ重ねて置き，裏白（表は緑，裏は白い葉）や御幣（紅白の紙垂れ）を飾り，一番上に橙をのせる。他にゆずり葉やこんぶ等も飾るが，地域により伊勢海老，串柿，勝ち栗，するめ，ごまめ，黒豆等も飾られる。

(4) 桃の節句，ひな祭り（3月3日） 上巳の節句

女の子の節句で，厄を祓い，無事の成長を祈る。おひな様や桃の花を飾り，白酒，菱餅，ひなあられを食べる。ちらし寿司やはまぐりの吸い物等も出される。

(5) 彼岸　春分の日（3月21日頃），秋分の日（9月23日頃）

春分の日，秋分の日は共に昼夜の長さが等しく，この日を境にその長さが変わり始めることから，自然や生物の生育の変化に心を留める祝日とされている。家族の健康や繁栄を祈り，祝意を込めた料理を作る。仏教では彼岸の中日として，墓参りをし，祖先の供養をする日とされている。精進料理（魚や肉等の生臭い物＝動物性食品を使わない料理）を作り，仏前には団子や**おはぎ**＊を供える。

＊萩が秋の花であることより，秋はおはぎ，春はぼたんの花が咲いていることより，ぼたもちと呼ばれる。

(6) 子どもの日（5月5日） 端午の節句

昔は男児の成長を祝った日で，こいのぼりを立て，よろい・かぶとや武者人形を飾った。菖蒲を飾り，粽や柏餅を供える習慣は今も残っている。現在は子供たちの健康と幸福を願う楽しい祝日となっている。

(7) 七夕祭り（7月7日） 七夕の節句

昔，天に織女という機織りが上手な娘がいたが，牽牛という婿を迎えてからは怠けて仕事をしなくなったため，天帝が二人を別居させ，年に1度7月7日に天の川を渡って会うことを許したという伝説から始まっている。短冊に願いを書いて，笹の葉に飾ることは一般的であるが地域により雨ごいや虫送り等の行事と融合しているものもある。天の川をイメージしてそうめんや，星をかたどった食材を使用する。

(8) 菊の節句（9月9日） 重陽の節句

古来，奇数は縁起が良い陽数で，その奇数が重なる日を祝ったことが始まりである。菊の花が咲く頃でもあるので，菊の節句と呼ばれる。菊は薬草としても用いられることより，不老長寿を願っている。菊の花を浮かべた菊酒をいただく。食用菊をお浸しや汁物にしたり，菊の形をした和菓子等が食べられる。

(9) 敬老の日（9月の第3月曜日）

お年寄りに敬老の心を表し，長寿を祝う日である。対象者の好きなものや，食べやすく消化の良いものを選び，皆で楽しく食卓を囲む。

(10) 七五三（11月15日）

昔は7歳と3歳の女児，5歳の男児であったが，今は3歳は男女とも対象にしていることが多い。子供たちが無事成長したことに感謝し，これからも健康で過ごせることを願い，お祝いする。千歳飴をいただき，子供たちの好きな献立を作り，楽しい食卓にする。

(11) 大みそか（12月31日）

一年の締めくくりに年越しそばを食べる。そばのように，細く長く，長寿への願いを込めて，皆でいただく。

(12) 誕生祝い（誕生日）

一年間健康で，無事に誕生日を迎えられたことを祝う。年の数のろうそくをケーキにさして火を吹き消したり，プレゼントを渡したりする。老若男女，祝われた人の年齢や状態，好み等を考慮した献立を考え，皆で楽しい時間を過ごす。

9.3.2　郷土食

日本には昔から「身土不二」の考えがあり，その地で育った食材を使った，地産地消による料理がある。このような，ある地方に特有で伝統的な料理を「郷土食」という。しかし，全く独特の料理はまれで，多少の相違はあっても，他の地方でも作られている物が多い。郷土食は，特産品を材料とする物と，その地方で多産，あるいは良質の産があり，それを材料にする物に大別される。前者には，秋田のはたはた，三陸のほや，富山のほたるいか，佐賀のむつごろう等を使った料理がある。後者には，北海道のさけ，にしん，茨城のあんこう，北陸・山陰のかに，京阪のはも，岡山のままかり，広島のかき，関門のふぐ，といった魚介類，長野のそば，京都のたけのこといったものを使った料理がある。

9.4　食作法

食器は料理を盛り付ける時に使う器であり，料理との調和を考えて，それぞれ適したものが用いられる。また，地域・文化・習慣により，その形状や材質等はさまざまである。見た目だけでなく，食べる時の目的や，機能性を考慮して選ばれる。その料理を食べる時に使う道具を食具という。食作法として，手で食べる，箸を使って食べる，ナイフ，フォーク，スプーンを使っ

て食べる，の3つの文化圏がある。

9.4.1　手食文化圏

　東南アジア，中近東，アフリカ，オセアニア等の地域である。手で食べることは人類の文化の根源であるが，イスラム教徒・ヒンズー教徒，東南アジアでは手を使って，混ぜる，つかむ，つまむ，運ぶなどの厳しい手食マナーもある。

9.4.2　箸食文化圏

　日本，中国，韓国，北朝鮮，台湾等の地域である。中国文明の火を使った料理から発生している。日本では箸だけだが，中国や朝鮮では箸とスプーンの両方を用い，料理を混ぜたり，はさんだり，運んだりする。

9.4.3　ナイフ，フォーク，スプーン食文化圏

　ヨーロッパ，ロシア，南北アメリカ等の地域である。17世紀のフランス宮廷料理の中で確立した。ただし，パンだけは食具を使わず，手で食べる。料理をナイフ，フォーク，スプーンを使って，切る，刺す，すくう，運ぶなどして食べる。

【演習問題】
問1　日本料理に関する記述である。正しいのはどれか。1つ選べ。

(2015年国家試験)

(1) 本膳料理は，江戸時代に始まった食事様式である。
(2) 精進料理は，植物性食品を中心にした食事様式である。
(3) 普茶料理は，肉類を用いるのが特徴である。
(4) 懐石料理は，本来，茶事の後に出される。
(5) 会席料理は，初めに飯と汁が出る。

解答（2）

📖 **参考文献**
　　石毛直道監修：世界の食文化①韓国，②中国，④ベトナム・カンボジア・ラオス・ミャンマー，⑤タイ，⑥インドネシア，⑦オーストラリア・ニュージーランド，⑫アメリカ，⑮イタリア，⑯フランス，⑰イギリス，⑱ドイツ，農文協（2008）
　　川端晶子，畑明美：調理学，建帛社（2018）
　　千田真規子，松本睦子，土屋京子：新版　調理―実習と基礎理論―，建帛社（2017）
　　土屋京子：節句と節句料理についての一考察，東京家政大学博物館紀要第15集（2010）
　　日本ハラール協会　https://jhalal.com（2019年7月10日閲覧）

第10章　食事設計

10.1　日常食の献立作成

10.1.1　献立作成の基本

（1）栄養素

　健康の保持・増進と共に生活習慣病の予防に取り組むためには食事を通してエネルギーおよび栄養素の管理が重要となる。しかしながら，喫食者によって必要な栄養素量が異なるエネルギーや食塩相当量の過剰摂取，また食物繊維の摂取不足などが生活習慣病の発症に大きく関わっている。そのため，献立を作成するにあたり，まずは，喫食者の性別や年齢，身体活動レベルや健康上の問題点を知ることが大切である（pp.150-154 参照）。そのうえで，食事摂取基準や**食生活指針**（p.148 参照）などを参考に各栄養素量を決定し，欠乏や過剰を回避する必要がある。

（2）嗜好性

　食事は，喫食者がおいしいと感じることが重要である。焼き加熱や揚げ加熱など調理法に偏りがないことや味付けの組合わせ，香りの付与といった工夫が必要である。また，見た目もおいしさに反映されるため，彩りが良くなるように食材の組合わせや，切り方を工夫するとよい。さらに，旬の食材を用いたり，使用する器や盛りつけ方を変えたりして，季節を感じられる料理にすることも喫食者の満足度につながる。なお，喫食者の好みを把握し，献立に反映させると満足度は上がるが，食材や栄養素バランスに偏りが出ないように注意する必要がある。

（3）環境への配慮

　食材の選択や調理，後片付けまで，食事を提供する一連の流れは環境と密接に関わっている。用いる食材がどの産地でどのように流通されたものか，食材の購入量が適切で無駄がないかどうか，そして，それらを調理する際に必要以上にエネルギー，水や洗剤を使用していないか，また不要になった食材や油などが適切に廃棄できているかを考え，環境に負荷を与えないようにする（pp.56-59 参照）。

（4）食　費

　調理に用いる食材や調味料のうち，調味料や加工食品の価格は比較的安定

しているが，生鮮食品は季節や気候によって価格の変動が大きい。これらは旬になると出荷量が増えて価格が抑えられるため，旬の食材をうまく活用する。しかし，天候不順で不作になると価格が上昇するため，その場合は食材を変更するといった対応が求められる。

(5) 衛生への配慮

給食施設では，大量調理施設衛生管理マニュアル(厚生労働省)に基づき，加熱調理時には食材中心部まで十分加熱されているかの確認，原材料や調理後の食品保管時の温度管理，加熱調理後の食品や非加熱調理食品の二次汚染を防ぐための対策などが実施されている。さらに，ノロウイルスに対する対策が2017年から加えられている。

調理品による危害，すなわち食中毒や異物混入などを防ぐため，食材や調理過程，料理を喫食者に提供するまで，衛生管理は徹底する必要がある(pp.31-33 参照)。

(6) 市販品の活用

さまざまな給食施設では，廃棄物の減量や下処理の軽減のためにカット野菜や冷凍食品(野菜や魚介類など)が利用されている。ほかにも野菜や肉，魚など，料理に合わせて切り方やサイズを指定して発注することが可能であり，オーダー加工品といわれている。

家族向けには容器に小分けされたものや，レトルト加工された総菜のほか，コンビニなどの弁当，その他加熱などの簡単な調理で食べることのできる調理済み食品が近年非常に充実している。しかし，これらは脂質や食塩の含量が多いものや食品添加物の使用量が多いものがある。また，野菜や果物類の使用量が少なく，食物繊維やビタミン類などが不足しがちであるため，これらの栄養素を含む食品を積極的に摂取する必要がある。

(7) 一汁三菜等の献立作成

献立は1回の食事の料理構成を表したもので，一般的に主食，主菜，副菜，副々菜，汁物を組み合わせた一汁三菜が基本である(図10.1)。主食は米や小麦など，炭水化物を多く含む料理で，主菜は肉や魚，卵や大豆製品などたんぱく質や脂質が多く，献立の中心となる料理である。副菜や副々菜は野菜，きのこや海藻を用いた料理でビタミンやミネラル，食物繊維が豊富である。汁物は季節感や食品構成を考慮して汁の種類や椀種などが決められる。

また，主食と主菜(丼物)，主菜と副菜(筑前煮・肉じゃが・シチューなど)，副菜と汁物(けんちん汁など)，主食と主菜・副菜(カレーライスなど)を組み合わせて一つの料理として考える場合もある。

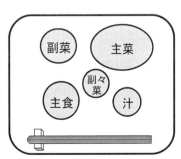

図 10.1　日常食（一汁三菜）配膳例

（8）スマートミール認証

＊1　スマートミールホームページ
http://smartmeal.jp/
smartmealkijun.html

外食や中食，事業所給食で，「健康的な食事」を継続的に健康的な環境で提供する店舗や事業所を認証（**スマートミール**ホームページより）[*1]する制度である。提供する食事のエネルギー量やPFC比，食塩相当量などが基準に合っているか，野菜など（野菜・きのこ・海藻・いも）の重量が基準値以上であるかどうか，さらに外食や給食施設などは食事をするスペースが禁煙であるかが審査の対象となる。この認証制度は，外食や中食（総菜や弁当）の利用者がより健康的な食生活が送れるように，「健康な食事・食環境」コンソーシアムが審査・認証を行っている。

10.1.2　食品の栄養素と日本食品標準成分表

（1）日本食品標準成分表

＊2　日本食品標準成分表2020年版（八訂）の収載食品数は2,478。

日本食品標準成分表（以下，食品標準成分表）は，文部科学省科学技術・学術審議会資源調査分科会が，調査して公表している日常的な食品成分に関するデータで，18食品群に分けて収載されている（**表10.1**）。近年は5年ごとに改訂され，収載食品数は，随時追加されている。[*2]

表10.1　日本食品標準成分表成分項目

	食品群
1	穀類
2	いも及びでん粉類
3	砂糖及び甘味類
4	豆類
5	種実類
6	野菜類
7	果実類
8	きのこ類
9	藻類
10	魚介類
11	肉類
12	卵類
13	乳類
14	油脂類
15	菓子類
16	し好飲料類
17	調味料及び香辛料類
18	調理済み流通食品類

出所）文部科学省資源調査部日本食品標準成分表2020年版（八訂）より

表10.2　日本食品標準成分表成分項目

	成分項目
1	廃棄率
2	エネルギー
3	水分
4	たんぱく質 アミノ酸組成によるたんぱく質 たんぱく質
5	脂質 脂肪酸のトリアシルグリセロール当量 コレステロール，脂質
6	炭水化物 利用可能炭水化物（単糖当量） 利用可能炭水化物（質量計）， 差引き法による利用可能炭水化物， 食物繊維総量，糖アルコール，炭水化物
7	有機酸
8	灰分
9	無機質 ナトリウム，カリウム，カルシウムなど
10	ビタミン A，D，E，B_1，B_2，B_6，B_{12}，Cなど
11	その他（アルコール・食塩相当量）
12	備考（食品の別名・廃棄部位など）

出所）文部科学省資源調査部日本食品標準成分表2020年版（八訂）より

（2）成分項目

成分項目には，廃棄率，エネルギー，水分，たんぱく質，脂質，炭水化物のほか，食塩相当量，アルコールなどがある。詳細は**表10.2**に示す。備考欄は，食品の別名や廃棄部位などのような情報が記載されている。

（3）成分値の表示方法

成分値は，廃棄部分を除いた可食部100gに含まれる重量で示されている。未測定のものは「－」，測定値が最小記載量の1/10未満または検出されなかったものは「0」，測定値が最小記載量の1/10以上で5/10未満のものは「Tr（トレース）」と示されている。ただし，食塩相当量は算出値が最小記載量の5/10未満が「0」とされている。また，（　）で示されているものは，文献などから推定された数値である。

10.1.3　食事摂取基準の活用

　日本人の食事摂取基準は，健康な個人ならびに集団を対象として，国民の健康の保持・増進，生活習慣病の予防のために参照するエネルギーおよび栄養素の摂取量の基準を示したものである。日本人の食事摂取基準2020年版では，高齢者の**フレイル**[*1]への対策として，年齢区分の細分化や，低栄養予防のための目標量について設定されるなど，さらなる高齢化の進展をふまえた内容になっている。

　食事摂取基準では，エネルギーや各栄養素の摂取量が性別や年齢，身体活動レベルごとに示されている。設定指標としては，エネルギーについてはBMIが採用され，34種類の栄養素について，**推定平均必要量**[*2]や**推奨量**，**目安量**，**耐容上限量**，**目標量**を用いている（図10.2，図10.3）。

*1　フレイル　虚弱を表しており，高齢者に対するフレイル対策（フレイルの予防）が重要とされている。日本人の食事摂取基準（2020年版）では，65歳以上の高齢者に対し，たんぱく質などでフレイル予防を目的とした目標値が策定されている。

*2　推定平均必要量　当該（年齢・性別・身体活動レベルごと）集団における必要量の平均値と推定される摂取量。
推奨量：ある集団に属する97～98%の人が充足している量。
目安量：特定の集団における，ある一定の栄養状態を維持するのに十分な量と設定されている。
耐容上限量：健康障害をもたらすリスクがないとみなされる習慣的な摂取量の上限の量。この上限量を超えて摂取すると，過剰摂取によって生じる潜在的な健康障害のリスクが高まる。
目標量：生活習慣病の発症予防を目的として，現在の日本人が当面の目標とすべき摂取量。生活習慣病の重症化予防などを目的とした量を設定できる場合は，発症予防を目的とした目標量とは区別して提示されている。

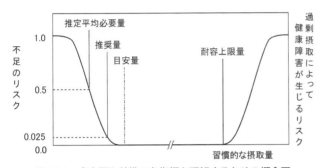

図10.2　食事摂取基準の各指標を理解するための概念図

出所）厚生労働省：日本人の食事摂取基準（2020年版）策定検討会報告書，p.7より

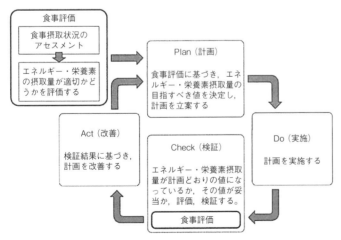

図10.3　食事摂取基準の活用とPDCAサイクル

出所）厚生労働省：日本人の食事摂取基準（2020年版）策定検討会報告書，p.21より

10.1.4 献立作成の手順

（1）食品の分類

　各施設では，独自に食品群別に使用頻度の高い食材を分類している。食品群の区分は日本食品標準成分表（表10.1）を参考に，各施設で決定されている。食品群に分けられた食材が豊富で多岐にわたる場合は，さらに細かく分類されることがある。例えば，穀類は，米やパン類，めん類，その他の穀類，また肉類では，肉類（生）と肉加工品（ハムやベーコンなどが含まれる）などである。このように細かく分類しておくことで，献立を作成する際に利用しやすいように工夫されている。

（2）給与栄養目標量の設定

　日本人の食事摂取基準から算出されるもので，年齢や身体活動レベルを基にして，1日に必要な推定エネルギー必要量，たんぱく質や脂質の摂取目標量，その他ビタミンやミネラル，食物繊維など特に重要とされる栄養素について設定する。給与栄養目標量は，利用者のBMIの変化（標準の範囲から著しく逸脱していないか）などを参考に，定期的に評価（栄養アセスメント）を行い適宜修正する必要がある。

（3）食品構成表の作成（荷重平均成分表値，食品構成表の作成）

　荷重平均成分表（値）は，各施設における食材の利用状況を基に，類似した性質をもつ食品を同一に分類し，その使用比率に基づいて求めた栄養成分の値から作成した食品群別の成分表のことである。献立を作成する対象（施設）ごとに次のように作成される。算出例を表10.3に示す。

A）食品群ごとに，一定（半年や1年）の間使用された食材の総使用量を求め，集計する。

B）総使用量に対するそれぞれの食材の使用比率を求める。

表10.3　荷重平均成分値の算出例（獣鳥肉類）

	期間中の総使用量 (kg)	比率 [B] (%)	エネルギー [C] (kcal)	たんぱく質 [C] (g)	脂質 [C] (g)	鉄 [C] (g)	ビタミン B_1 [C] (mg)
にわとり（若どり）むね　皮つき	73.5	24.5	33	5.2	1.4	0.1	0.02
にわとり（若どり）	98.1	32.7	62	5.4	4.6	0.2	0.03
ぶた（大型種肉）	45.9	15.3	18	3.4	0.6	0.1	0.15
ぶた（大型種肉）	82.5	27.5	101	4.0	9.7	0.2	0.14
計	300 [A]	100.0	214 [D]	18.0 [D]	16.3 [D]	0.6 [D]	0.34 [D]
荷重平均食品成分値	—	100 (g)	214	18.0	16.3	0.6	0.34

注）表中のA）・B）・C）・D）は本文中の説明箇所を示す

C）食材の使用比率を基に，日本食品標準成分表を使用して，各食材のエネルギーおよび栄養素量を求める。

D）算出した値を集計する。これが食品群の荷重平均成分値となり，食品群ごとにまとめたものが荷重平均成分表である。

　対象および施設により食材の使用頻度や量は異なるため，荷重平均栄養成分表を作成しておくと献立が作成しやすくなる。

　食品構成とは，給与栄養目標量を充足させるために何をどれだけ食べればよいか，食品群ごとに使用量を示したものであり，これをまとめたものが食品構成表である。日本人の食事摂取基準（エネルギー産生栄養素バランス）や健康日本 21，食事バランスガイドなどを参考に，以下のように作成される。

① 炭水化物エネルギー比（50～60 ％エネルギー）を基に穀物エネルギー比を配分し，穀類（主食）の使用量を求める。

② 動物性食品の使用量を求める。

　まずたんぱく質エネルギー比（13～20 ％エネルギー：食事摂取基準「目標量」）からたんぱく質の使用量を求め，そのうち動物性たんぱく質の比率が 40～50 ％程度になるように動物性食品（肉類，魚介類，卵類，乳類など）の使用量を求める。

③ 残りのたんぱく質を植物性食品に配分し，豆類などの使用量を求める。

④ 野菜は 1 日 350 g，そのうち緑黄色野菜が 120 g（健康日本 21），果物は 1 日 200 g（食事バランスガイド）という指標を考慮しながら植物性食品を配分する。

⑤ 栄養素の合計を集計し，脂質エネルギー比（20～30 ％エネルギー：食事摂取基準「目標量」）から脂質の使用量を求め，不足分を脂質や種実類に配分する。

⑥ 残りのエネルギー量から砂糖や甘味料の使用量を求める。

⑦ 再度栄養素の集計を行い，給与栄養目標量の範囲に収まっているかどうか，PFC が適切かどうかを確認し，過不足が大きい場合は調整を行う。

（4）献立立案と評価

　日常食の献立は，一般的に日本料理や中国料理，西洋料理，そしてこれらを組み合わせた折衷料理の様式を用いて構成される（表 10.4）。喫食者の健康の保持・増進や生活習慣病の予防を目的として，必要な栄養素がバランスよく摂取できることが大切であるが，季節，調理法，嗜好性や経済性にも考慮する必要がある。

　1 ヶ月単位などの献立（期間献立）を立てる場合には，主菜や調理法が重ならない

表 10.4　献立の分類

様式別献立	日本料理：本膳料理，懐石料理，会席料理，精進料理など 中国料理：北京料理，広東料理，上海料理，四川料理 西洋料理：フランス料理，イタリア料理，スペイン料理， 　　　　　ロシア料理など その他：エスニック料理など
目的別献立	日常食：乳・幼児期食，学童期食，思春期食・成人期食・ 　　　　高齢期食など 特殊栄養食：妊婦・授乳婦食，治療食，スポーツ栄養食など 供応食・行事食：正月，誕生日，七五三，結婚式など

＊栄養素量の計算（エネルギーやたんぱく質など）

$$栄養素量 = \frac{食材の分量(重量) \times 日本食品標準成分表の栄養素量}{100}$$

ように配置し，また期間内に行事がある場合は，行事食を取り入れるなど配慮して計画する。期間献立を基に短期間の予定献立を作成し，日本食品標準成分表を用いて**栄養素量の計算**[＊]・評価を行い，必要に応じて修正を行う。その手順を以下に示す。

【予定献立の作成】

① 主食，主菜の料理名を決める。

② 主食や主菜で不足する食品群から数品を加えて副菜を決める。主菜に付け合わせるか，異なる1品にする。いずれの場合も主菜に合う料理にする。

③ 汁物を決める。（食塩相当量が多くなるため，毎食は必要ない）

④ 食品構成表を参考に分量を決定し，栄養面の点検を行う。

⑤ 不足している場合は，デザートや間食を加える。

予定献立が完成したら，以下の内容を確認し，必要に応じて修正を行う。

【献立の評価】

① 1日3食の配分が適当か。

（1日分のエネルギーを朝：昼：夕＝1：1.5：1.5に分けることが多い）

② 1日に必要な栄養素量(給与栄養目標量)が充足できているか。

③ 使用食品や調理法，食味，料理の配色に偏りがないか。

④ 季節感があるか。

⑤ 喫食者が満足できるか。

⑥ 献立が予算内で実施することができるか。

⑦ 時間内に調理が可能か。

表 10.5　食生活指針

1. 食事を楽しみましょう。
2. 1日の食事のリズムから，健やかな生活リズムを。
3. 適度な運動とバランスのよい食事で，適正体重の維持を。
4. 主食，主菜，副菜を基本に，食事のバランスを。
5. ごはんなどの穀類をしっかりと。
6. 野菜・果物，牛乳・乳製品，豆類，魚なども組み合わせて。
7. 食塩は控えめに，脂肪は質と量を考えて。
8. 日本の食文化や地域の産物を活かし，郷土の味の継承を。
9. 食料資源を大切に，無駄や廃棄の少ない食生活を。
10.「食」に関する理解を深め，食生活を見直してみましょう。

出所）文部科学省決定，厚生省決定，農林水産省決定　平成28年6月一部改正，
http://mhlw.go.jp/file/06-Seisakujouhou-10900000-
Kenkoukyoku/0000129379.pdf
（2019年11月28日閲覧）より

10.1.5　食生活指針

国民が健全な食生活を実現できるように厚生省(現厚生労働省)，農林水産省，文部省(現文部科学省)が連携し，2000(平成12)年に策定した。その後，2016(平成28)年に一部が改正された(表10.5)。近年の生活習慣病の増加や食料自給率の低下，食料資源の浪費など，食生活においてさまざまな問題がおきている。これらは，健康・栄養についての適正な情報の不足や食習慣の乱れ，食料の海外依存などによるところが大きい。

食事設計を行う場合，食生活指針にもあるように，主食，主菜，副菜を基本に多様な食品を組み合わせるようにして食事のバランスを整え，ご飯などの穀類をしっかりと取ることで糖質からのエネルギー摂取を適

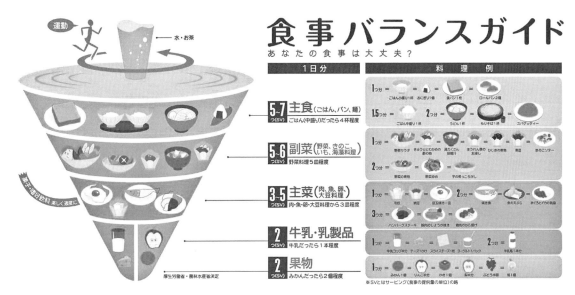

図 10.4　食事バランスガイド

出所）厚生労働省．https://www.mhlw.go.jp/shingi/2005/06/dl/s0621-5a.pdf（2019 年 10 月 18 日閲覧）より

切に保つようにする。さらに地域の産物を積極的に活用し，無駄や廃棄を減らした食生活を送るように努める。

10.1.6　食事バランスガイド

　食事バランスガイドは，健康な人々の健康づくりを目的として，食生活指針(**表 10.5**)の項目が一般の人々にもわかりやすく，実践しやすいように作られたものである。専門の知識がなくても栄養素のバランスがとれた 1 日の食事を計画し，さらに食事の評価や改善のために一般の人々が活用することが期待されている。2005 年に「日本人の食事摂取基準 2005 年版」の数値を基に，厚生労働省と農林水産省によって合同で発表され，「日本人の食事摂取基準 2010 年版」に合わせて改定(2010 年)された。1 日に「何を」「どれだけ」食べればよいかを，「主食」「副菜」「主菜」「牛乳・乳製品」「果物」の区分に，料理のイラストを目安(**SV：サービング**[*])として示している(**図 10.4**)。全体的にコマのイラストが用いられ，重要な水・お茶は軸に，そしてコマの上で運動をする人は，バランスの良い食事だけではなく，運動を行わないとコマが倒れることを示している。なお，SV 量は，性別や年齢，身体活動レベルによって異なり，バランスガイドにはエネルギー量が 2200 ± 200kcal (基本形)の 1 日分の量が記載されている。

* **SV（サービング）**　食事の提供量の単位のことで，一皿分の料理の標準量を表したもの。主食，副菜，主菜などコマにあるイラストの個数分を 1 日で摂取すれば，栄養バランスの整った食事になる。

10.1.7　食品の購入および保存時の留意点

　献立に記載されている食材の重量は，一般的に可食部(食べることができる)

重量である。しかし，実際に購入する場合は廃棄する部分(いも類や果物類の皮や魚類の内臓や骨など)も含めた状態で購入する。そのため，日本食品標準成分表に記載されている廃棄率などを参考にして，図10.5の計算式を用いて廃棄量を含めた重量を求め，発注する。

購入した食材は，状態などを確認後，速やかに適切な保存を行い，品質を維持することが重要である。

$$\text{廃棄部を含めた原材料重量（g）} = \frac{\text{調理前の可食部重量（g）}}{100 - \text{廃棄率（%）}} \times 100$$

図 10.5　廃棄部を含めた原材料重量を求める計算式

10.2　ライフステージへの対応

私たちはライフステージの変化に伴い，成長・発達，成熟，老化など身体的・精神的変化を経験することになる。特に身体的変化に合わせて食事の量や質についても考慮しなければならない。ライフステージごとの食事設計で留意することを以下に示す。

10.2.1　妊娠・授乳期

(1) 妊娠期

妊娠期は胎児の健やかな成長のため，また児の将来の健康のため母親の適切な栄養管理[*1]は重要な要素となる。妊娠期に付加が必要な栄養素等はいくつかあり，その中でも日常の食生活で注意すべき主なものとして，エネルギー[*2]，たんぱく質[*3]，ビタミン類，鉄[*4]，葉酸[*5]があげられる。

推定エネルギー必要量の後期付加量 450 kcal（身体活動レベルⅡ）は，目安としてコンビニのおにぎりサイズで 2〜3 個程度であるため，1 日の食事量が極端に増加するということではない。たんぱく質付加量の供給源として，動物性食品では赤身肉や必須脂肪酸も含む青魚，植物性食品では大豆・大豆製品など，良質のたんぱく質を含む食材を主菜，副菜に取り入れる。ビタミンB群で，特にビタミンB_1はグルコースからのエネルギー産生に補酵素として働くが，未精製の穀類に多く含まれるため，精白米を主食とする日本人が摂取しにくい栄養素である。また，調理による損失率が高いという性質がある。主食には，未精製の穀類を適宜取り入れ，ビタミンB_1を多く含む豚肉を主菜として，またハムなどの加工品(低塩・減塩タイプ)を副菜やサンドイッチの具として取り入れると良い供給源となる(表10.6)。さらに，鉄は非妊娠時でも推奨量を満たすことが難しい栄養素である。吸収率の良いヘム鉄を多

*1　妊娠高血圧症予防のためにも，妊娠中は減塩を心がけたい。

*2　エネルギーの付加量は，推定エネルギー必要量に対し，妊娠初期は + 50 kcal，中期で + 250 kcal，後期が + 450 kcal である。

*3　たんぱく質の付加量は，推奨量に対し初期は 0 g，中期で + 5 g，後期が + 25 g である。

*4　鉄の付加量は，推奨量に対し初期は + 2.5 mg，中期・後期で 9.5 mg である。

*5　葉酸の付加量は，推奨量に対し，中期 - 後期で +240 μg である。なお，妊娠の可能性がある，または妊娠初期の妊婦は，胎児の神経管閉鎖障害のリスク低減のために，通常の食品以外の食品から 400 μg/日摂取することが望まれる。

表 10.6　ビタミン B₁ を多く含む食品

食品名	1 回使用量 (g)	使用量当たりの含有量(mg)
ぶたヒレ(大型種)	100	1.32
ぶたもも(大型種)	100	0.96
ボンレスハム	20	0.18
かつお(春獲り)	100	0.13
たらこ	50	0.36
べにざけ	70	0.18
ぶり	70	0.16
えだまめ	50	0.16
えのきたけ	50	0.12
はいがめし	120	0.10
干しそば(乾)	100	0.37

出所）文部科学省：日本食品標準成分表 2020 年版（八訂）に基づき作成

表 10.7　鉄を多く含む食品

ヘム鉄	1 回使用量 (g)	含有量 (mg)	非ヘム鉄	1 回使用量 (g)	含有量 (mg)
豚レバー	50	6.5	小松菜	80	2.2
牛ヒレ(和牛)	80	1.9	ほうれん草	80	1.6
鶏レバー	30	2.7	切り干し大根	10	0.3
まいわし(丸干し)	50	2.2	糸引き納豆	50	1.7
かつお	80	1.5	絹ごし豆腐	150	1.8
きはだまぐろ	70	1.4	おから(生)	30	0.4
さんま	80	1.1	がんもどき	80	2.9
かき(養殖)	100	2.1	ほしひじき(ステンレス釜・乾)	5	0.3
あさり	30	1.1	鶏卵*	50	0.7

出所）東京都病院経営本部ホームページ
https://www.byouin.metro.tokyo.jp/shoukai/eiyou/hinketsu/index.html
国立がん研究センター東病院ホームページ
https://www.ncc.go.jp/jp/ncce/info/seminar/recipe202.pdf より作表
文部科学省：日本食品標準成分表 2020 年版（八訂）より作表
＊鶏卵は動物性食品であるが，鉄の性質は非ヘム鉄となる。

く含む動物性食品(赤身の肉や魚，貝類など)や，植物性食品からは大豆・大豆製品，青菜類，海藻類などを献立に取り入れる(**表10.7**)。なお，植物性食品に含まれる鉄は吸収率が低いが，ビタミン C を多く含む果物や飲み物を添えると吸収率が向上する。葉酸については 159 ページを参照のこと。

(2) 授乳期

授乳期は，出産後の母体の回復，妊娠によって増加した体重の管理，母乳分泌に配慮した食事計画を行う。妊娠期同様に，**エネルギー**[*1]，**たんぱく質**[*2]，ビタミン類，**鉄**[*3]などの付加量が設定されている。付加量について献立を考えるポイントは妊娠期と同様である。しかし，近年は核家族が多く，仕事を持つ母親も多い。慣れない育児と家事の両立，仕事復帰への不安など精神的ストレスがかかる。電子レンジの活用，半調理済み食品などを利用した時短料理を適宜取り入れることで，母親の心身への負担を軽減することも大切である。

*1　エネルギーの付加量は，推定エネルギー必要量に対し，＋350 kcal である。

*2　たんぱく質の付加量は，推奨量に対し＋20 g である。

*3　鉄の付加量は，推奨量に対し＋2.5 mg である。

10.2.2　乳・幼児期

(1) 乳児期

生後 1 歳未満を乳児期という。生後 5〜6 カ月を過ぎるとそれまでの乳汁栄養だけでは発育に不十分となるため，幼児食(固形食)へと移行させる必要があり，この移行期に与える食事が離乳食である。離乳の進行は，児の月齢にこだわりすぎず，個々の成長に合わせて焦らずに行い，それぞれの期に応じた**食材の選定**[*4]，かたさ，量，味付けを心がける。また，乳児はウイルスや細菌感染への抵抗力も弱いため，衛生面に十分注意して調理操作を行う。さらに，離乳の初期は 1 回に与える量がごくわずかであるため，**調理方法を工**

*4　はちみつは乳児ボツリヌス症を引き起こすリスクがあるため，1 歳を過ぎるまでは与えない。

夫し，**ホームフリージング**[*2]なども活用すると良い。離乳後期になると手づかみ食べを始めるようになるので，子どもが手で持ちやすいサイズに食材を切るなどの工夫をする。

　厚生労働省では，妊産婦や子どもに関わる保健医療従事者を対象に，授乳・離乳の支援ガイド(2019年改訂版)を公表している。

(2) 幼児期

　満1歳から6歳未満(小学校就学前)までを幼児期という。幼児期は，心身の成長・発達が著しく，活動量も増えるためエネルギー不足にならないようにする。また免疫力も不十分であるため，調理操作や食品保存の衛生面にも注意する。さらに，あごの発達を促すため，適度な硬さのある食べ物を取り入れる。

　幼児期は自我が芽生え始め，第一次反抗期(いやいや期)が現れる。この時期の食事には，味覚の発達，望ましい食事のリズムを定着させ，食具の使い方，食事中のマナーなどを習得する教育的な役割もある。食品についても好き嫌いが現れ始める場合があるが，単なる食わず嫌いなのか，食べにくいからか，味，香り，食感を嫌うのかなど，食べない原因が何かを見極め，対処していく[*3]。

10.2.3　学童期・思春期

　6歳から11歳までを学童期という。学齢が進むにつれて身体も大きく成長し，運動能力も高まる。また，高学年ごろになると，第二次発育急進期が発現する。活動量が増えることや，成長のための必要栄養量が高まることを踏まえ，エネルギー・栄養素の過不足に注意する。

　学童期は，健全な食生活を確立し，成人期以降の健康づくりの基盤を育む大切な時期である。学校給食を通した食育(pp.173-174参照)と併せ，家庭においても，食事のリズム，適切な食事量の理解，食品の組合せ方，多様な食文化とのふれあいなどに配慮した献立を心がける。

　思春期の年齢区分の考え方はいくつかあるが，女子の場合およそ8～9歳から始まり(男子はそれより2年ほど遅れる)，完成は男女とも17～18歳ごろとなる。特に，第二次性徴の発現以降，月経のある女子では貧血予防に鉄の供給源となる食品を，男女では骨密度を高めるためのカルシウム供給食品を献立に積極的に加えるなどの配慮をしたい。

10.2.4　成人期

　20～64歳が成人期となるが，さらに細かく分類する方法もある。一般に，20歳代では朝食欠食率が他の年代に比べて高い傾向であり，欠食の理由は「時

　現代の日本人はとにかく忙しい。仕事に学業，家事や育児，余暇活動など，やるべきこと，やりたいことは山ほどあり，1 日 24 時間では足りないと思う者は多いだろう。料理に時間をかけることも難しくなっているなか，時短レシピが人気だ。小さい子どもを持つ母親，仕事の忙しい単身生活者，親の介護など，料理に手間をかけずにおいしく，安全で，栄養素バランスに配慮した食事をしたいと願う者は多い。例えば，電子レンジを上手に活用すれば，素材からでも簡単でおいしい料理は作れる。また，時短料理用の道具も種々考案されているので，調べて活用してみるのも良い。天然だしの代わりに使う顆粒和風だしは重宝するが，食塩を含むので高血圧症の発症予防のために，減塩，食塩無添加タイプも適宜取り入れると良い。料理が苦痛だと思われないよう，栄養士・管理栄養士は，サイエンスに基づいたアイデアを提供することが必要である。

間がない」，「朝は食欲がない」などが多い。朝食の準備には，手間をかけずに食べられる調理法が良い。また，前日の夜にある程度の下準備をしておくのも良いだろう。炭水化物，たんぱく質，ビタミン類が摂れるような食品の組合わせを考える。[*1]

　30 歳代以降の男性では肥満が問題である。肥満は種々の生活習慣病の要因となるため，予防や改善が望ましい。1 日の摂取エネルギーが慢性的に過剰とならないよう，食事バランスガイドなどを参考に，一汁三菜を基本とする栄養素バランスに配慮した献立が望ましい。また，女性では子育てが忙しい時期にもあたるため，家庭によっては料理の時間を確保しにくいという事情も生じてくる。市販の惣菜やインスタント食品に頼りすぎず，かつ調理担当者の負担を軽減するようなテクニックが求められる。[*2]さらに，高血圧予防にはこの時期から低塩の味付けに慣れておくと良い。

　50 歳代以降，男女ともに健康診査の結果で指摘事項が増えてくるようになる。特に女性では 40 歳代後半から閉経によるホルモンバランスの変化によって，不快な症状，脂質異常，骨密度の低下などがみられるようになる。適量のアルコールと低塩を心がけ，野菜やカルシウム源となる食品の摂取を心がける。また，高血圧予防には低塩のほか，積極的なカリウムの摂取が推奨されるが，カリウムは水に溶けやすい性質がある。野菜の下準備でゆでこぼしをするとカリウムが流出してしまうので，電子レンジによる下準備や蒸し器の利用，ゆで汁ごと食すことのできる料理を利用すると良い。

10.2.5　高齢期

　65 歳以上を高齢期という。個人差はあるが，徐々に身体機能や認知機能の低下がみられるようになる。味覚閾値の上昇がよく知られるが，高血圧の治療をする者も多く，減塩を指示されている場合には味付けに工夫が求められる。和食に偏ると食塩を取り過ぎる可能性があるため，塩，しょうゆ，み

[*1]　献立例：おにぎりやトースト，ゆで卵，ミニトマト，牛乳，果物（バナナやみかん）。包丁や複雑な調理操作を要さない組合せから始めてみる。

[*2]　p.153 コラム 20 参照。

表 10.8　減塩のポイント

1	天然だしのうま味を利用する	7	こくと風味を与えるナッツ類，油脂類を利用する
2	新鮮な食材を用い，その持ち味を活かす	8	具だくさんのみそ汁にする
3	香辛料，香味野菜や果物の酸味を利用する	9	塩蔵品は塩抜きする
4	焼き目，焦げ目の香ばしさを利用する	10	むやみに調味料を使わない（食卓に調味料を置かない）
5	低塩の調味料を使う	11	めん類の汁は残す
6	調味料は表面につける	12	つけものは控える

出所）日本高血圧学会ホームページ
　　　https://www.jpnsh.jp/data/salt01.pdf（2019 年 10 月 9 日閲覧）を一部改変

*1　すべてを薄味にするのではなく，味の濃い料理と薄い料理を組み合わせ，メリハリのある献立とする。

*2　海外の老年医学の分野で使用されている英語の「Frailty（フレイルティ）」が語源。「虚弱」という日本語訳が使われてきたが，フレイルティには身体的，精神・心理的，社会的側面があり，これらを包括した表現として「フレイル」を使用することを日本老年医学会は決定した。加齢により心身が老い衰えた状態であるが，早期の介入によって健康な状態に戻る可能性がある。

*3　フレイル対策には，筋肉をつくる材料となるたんぱく質を十分に摂取するほか，転倒による骨折を防ぐため，骨密度低下を予防するカルシウム摂取が必要である。

そなどのほか，ソースやケチャップ，ぽん酢の利用など，味付けに変化をもたせると良い[*1]。その他，減塩の調理テクニックを表 10.8 にまとめた。高齢期にかかわらずすべてのライフステージにおける減塩対策法として活用してもらいたい。また，高齢期には歯牙の欠損による咀嚼機能の低下や，飲み込むことが困難な嚥下障害もみられることがある。咀嚼機能に合わせて食材の大きさを考慮し，かくし包丁なども入れると良い。嚥下障害では，でんぷんなどを利用して濃度を調整すると誤嚥の予防にもなる。さらに，高齢期は食欲の低下や食事量が減少するという特徴もみられる。低栄養はフレイル[*2,3]に繋がる恐れがあるため，少量でも栄養価の高い食材を料理に取り入れると良い。低栄養予防対策として，例えば，牛乳は 200 g で 6.6 g のたんぱく質と 220 mg のカルシウムを補給できるが，プロセスチーズなら 1 片（25 g）で 5.7 g のたんぱく質と 158 mg のカルシウムが補給できる。このように，食品にはそれぞれ特徴があるため，食品成分についての知識を増やすと良いだろう。

10.3　生活習慣病予防への活用と展開

　代表的な生活習慣病は，①肥満症，②2 型糖尿病，③脂質異常症，④動脈硬化，⑤高血圧症，⑥高尿酸血症，⑦狭心症・心筋梗塞，⑧脳血管疾患，⑨肝硬変・脂肪肝，⑩がん（悪性新生物），⑪歯周病，⑫骨粗鬆症，⑬白内障・緑内障などで，これらの症状は重複することが多い。特に内臓脂肪型肥満との関連で起こりやすいと考えられている高血圧症，脂質異常症，耐糖能異常（糖尿病）などの症状が重なり合った状態であるメタボリックシンドロームでは，①から⑨および⑩の一部の発症リスクが高くなる。生活習慣病には，遺伝的な関与や大気汚染などの環境要因のほか，過食や偏食，暴飲暴食，多量飲酒や喫煙，運動不足や睡眠不足など，自分で改善できる要素も多いことから，食生活を見直し改善することは，生活習慣病予防の有効な手段と考えられる。

10.3.1 肥満予防の食事

肥満予防の第一歩は，自分の適正体重を知り維持することにある。適正体重をオーバーした場合でも，急激な減量は有害事象をきたす可能性があるため避けた方がよく，長期的な計画のもとに基本的な三大栄養素（炭水化物，脂質，たんぱく質）を適正に摂取し，徐々に体重を落として無理のない減量を心がけるようにする。**表 10.9** に献立作成上の留意点を示す。

その他，肥満予防の対策として，①調理にはテフロン加工などのフライパンを使い油の使用量を減らす，②大皿盛りは避け，1人ずつの皿に盛る，③よく噛むと脳血流量を増し体内代謝が活発になるため，唾液が胃中に溜まり満腹中枢が働き始める，④牛乳は食事の前に飲むなどがある。

表 10.9　肥満予防の食事における献立作成上の留意点

エネルギー	・1日のエネルギー配分は，夕食を少なめにする（例：朝食 1.0，昼食 1.2，夕食 0.8） ・3食とも必ず主食に穀類をとり，朝食にはたんぱく質性食品をとり，酵素やホルモンの働きを活性化する。昼食は高エネルギーでもよく，揚げ物や肉料理は昼食でとるようにする。夕食は低エネルギーで皿数を増やし，たんぱく源*1 は豆腐や魚を充分にとる。 ・夕食時間を早めにし，夜食はとらない。 ・間食はエネルギーの低いものを選ぶ。
いもおよびでんぷん類 きのこ類	きのこやこんにゃくで，料理にボリューム感を出して満足感を得る。
砂糖および甘味類	人工甘味料を上手に使う。
豆類	大豆，大豆製品を積極的に利用する。
野菜類	・野菜のたっぷり入った汁*2 をとる。また，野菜の皿を増やして食物繊維を多くとる。 ・酢の物を多くとるように心がける。
肉類	肉類は脂肪の少ない部位を用いる。
油脂類	油やバターを多く使った揚げ物，グラタンなどの回数を減らす。
嗜好飲料類	単糖類を多く使用しているジュース類は血糖値を上昇させ，体脂肪合成を促進させるため控える。
調味料および香辛料類	調味料には醸造酢を上手に利用する。

*1　夜間に成長ホルモンが分泌され，脂肪組織を筋肉組織に変える。

*2　水分により満腹中枢を刺激する。

10.3.2 脂質異常症予防の食事

脂質異常症は，血液中の脂質である **LDL コレステロール**[*3]，トリグリセリドのうちいずれかが高値を示す，または **HDL コレステロール**[*3]が低値を示す疾患である。食生活の洋風化に伴う動物性脂肪，アルコールや清涼飲料水など嗜好品の過剰摂取と運動不足を背景に，動脈硬化症の最も強いリスクファクターが脂質異常症である。**表 10.10** に献立作成上の留意点を示す。

*3　LDL コレステロール，HDL コレステロール　→p.43参照

表 10.10　脂質異常症予防の食事における献立作成上の留意点

エネルギー	・適正なエネルギーを摂取する。 ・エネルギーの約半分は穀類からとるように心がけ，スパゲッティや焼きそば，調理パンや菓子パンは調理の方法により高脂肪，高エネルギーとなるので注意する。
コレステロール	食事中のコレステロールが多くならないように注意する。
脂肪酸	飽和脂肪酸[*1]：一価不飽和脂肪酸：多価不飽和脂肪酸を3：4：3にすると，脂肪酸のバランスがよい。
砂糖及び甘味類 果実類 野菜類	・砂糖，糖分の多い果物[*2]の摂取に注意する。 ・食物繊維や抗酸化物質（ビタミンE，C，β-カロテン，ポリフェノールなど）を多くとる。 ・野菜は抗酸化物質，食物繊維，ミネラルが多いので，食事の最初に十分摂取することで，高エネルギー食になることを防ぐ。 ・果物に含まれる果糖は，血中トリグリセリドを増加しやすく，短時間でエネルギーになるため，夜よりも朝食や昼食時にとるとよい。
豆類	大豆は低脂肪，植物性の良質なたんぱく質性食品であり，抗酸化物質（イソフラボン，サポニン，ビタミンE）と食物繊維，リノール酸なども含むため，積極的に利用する。
藻類	海藻には，水溶性の食物繊維（アルギン酸），抗酸化物質（クロロフィル，フコキサンチン）が含まれるため，積極的に利用する。
魚介類	青背の魚には**IPA**[*3]や**DHA**[*3]が豊富に含まれるため，肉より魚を多くとるよう心がける。魚の内臓と卵はコレステロールが多いため，めざしやししゃものように丸ごと摂取する魚に注意する。
肉類	肉類は霜降りを避け，脂身は取り除き，挽肉は赤身と表示されているものを選ぶ。レバーやもつは，コレステロール含量が多いので注意する。
卵類	卵黄は脂肪，コレステロールを多く含むので注意して用いる。
乳類	乳製品の脂肪（飽和脂肪酸）や牛乳のたんぱく質（カゼイン）は，血中コレステロール値を上げやすい。ただし，カッテージチーズは低エネルギーでコレステロール含量が低いので積極的に利用する。
油脂類	油脂類はサラダ油，オリーブ油，ごま油，ジアシルグリセロール油，バターなど数種類を用意して使い分ける。ドレッシングは，低エネルギーのものやノンオイルドレッシングを選ぶようにする。
嗜好飲料類	アルコールやジュースはとり過ぎに注意する。

*1　動物油脂に多い飽和脂肪酸は血中コレステロール上昇作用が強いのに対して，植物油脂に多いα-リノレン酸，魚油に含まれるイコサペンタエン酸（IPA）やドコサヘキサエン酸（DHA）などのn-3系多価不飽和脂肪酸は，血中コレステロールを下げる作用が強いといわれている。

*2　1日にみかんなら3個，りんごなら1個，いちごなら15粒を目安にする。

*3　魚の油は酸化しやすいため，新鮮なものを選ぶ。

10.3.3　血圧上昇抑制の食事

*4　インスリンに対する感受性が低下し，インスリンの作用が十分に発揮できない状態のこと。

*5　降圧が期待される生活習慣改善のポイント
①食塩6g/日未満の減塩
②野菜，果物，魚（魚油）の積極的摂取
③コレステロールや飽和脂肪酸の摂取抑制
④適正体重の維持
⑤有酸素運動
⑥節酒：男性20～30g以下/日，女性10～20g以下/日
⑦禁煙

　標準体重を上回る体重増加は**インスリン抵抗性**[*4]を引き起こし，血圧上昇の要因となるため，適正体重を維持する摂取エネルギー量に設定する。また，減塩食を習慣づけ，食事を規則正しく摂取することが重要である[*5]。食事の際の塩分摂取に注意をはらい，薄味でもおいしく食べられる調理の工夫（調味料の使い方）や，煮汁を残すなどにも留意する。なお，薄味教育は幼少期からの食教育の一環として早めに行うことが望ましい。薄味料理では，酢や香味食品（しその葉，さんしょうの実，しょうが，わさび，かんきつ類など）を上手に使い，だし汁（かつお節，こんぶ，しいたけなど）は濃いめにとり，味付けは調理の仕上げに行うなどの工夫をする。高血圧予防のための食品選択のポイントを**表10.11**に示す。

表 10.11　高血圧予防のための食品選択のポイント

塩分制限	・漬物，佃煮類は控える。 ・塩干物，塩辛類は控える。 ・汁物は，1日1回以下にする。 ・新鮮な食材を選ぶ。 ・丼物，炊き込みご飯，カレーライス，炒飯，ラーメン，うどんなどの味のついた主食は週1回程度にし，めん類は汁を残す。
カリウム，マグネシウム，カルシウムの充足	・海藻，いも類および新鮮な野菜（特に緑黄色野菜）やバナナ，キウイフルーツなどの果物を積極的にとる。 ・ごま，玄米，かき（牡蠣）はマグネシウム含有量が多い。 ・低脂肪牛乳，スキムミルクなどの低脂肪乳製品を利用する。 ・肥満症，糖尿病などを合併している場合は，果物，種実類，穀類やいも類などの摂取は適正量にする。
コレステロール飽和脂肪酸	・肉の脂身，ベーコン，乳脂肪を控える。 ・鶏卵，うずら卵，魚卵などの卵類は控える。 ・レバー，鶏手羽肉などコレステロール含有量が多い食品は制限する。 ・肉より魚[*1]を多く摂取するよう心がける。
食物繊維の摂取	・ふき，ごぼう，たけのこ，山菜などの野菜類やこんにゃく，きのこ，海藻類を上手に利用する。 ・大豆，納豆，きなこなどの大豆製品には，食物繊維が多く含まれる。降圧効果があるとされる大豆ペプチド，カリウム，抗酸化物質のイソフラボンやビタミンEの補給源でもあるので積極的に利用する。
カルシウム拮抗薬服用者への注意	薬剤の作用がより強く現れることがあるため，グレープフルーツの摂取は控える。

*1　まぐろの脂身，はまち，さんま，いわしなどは，IPA，DHAの含有量が多い。

10.3.4　血糖の上昇抑制の食事

　近年，病態別の栄養管理とは別に成分別の栄養管理法が用いられるようになった。糖尿病食は，肥満症食，痛風食などとともに，エネルギー管理中心に調整が行われる「エネルギーコントロール食」に分類される。

　日本人の糖尿病患者の90％以上は2型糖尿病患者であり，エネルギー摂取過剰に伴う肥満はインスリン抵抗性を引き起こすことから，糖尿病の食事療法の基本はエネルギー管理となる。2型糖尿病患者を中心に「食品交換表」を用いた食事指導が一般的に行われているが，インスリン治療を必要とする患者の食事療法においては，エネルギー管理の視点ばかりでなく，血糖管理の視点が食事療法にも求められている。近年，1型糖尿病患者を中心として，血糖管理に着目した食事療法（**カーボカウント法**）[*2]が展開されており，エネルギー管理の視点とは異なる考え方で糖尿病の食事療法が実践されている。

　糖尿病診療ガイドライン（日本糖尿病学会編）では，すべての糖尿病患者において食事療法は治療の基本であり，食事療法の実践により糖尿病状態が改善され合併症の危険性は低下すると述べている。糖尿病食事療法のための食品交換表を用いる際の留意点を**表 10.12** に示す。

*2　糖尿病における食事療法，インスリン調整法の一つで，食物の中で最も急激な血糖上昇をきたすのが炭水化物であるという事実から，食事中の炭水化物量を計算して糖尿病の食事管理に利用する方法である。

表 10.12 　糖尿病食事療法のための食品交換表を用いる際の留意点

6つの食品グループと調味料		留　　意　　点
表1	穀物 いも 炭水化物の多い野菜と種実 豆（大豆を除く）	・1日に食べる単位数のうち約半分は表1から摂るようにする。 ・いもや種実，豆などの炭水化物の多い野菜を多く食べる時は，ごはんやパンなどは減らす。 ・クロワッサンは脂質が多く，コーンフレークの中には砂糖を多く含んだものがある。菓子パンは嗜好食品として別に扱う。
表2	くだもの	・くだものはビタミンやミネラルの補給源であるため，1日1単位程度は摂るようにする。 ・糖度の高いくだものは，血糖値の上昇や血中の中性脂肪の増加を招く場合があるので食べ過ぎに注意する。 ・干しくだものやくだものの缶詰などは，ビタミンの含有量が少なく糖度が高いため，嗜好食品として扱う。
表3	魚介 大豆とその製品 卵，チーズ 肉	・卵はコレステロール含有量が多いため，血中コレステロールが高い人は控える。 ・チーズは乳製品だが，牛乳と栄養素組成が異なり炭水化物が少なくたんぱく質や脂質が多いため，表3に分類される。但し，クリームチーズは脂質の含有量が多いため表5に分類される。 ・肉の1単位のg数はあぶら身（皮下脂肪）を除いた重量である。あぶら身は調理するとき，できるだけ除くか食べ残すようにする（あぶら身は表5に分類される）。
表4	牛乳と乳製品 （チーズを除く）	・牛乳（普通牛乳）100 mlにはカルシウムが110mg含まれており，日本人に不足しがちなカルシウムの補給源であるため，1日1.5単位（180 ml）摂るようにする。但し，過剰摂取は脂質の摂り過ぎになるため注意する。 ・牛乳が苦手な人はヨーグルト（全脂無糖）に代替するとよい。
表5	油脂 脂質の多い種実 多脂性食品	・植物油は必須脂肪酸の供給源である。 ・動物性油脂のバターやラードなどには飽和脂肪酸が多く含まれるため，動脈硬化予防のためには，不飽和脂肪酸を多く含む植物油を使用した方がよい。 ・多脂性食品に含まれるアボカドは食物繊維を多く含んでいるが，摂り過ぎに注意して指示単位の範囲内で使用する。
表6	野菜（炭水化物の多い一部の野菜を除く） 海藻 きのこ こんにゃく	・野菜は色々取り合わせて1日360 g以上を朝，昼，夕食に分けて摂るようにする。 ・緑黄色野菜はビタミン（カロテン，ビタミンC，ビタミンEなど），カルシウムや鉄分を多く含むので，1日120 g以上摂るようにする。 ・野菜の漬物は食塩が多いため，少量摂取にとどめる。 ・海藻，きのこ，こんにゃくは日常摂取する量ではエネルギー量は僅かである。 ・海藻，きのこはミネラルや食物繊維を豊富に含んでいるため，毎日摂るようにする。
調味料	みそ，みりん，砂糖など	・カレールウやハヤシルウは炭水化物と脂質が多くエネルギー量が多いため，使用の際は主治医の指示に従う。 ・砂糖，みりんなどは控えめにし，だしやスープの味を活かして薄味にする。 ・調味料には食塩を多く含むものが多いため，糖尿病腎症や高血圧予防のためには摂取量を控えるようにする。 ・みそは米・麦・豆みそなどを用いる麹，淡色・赤色，甘口・辛口など色や味などにより多くの種類があるが，食塩量に差があるため食品表示を確認してから用いるようにする。

出所）日本糖尿病学会編：糖尿病食事療法のための食品交換表 第7版，文光堂（2013）

＊鉄の吸収に関わる食品と摂取方法

吸収されやすい鉄	赤身の肉や魚，レバーに含まれているヘム鉄
非ヘム鉄の吸収をよくするもの	一緒にとるとよいものとして，肉類・魚類（動物性たんぱく質），ビタミンC（緑黄色野菜），果物（有機酸），酢，香辛料，梅干しなど（胃酸の分泌促進）がある。 鉄の調理器具を使う。
鉄の吸収を阻害するもの	阻害する食品成分には，緑茶，コーヒー，紅茶（タンニン酸），食物繊維，穀物（フィチン酸），無精製の穀類，豆類の皮，青菜のシュウ酸，卵黄（ホスビチン）などがある。 喫煙

＊各食品の1回の使用量および鉄含有量については表10.7を参照。

10.3.5　貧血予防の食事

　鉄欠乏性貧血は，鉄欠乏が主症状であるため，貧血予防および改善には造血と造血機能を高めることを原則とする。鉄には肉，魚などに含まれるヘモグロビンやミオグロビンの色素部分を構成しているヘム鉄と野菜類に含まれる非ヘム鉄がある。ヘム鉄の吸収率はよいが，非ヘム鉄は水酸化鉄として存在し吸収されにくい。ヘム鉄を利用すると同時に非ヘム鉄の吸収をよくするような工夫が必要である。[*] 鉄欠乏性貧血予防の食事における献立作成上の留意点を**表10.13**に示す。

　なお，牛乳や卵は良質のアミノ酸を多く含むが，牛乳はリン酸カルシウム，卵はリンたんぱく質を多く含むため吸収率が低く，ほうれんそうもシュウ酸が多いため吸収率は低い。このような場合，ヘム鉄を多く含む食品と同時に摂取するか，オレンジその他の有機酸およびビタミンCを多く含むかんきつ

表 10.13　鉄欠乏性貧血予防の食事における献立作成上の留意点

エネルギーたんぱく質	・全身栄養状態回復のため高エネルギー食とするが，脂質のとり過ぎには注意する。 ・良質のたんぱく質を含む動物性食品を選ぶ。これらは還元作用のあるアミノ酸を含み，3価の鉄を2価の鉄に変えて吸収をよくする。
ビタミンC	ビタミンCは非ヘム鉄を2価に変えて吸収を助けるため，ビタミンC含有量の多い緑黄色野菜などを積極的にとる。
果実類	かんきつ類など酸味の強い食品は，胃酸を分泌させ鉄の吸収を高める。
豆類	大豆および大豆製品は，鉄の含有量も多く有効な食品であるため，積極的にとる。
その他	鉄の吸収を妨げるタンニンを含む緑茶，コーヒー，紅茶などは，食事中，食前1時間くらいは飲まない方がよい。

類とともに摂取すると吸収率が高まる。

巨赤芽球貧血[*1]は，赤血球そのものの生成に障害があるため，改善のためにはビタミン B_{12}，**葉酸**[*2]の補給が必要であるが，あくまでも補助療養である。レバーやしじみなどビタミン B_{12} を多く含む食品と同時に鉄も補給する必要があり，ヘム鉄とビタミン B_{12}，葉酸を含むレバー料理が適している。レバーは血抜き，臭み消しなどの下処理をしてから使用する。豆腐としじみのみそ煮やだいこん葉とあさりの煮物など，大豆製品や緑黄色野菜と一緒に魚介類や肉類をとるとよい。葉酸は補酵素として DNA の合成に関与するため，ナッツ類など葉酸の多い食品を摂取し欠乏を防ぐ工夫（かき（牡蠣）フライやほうれんそうのピーナッツ和え，牛肉のアスパラ巻きなど）も必要である。

10.3.6　骨粗鬆症予防の食事

骨粗鬆症予防は，若年期の最大骨量(PBM：Peak Bone Mass)を高めておくことや閉経後の骨量減少をできるだけ抑制することである。骨はコラーゲン（たんぱく質）を主体とする基質と，**カルシウム**[*3]，リンを主体とする骨塩から成り立っている。食事の基本は十分なカルシウム摂取と良質なたんぱく質を含むバランスのよい食事を規則正しくとることである。

*1　巨赤芽球貧血対策の食生活としては，偏食を避けることが重要である。また，高齢者や胃切除後の人は，消化の良い食べ物を頻回にとる。

*2　葉酸　ビタミンB群の仲間で B_{12} とともに造血に働く水溶性ビタミンである。葉酸は加熱すると破壊されるので注意する。

*3
・カルシウムが不足すると骨吸収は促進する。治療のためには800mg 以上の摂取が望ましい。
・カルシウムの豊富な食品は牛乳，ヨーグルト，大豆，ごま，干しひじきなどがある。ほうれんそうやピーナッツに多く含まれるシュウ酸，穀類や豆類に多いフィチン酸の過剰摂取はカルシウムの吸収を阻害することが知られている。

*4　**CYP**（シップ）シトクロムP450（Cytochrome P450）の略称。異物（薬物）代謝における主要な第一相反応の水酸化酵素であり，肝臓において解毒を行うほか，ステロイドホルモンの生合成，脂肪酸の代謝や植物の二次代謝など，生物の正常活動に必要な反応に広く関与している。

・・・・・・・・・・・・・・・・・・・・**コラム 21　食物と薬剤の相互作用**・・・・・・・・・・・・・・・・・・・・

薬剤の吸収，作用，代謝，排泄などに食物摂取の時間や内容が影響を与えることがある。例えば，グレープフルーツ，スウィーティー，ぶんたんなどの成分が薬剤代謝にかかわる**CYP**[*4]活性を阻害することにより，薬物の血中濃度が上がるため効果が増強される。特にカルシウム拮抗薬は高血圧，狭心症，不整脈などの治療に広く使われているが，服用中にはグレープフルーツなどを避けるべきである。

また，食事により胃内容物の排泄される時間が遅くなるため，食後の服用は胃に薬剤が長く停滞する。一般的には，胃に薬剤が長く停滞すると小腸での吸収率は低下または遅延する。吸収率のみでなく，望ましい効果の発現のしかた，副作用の軽減などを考慮する必要がある。経口糖尿病薬は食事による急激な血糖上昇を抑えるため，食直前に服用することが多い。なお，薬剤の服用はジュースやお茶を避け，水または白湯で行うようにする。食物と薬剤の相互作用については未解明の部分も多いが，薬剤の吸収，作用，代謝，排泄などを，栄養の視点からも総合的に考えることが重要である。

*1 ビタミンD 日光により皮膚で産生されるが，その産生量は加齢とともに減少する。ビタミンDの欠乏条件下では腸管からのカルシウム吸収が不十分になることが知られている。ビタミンDは軽度の不足であっても骨粗鬆症の原因となることが知られており，不足のないように留意する。ビタミンDは魚類に多く含まれる。

*2 ビタミンK オステオカルシンの活性化を通して骨の健康に関与しており，骨密度や骨折との関係も報告されていることから，納豆や緑黄色野菜を積極的に摂取する。

食事においてカルシウムを十分に摂取すると共に骨の材料となるたんぱく質やマグネシウム，カルシウムの吸収を高める**ビタミンD**[*1]，骨を丈夫にするとされる**ビタミンK**[*2]の摂取に心がける。また，カルシウムの吸収を阻害するリン，シュウ酸，フィチン酸，カフェイン，アルコールの過剰摂取は控える。

10.4 食事療法への活用と展開

10.4.1 特別治療食

入院時食事療養制度では，「食事は医療の一環として提供されるべきものであり，それぞれの患者の病状に応じて必要とする栄養素量が与えられ，食事の質の向上と患者サービスの改善をめざして行われるべきものである」と定義されており，大きく「一般治療食」と「特別治療食」に分類されている。これらの治療食は院内約束食事箋に基づき給与エネルギー量や各種栄養成分が設定され食種が選択・決定される。

特別治療食は，疾病の治療の直接手段として，医師の発行する食事箋に基づき提供された適切な栄養量および内容をもつ患者食であり，糖尿病食や腎臓病食などに代表されるような病名に基づく食事分類(疾病別管理法)と，栄養成分に基づく食事分類(栄養成分別管理法)がある。また特別治療食のなかには，直接的な治療効果を求めるもの以外に治療のサポートを行う潜血食，低残渣食，ヨード制限食などの検査食もある。さらに，近年増加傾向にある食種としてアレルギー対応食がある。栄養成分別管理法に基づく食種・適応疾患と食事設計上の留意点を**表 10.14** に示す。

表 10.14 栄養成分別管理法に基づく食種・適応疾患と食事設計上の留意点

食種	適応疾患	食事設計上の留意点
エネルギーコントロール食	糖尿病，肥満症，痛風（高尿酸血症)，甲状腺機能障害，高血圧症，脂質異常症，心疾患，動脈硬化症，慢性肝炎，代償性肝硬変症，貧血，妊娠中毒症，授乳期など	1日の総摂取エネルギーを調節した食事であり，PFCバランスおよび各栄養素量が食事摂取基準の給与目標を満たす食事設計を行う。通常，1,000 ～ 2,000 kcalの範囲で200 kcalごとに食事設計を行い，病院における基礎食とされる1,200 kcal食から1,600 kcal食に展開する場合，主として穀類・いも類・たんぱく質源の魚類・肉類・大豆類などを増やす。
たんぱく質コントロール食	低たんぱく質食：腎疾患，肝硬変など 高たんぱく質食：熱傷や低栄養，栄養失調，低アルブミン血症，貧血など	低たんぱく質食（体重1 kg当たり0.3 ～ 0.8 g）と高たんぱく質食（体重1 kg当たり1.2 ～ 1.5 g）に分けられる。低たんぱく質食では，たんぱく質の利用効率を上げるために良質なたんぱく質を利用し，さらに十分なエネルギー量を確保する。これはたんぱく質代謝産物（尿素，尿酸，クレアチニン，アンモニアなど）の生成を抑制して腎臓への負担を軽減するためである。必要なエネルギー量を確保して体たんぱく質の崩壊を防ぐため，不足するエネルギー量を脂質と炭水化物で調整する。また，たんぱく質を含まない粉あめ，でんぷん食品，低たんぱく質食品を有効に活用する。
脂質コントロール食	糖尿病，急性肝炎，膵炎，胆嚢炎,胆石症（回復期),胃炎,胃・十二指腸潰瘍，消化器がんなど	脂質量と脂肪酸組成を調節した食事である。たんぱく質の多い食品を選択する際にはその脂質含有量に注意する。脂肪酸組成を調節する食事は，脂質異常症に適用する。多価不飽和脂肪酸と飽和脂肪酸の比率を適正に保ち，摂取エネルギー量を制限する。血清コレステロール値が高い場合は，食事中のコレステロールを1日当たり300 mg以下にする。

表 10.15　嚥下困難者の食事における食品選択のポイントと調理上の工夫

適した食品	・野菜であれば，だいこんやじゃがいもなど煮込んで軟らかくなるもの，果物ではバナナやアボガドなど。 ・肉は，脂の多い豚ばら肉など。 ・魚は，身の軟らかいひらめ，かれい，たらなど。 ・絹ごし豆腐や卵料理など。
不適な食品	・離水しやすいかんきつ類，繊維の多い果物やきゅうりのような食感を楽しむもの ・肉は，脂の少ない鶏胸肉やささみなど。 ・魚は，加熱すると硬くなる，かじきまぐろなど。
適した調理法	・飲み込みやすくするために，油脂を加える。油脂は喉の滑りをよくして嚥下を促す効果がある上，少量で高エネルギーのため低栄養予防にもなる。 ・食べやすくするために，する，つぶす，蒸す，煮るなどの調理法を用いる。 　りんごやじゃがいものように硬いものは，すりおろす。 　いも類・豆類は，加熱して熱いうちに潰してつなぎを入れる。 　プリンや茶碗蒸しなどの蒸し料理。 　魚は，焼くより蒸した方が軟らかくなる。 　大根などは，かくし包丁を入れて煮ると味がしみ込みやすく軟らかくなる。 　肉は，圧力鍋などで軟らかく煮込む。 ・つなぎを使う，和える，あんかけにする。 　やまいもや卵はつなぎの役割をし，混ぜながら食べることで飲み込みやすくなる。 　マヨネーズやタルタルソースのようなとろみのある調味料で和えると，まとまりやすくなる。 　焼き魚やフライなどにあんをかけると，口の中でばらけにくくなる。

10.4.2　嚥下（えんげ）困難者用の食事

　加齢や脳神経障害などにより嚥下機能が低下すると，噛むことや飲み込むことが困難になり，誤嚥（ごえん）せずに安全に食べるために食形態の調整が必要になる。しかし，従来のミキサー食に代表されるような味や見た目への配慮が足りない食事では，食欲は減衰し低栄養も誘発することから，近年では，味や外観に配慮した「嚥下調整食[*]」の提供が求められている。食べやすさ，飲み込みやすさを決める3つのポイントは「かたさ」「付着性」「凝集性」である。すなわち，やわらかく，口や喉に貼り付きにくく，口の中でまとまりやすいものほど嚥下しやすいことになる。食品選択のポイントと調理上の工夫を**表10.15**に示す。

10.4.3　アレルギー対応食

　「食物アレルギーの栄養指導の手引き2017（厚生労働省科学研究班）」によると，食物アレルギーの治療・管理の原則は，正しい診断に基づき必要最小限の原因食物を除去することにある。食べると症状が誘発される食物だけを除去し，原因物質でも食べられる範囲まで食べることを勧めている。すなわち，原因食物であっても過度な除去をせず，安全に摂取できる範囲まで食べられる除去食が推奨されている。原因食物のたんぱく質の特徴（加熱や発酵などによる変化）を考慮しながら，具体的に食べられる食品例を示し，選択できる食品の幅を広げられるようにする。最小限の食物除去であってもエネルギー，たんぱく

[*]日本摂食・嚥下リハビリテーション学会 嚥下調整食分類2013（略称：学会分類2013）は，国内の病院・施設・在宅医療および福祉関係者が共通して使用できることを目的に，食事およびとろみについて段階分類を示したものである。
https://www.jsde.or.jp/wp-content/uploads/file/doc/classification2013-manual.pdf

質，カルシウム，鉄分，微量栄養素が摂取不足にならないよう，主食，主菜，副菜を組み合わせた献立によりバランスよく栄養素が摂取できるようにする。栄養士・管理栄養士は医師の診断に基づき，除去食物ごとに不足しやすい栄養素を補う方法や，代替食材・加工食品のアレルギー表示の説明などを行い，不安解消を図ることも重要である。アレルゲンを含む食品の表示について**表10.16**に，主な除去食物別の調理に関する栄養指導の要点を**表10.17**に示す。また，主な加工食品の例を**表10.18**に，代表的な調理法と代用例を**表10.19**に示す。

表 10.16　アレルゲンを含む食品の表示について

根拠規定	特定原材料等の名称	理　由	表示の義務
食品表示基準 （特定原材料）	えび，かに，小麦，そば，卵，乳，落花生	特に発症数，重篤度から勘案して表示する必要性の高いもの。	表示義務
消費者庁 次長通知 （特定原材料に準ずるもの）	アーモンド，あわび，いか，いくら，オレンジ，カシューナッツ，キウイフルーツ，牛肉，くるみ，ごま，さけ，さば，大豆，鶏肉，バナナ，豚肉，まつたけ，もも，やまいも，りんご，ゼラチン	症例数や重篤な症状を呈する者の数が継続して相当数みられるが，特定原材料に比べると少ないもの。 特定原材料とするか否かについては，今後，引き続き調査を行うことが必要。	表示を推奨 （任意表示）

出所）消費者庁：アレルギー表示について
　　　https://www.caa.go.jp/policies/policy/food_labeling/food_sanitation/allergy/pdf/allergy_190925_0001.pdf（2020
年1月15日閲覧）

表 10.17　主な除去食物別の調理に関する栄養指導の要点

除去食物	調理に関する栄養指導の要点
鶏卵	・加熱によりアレルゲン性が低減する。ただし，加熱卵が摂取できても，生や半熟卵の摂取には注意する。 ・卵黄よりも卵白の方が抗原として反応することが多く，卵黄から解除になる場合が多い。
牛乳	・カルシウム不足が問題になるため，その摂取方法としてアレルギー用ミルクの利用，カルシウムを多く含む食品の種類や摂取の目安などを具体的に伝える。 ・牛乳は加熱や発酵では抗原性を低減させることは難しい。
小麦	・小麦はパンやめんなどの主食の原材料であるため，主食は米飯中心となる。 ・しょうゆには小麦のたんぱく質は残存しないため，基本的には除去する必要はない。
大豆	・大豆以外の豆類の除去が必要なことは少ない。 ・精製した油にたんぱく質はほとんど含まれないため，重症のアレルギーでなければ大豆油を除去する必要は基本的にない。

出所）津田ほか監修：食べ物と健康Ⅳ　調理学　食品の調理と食事設計．131，中山書店（2018）

表 10.18　代表的なアレルゲンを含む食品と主な加工食品の例

アレルゲンを含む食品	主な加工食品の例
鶏卵	マヨネーズ，洋菓子の一部，練り製品，肉類加工品の一部（ハム，ウィンナーなど）
牛乳	ヨーグルト，チーズ，バター，生クリーム，全粉乳，脱脂粉乳，一般の調製粉乳，練乳，乳酸菌飲料，発酵乳，アイスクリーム，パン，パン粉，乳糖，洋菓子類の一部（チョコレートなど），調味料の一部
小麦	パン，うどん，マカロニ，スパゲッティ，麩，餃子の皮，市販のルウ（シチュー，カレーなど），調味料の一部
大豆	豆乳，豆腐，湯葉，厚揚げ，油揚げ，がんも，おから，きなこ，納豆，しょうゆ*，みそ*，大豆由来の乳化剤を使用した食品（菓子類，ドレッシングなど）

＊は微量反応する重症な場合のみ除去が必要。

表 10.19 アレルゲンを含む食品を用いた代表的な調理法と代用例

アレルゲンを含む食品	代表的な調理法	代用例
鶏卵	①肉料理のつなぎ ②揚げ物の衣 ③洋菓子の材料 ④料理の彩り	①使用しないか，でんぷん，すりおろしたいもで代用。 ②鶏卵を使用せず，水とでんぷんの衣で揚げる。 ③ゼラチンや寒天，でんぷんで代用。 　ケーキなどは重曹やベーキングパウダーで膨らませる。 ④かぼちゃやとうもろこし，パプリカで代用。
牛乳	①ホワイトソース ②洋菓子の材料	①ルウは，すりおろしたいもで代用。 　アレルギー対応マーガリンと小麦粉や米粉，でんぷんで手作りしたり，市販のアレルギー対応ルウを利用。 ②豆乳，ココナッツミルク，アレルギー対応ミルクで代用。
小麦	①ルウ ②揚げ物の衣 ③パン・ケーキの生地	①米粉やでんぷんで代用。 ②下味をつけ，水とでんぷんの衣で揚げたり，米粉パンのパン粉や砕いた春雨で代用。 ③米粉や雑穀粉，いもやおからなどで代用。
大豆	しょうゆ，みそ	雑穀や米で作られた発酵調味料や魚 醤 などで代用。

10.4.4　低栄養対応食[*1]

　高齢者は，加齢に伴う体力低下や咀嚼・嚥下機能の衰えなどから食欲不振になり，体重減少から低栄養へと負のスパイラルに陥ることが少なくない。低栄養状態を回避するためには，少量でも必要な量の栄養素を確保すること[*2]が欠かせない。

　食事設計では，エネルギー不足にならないよう留意し，必須アミノ酸（特に分岐鎖アミノ酸のロイシン）[*3]や必須脂肪酸（特に n-3 系脂肪酸の IPA（イコサペンタエン酸））の補給が重要である。また，免疫力を高める工夫も必要である。特に

表 10.20　低栄養対応食におけるエネルギー，たんぱく質，IPA アップの工夫

エネルギー	・少量で高エネルギーの食材を選ぶ。 　青魚，肉類，乳製品，卵，いも，かぼちゃなど。 ・食事回数を増やす。 　1 日 3 回の食事以外に間食や夜食を提供する。 ・調理法を工夫する。 　油を使った料理を増やす（炒め物，揚げ物）。 　仕上げにごま油やオリーブ油をかける。 　はちみつ，ごま，マヨネーズを利用する。 ・栄養補助食品を利用する。 　**MCT**[*4]オイルや MCT パウダーを主食，副食，汁物，牛乳に混ぜる。 　（ただし，加熱せずに仕上げにかけるか和えるようにする）。 　砂糖の代わりに粉あめを用いて調理する。
たんぱく質	・高たんぱく質の食材を選ぶ。 　魚類，肉類，乳製品，卵，大豆製品，いも，かぼちゃなど。 ・栄養補助食品を利用する。 　たんぱく質パウダーを主食，副食，汁物，牛乳に混ぜる。 　スキムミルクを副食，汁物，牛乳に混ぜる。
イコサペンタエン酸（IPA）	・青魚を摂取する。 　魚は加熱せずさしみで食べる。ただし，脂肪分が酸化しやすいため新鮮なものを選び，体内での酸化予防のため緑黄色野菜や大豆などと一緒に食べる。 ・α-リノレン酸（IPA の前駆体）を摂取する。 　あまに油，ごま油を使用する。 　くるみ，大豆を食べる。

*1　フレイル　加齢により心身が老い衰えた状態のことを「フレイル」といい，語源の「Frailty」は虚弱，老衰，脆弱などを意味する。高齢者のフレイルは，生活の質を落とすだけでなく，さまざまな合併症も引き起こす危険があるが，早く介入して対策を行えば元の健常な状態に戻る可能性がある。フレイルの基準は 5 項目あり（1. 体重減少，2. 疲れやすい，3. 歩行速度の低下，4. 握力の低下，5. 身体活動量の低下），3 項目以上該当するとフレイル，1 または 2 項目だけの場合にはフレイルの前段階であるプレフレイルと判断する。

*2　低栄養対策の食生活
①主食・主菜・副菜を揃えて食べる（食事バランスガイドの活用）
②たんぱく質が多く含まれる主菜をしっかり食べる。
③間食に牛乳・乳製品や果物を食べる。
④水分を十分にとる。
⑤全部食べられない時は，おかずから先に食べる。
⑥食事は朝，昼，夕と決まった時間にきちんと食べる。

*3　体内で合成されない必須アミノ酸のうち，ロイシン，イソロイシン，バリンの 3 つのアミノ酸は，構造中に分岐構造を持つため，分岐鎖アミノ酸（BCAA：Branched-Chain Amino Acids）と呼ばれている。

*4　**MCT（Medium Chain Triglyceride）：中鎖脂肪酸**　ココナッツ，パームフルーツ，母乳，牛乳などに含まれる脂肪酸で，吸収が早く，すばやく分解されてエネルギーになりやすい。

体を動かす源となるエネルギー(ご飯，パン，めん)と，生命の維持に欠かせないたんぱく質(魚・肉・卵・大豆製品)をとることは，低栄養を予防する上で欠かせない。表 10.20 に低栄養対応食におけるエネルギー，たんぱく質，IPA アップの工夫を示す。

10.5　災害食への活用と展開

大規模災害時には多くの被災者が避難所での生活を余儀なくされる。避難所生活はさまざまな面で生活環境を悪化させるが，食事状況の悪化も例外ではない。特に，調理ができない避難所ほど食事状況は悪化する。食材が限られた被災地においても "調理した食事" を提供することは，栄養バランスの改善や被災者の心のケアにもつながるため，極めて重要である。しかしながら，災害時はライフラインの停止や食材・調理器具等の不足などから普段の調理環境とは異なるため，注意が必要となる。

10.5.1　災害時に生じる栄養・食の問題

災害時には発災からの時期(フェーズ)によりさまざまな健康問題が生じる。例えば，災害発生から概ね72時間以内は傷病者の救出・救命が最優先であり，心の問題などは比較的後半にケアが必要になるといわれている。しかしながら，栄養・食の問題は災害直後からすべてのフェーズで問題が発生することがその特徴である(表10.21)。また，フェーズによってその内容は異なる。

(1) 急性期（概ねフェーズ 0 〜 1）：水分とエネルギーの確保

災害発生時にまず優先されるのは生命維持のための「水分」と「エネルギー

表 10.21　一般的な災害サイクル（フェーズ）における栄養管理の特徴

フェーズ	フェーズ 0	フェーズ 1	フェーズ 2	フェーズ 3
	概ね発災後 24 時間以内	概ね発災後 72 時間以内	概ね発災後 4 日目〜1 か月	概ね発災後 1 か月以降
栄養補給	・水分補給 ———————————— ・高エネルギー食品の提供 ————		・たんぱく質不足への対応 ———— ・ビタミン，ミネラル不足への対応 ——— 	————————————▶ ————————————▶ ・栄養過多・偏りへの対応 ———▶
被災者への対応	主食（パン類，おにぎり）を中心 ※災害時要配慮者への対応 —— 　・乳幼児 　・高齢者（嚥下困難等） 　・食事制限のある慢性疾患患者 　　糖尿病，腎臓病，心臓病， 　　肝臓病，高血圧，アレルギー	炊き出し ————————	弁当支給 ————————	————————————▶ ————————————▶

出所）国立健康・栄養研究所，日本栄養士会：災害時の栄養・食生活支援マニュアル（2011）を一部改変

の確保」である。災害時には，断水等による水供給量の制限，食事由来の水分摂取量の減少，トイレ環境(汚い，屋外設置のため遠い)等の理由から，水分摂取量が減少することが懸念される。さらに，高齢者では口渇感の低下による水分摂取量の減少や，失禁を回避するために水分摂取を自ら制限する場合もあるため，十分な注意が必要となる。水分摂取の不足は，脱水症や熱中症，便秘，エコノミークラス症候群(深部静脈血栓症，肺塞栓症)，心筋梗塞や脳梗塞などのリスクとなるため，積極的な水分摂取が必要である。

　食事については，災害直後は健康・体力の維持のために，まずはエネルギーの高い食品を積極的に摂取することを優先させる。また，この時期に栄養支援ニーズが高くなる災害時要配慮者(いわゆる災害弱者)は「乳幼児」「妊婦・授乳婦」「高齢者」である。特に，ミルクまたは離乳食が必要な乳幼児の栄養支援ニーズは最も多い。高齢者の場合は，食事の摂取量が少なくなりがちであるため，注意が必要である。これは，「飲めない」「噛めない」といった問題があるにもかかわらず，それに合った食事を提供できないことが原因である。「食物アレルギー患者」についても適切な食事の提供に問題がある場合が多い。

(2) 亜急性期（概ねフェーズ 2）：たんぱく質やビタミン，ミネラル等の不足

　避難所の食事は，おにぎりやパン，カップめんなどの炭水化物の食品が多く，野菜や肉，魚，乳製品などの生鮮食品の供給状況が悪くなる。そのため，たんぱく質やビタミン，ミネラル，食物繊維等の摂取が困難となる。災害の規模によっても異なるが，大規模災害の場合にはこのような状況が 1 ヶ月以上継続する場合もある。食事の量・質ともに悪化した状況が長期化すると，欠乏症等が懸念されるため，不足しやすい栄養素への対策が必要となる。

　また，この時期にニーズが高まる災害時要配慮者は，「食物アレルギー患者」である。東日本大震災では，避難所で提供される食事での誤食を恐れ，食物アレルギー患児に米飯だけ食べさせていたことも報告されている。

(3) 慢性期（概ねフェーズ 3 以降）：慢性疾患への対応

　慢性期になると，揚げ物中心の弁当や，食塩含有量が多い缶詰，レトルト食品などが多くなる。災害時には，血糖や血圧の悪化も報告されていることから，食事制限が必要な慢性疾患患者への支援ニーズが高まる時期である。また，支援物資には菓子なども多くなることから，エネルギー過剰による肥満も問題となる。これらの栄養問題は，被災後半年以上続いている場合もあり，二次的な健康被害の最小化や**災害関連死**を防ぐため，長期的な対応が必要となる。

　このように，栄養素の欠乏症を回避するための「積極的に食べるフェーズ」から，慢性疾患に対応するための「食べる量を調節するフェーズ」に移行す

＊災害関連死　災害による直接の死亡（外傷や溺水など）ではなく，避難後に過労やストレス，生活環境の悪化等による死亡のこと。

ることもあり，災害のフェーズによっては対応が逆になる場合もあることに注意する必要がある。

10.5.2　災害時の食事設計

　上述のように，被災地では炭水化物中心で，たんぱく質やミネラル，ビタミン，食物繊維が不足しやすい状況が長期化することが問題となるが，栄養バランス改善のために重要になるのが，"調理"を行うことである。実際に，ガスが使用できて調理ができること，炊き出しを増やすことで，避難所の食事が改善することがわかっている。調理ができる避難所では，食事を提供する回数が多く，食事の量を確保することができる。東日本大震災の際，炊き出し回数が多い避難所では，主菜・副菜・果物の提供回数が多かった（図10.5）。さらに炊き出しの献立を栄養士・管理栄養士が立てることも食事改善に有用である。災害時においても栄養士・管理栄養士が食事設計を行い，調理ができる環境に整えることは，被災者の健康保持のためにも重要である。

（1）災害時における食事提供の計画

　災害時の食事の計画や評価をするにあたり，使用すべき栄養の基準がある。東日本大震災のあと，厚生労働省が算出した「避難所における栄養の参照量」である。災害時に特に優先すべき栄養素として，エネルギー，たんぱく

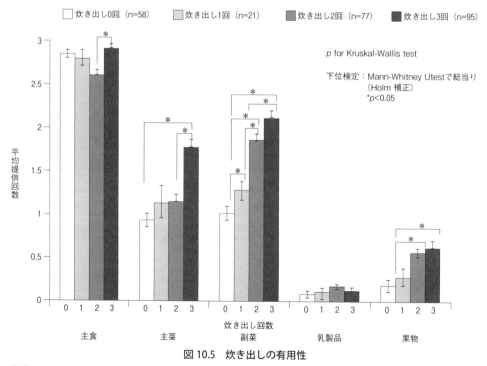

図 10.5　炊き出しの有用性

出所）原田萌香ほか：東日本大震災の避難所における食事提供体制と食事内容に関する研究．日本公衆衛生雑誌．**64**，547-555（2017）を基に作成

質，ビタミンB_1，ビタミンB_2，ビタミンCの基準値を設定している。災害時に特化した基準を設定している国は，世界的に見ても珍しい。東日本大震災の１カ月後には，「避難所における食事提供の計画・評価のために当面の目標とする栄養の参照量」を，３カ月後には「避難所における食事提供の評価・計画のための栄養の参照量」を通知している。なお，これら２種類の栄養の参照量は，それぞれ使用目的が異なる。

前者の基準「避難所における食事提供の計画・評価のために当面の目標とする栄養の参照量」は，おもに食事計画に用いるために必要な栄養量を示している（表10.22左）。たんぱく質はもちろんのこと，ビタミンB_1，ビタミンB_2，ビタミンCは，体内貯蔵量が少なく，初期の段階で欠乏症が生じやすいため，災害時に特に優先すべき栄養素である。被災地での食事提供のみならず食料備蓄の目安としても活用できる。国立研究開発法人 医薬基盤・健康・栄養研究所では，「避難所における栄養の参照量」に対応した食品構成例を示している（表10.23）。

表 10.22　避難所における栄養の参照量（東日本大震災）

１歳以上，１人１日当たり

エネルギー・栄養素	避難所における食事提供の計画・評価のために当面の目標とする栄養の参照量（震災後１～３カ月）2011 年 4 月 21 日発出	避難所における食事提供の評価・計画のための栄養の参照量（震災後 3 カ月～）2011 年 6 月 14 日発出
エネルギー	2,000 kcal	1,800 ～ 2,200 kcal
たんぱく質	55 g	55 g 以上
ビタミン B_1	1.1 mg	0.9 mg 以上
ビタミン B_2	1.2 mg	1.0 mg 以上
ビタミン C	100 mg	80 mg 以上

※日本人の食事摂取基準（2010 年版）で示されているエネルギーおよび各栄養素の摂取基準値をもとに，平成 17 年国勢調査結果で得られた性・年齢階級別の人口構成を用いた加重平均である。
※エネルギーおよび各栄養素は，身体活動レベルⅠとⅡの中間値を用いた。（ビタミン B_1 と B_2 はエネルギー量に応じて再計算）
出所）厚生労働省健康局総務課生活習慣病対策室：避難所における食事提供の計画・評価のための当面目標とする栄養の参照量について（事務連絡）2011 年 4 月 21 日および避難所における食事提供に係る適切な栄養管理の実施について（事務連絡）2011 年 6 月 14 日，上記を基に作成

表 10.23　避難所における食品構成例

単位：g

穀類	550
いも類	60
野菜類	350
果実類	150
魚介類	80
肉類	80
卵類	55
豆類	60
乳類	200
油脂類	10

注）この食品構成の例は，平成 21 年国民健康・栄養調査結果を参考に作成された値。穀類の重量は調理を加味した数量である。
出所）医薬基盤・健康・栄養研究所：避難所における食事提供の計画・評価のための当面目標とする栄養の参照量」に対応した食品構成　https://www.nibiohn.gp.jp/eiken/info/hinan_kousei.html（2020 年 1 月 6 日閲覧）ホームページより作成

(2) 災害時における食品の入手

　災害時においても食事設計を維持するためには，食べるためのモノ（食料や熱源等）がなければならない。支援物資の配給が開始されてからも，工場の被災や物流機能の低下により，食品が入手しにくい状況が続くため，備蓄食品や支援物資，各家庭からの持ち寄りなどのさまざまな方法で食べ物を確保する必要がある。東日本大震災では栄養士・管理栄養士が支援物資の物流に関わることが有効であったことがわかっている。さまざまな支援物資の中から必要な食品を探し出すこと，仕分けることも，栄養士・管理栄養士がもつスキルのひとつである。また，集団給食施設においては，行政や連携施設・系列施設，業者等と連絡が可能であった施設では，調達できる食材の種類が多かったこともわかっている。

　災害時の食品確保には，平常時から各個人，各施設などでの備蓄が重要である。農林水産省は「最低3日分～1週間分×人数分」の食品の家庭備蓄を推奨している。また，災害時要配慮者のための備蓄ガイドでは，乳幼児，高齢者，慢性疾患・食物アレルギーの方などに向けて，「少なくとも2週間分」の食料備蓄を推奨している。災害時には物流機能の停滞等により，特殊食品が手に入りにくくなることが想定されるため，特殊な食品が必要となる要配慮者は通常よりも多い量を用意しておく必要がある。食料備蓄には非常食だけでなく，日常食品を**循環備蓄**＊することも有効である。

(3) 災害時における調理と注意点

　食料，熱源，調理器具の入手が困難な状況でも，確保できた物資でできる限りの食事提供を行うことが望まれる。

1）炊き出し　災害発生後，被災地では自衛隊や多くのボランティア団体などが炊き出し活動を実施する。炊き出しは一度に大人数を対象とした調理をすることができるため多くの被災者を救う。一方で，被災地で実際に炊き出しを実施しているのは被災者自身であることが多く，炊き出しの担当者の疲労も問題となることがある。災害時の炊き出しには，①被災者として自ら炊き出しをする場合，②外部団体に炊き出しを依頼する場合，③支援者として被災地に出向き炊き出し支援をする場合の3パターンがあるとされている。備蓄食品や災害時でも手に入りやすい食材を利用した炊き出し献立を事前に作成しておくことも必要となる。

2）パッククッキング　パッククッキング法とは，熱に強い高密度ポリエチレン袋に食材を入れ，空気を抜いて袋を結び，湯煎により加熱する調理法である。パックした食材をそのまま湯煎し，袋のまま食器にのせることで調理器具や食器の洗浄が不要であるため，災害時の調理法として適している。利点として，①素材の風味やうま味を逃さない，②パック

＊**循環備蓄**　普段から使う食品を少し多めに買い置きしておき，賞味期限を考えて古いものから消費し，消費した分を買い足すことで，常に一定量の食品が家庭で備蓄されている状態を保つための方法である。費用，時間の面や，普段の買い物の範囲でできることや，買い置きのスペースを少し増やすだけで済むことが特徴である。ランニングストックやローリングストックともいう。
出所）農林水産省：災害時に備えた食品ストックガイド，2019年3月

することにより衛生管理や持ち運
びが楽，等がある。また，湯煎は，
電気ポットなどに湯を張って利用
することも可能である。

3) **災害時の衛生管理**　断水等によ
り被災地全体の衛生状況が悪く，
避難所では同じ空間に多くの人が
集まって生活していることから食
中毒の発生やノロウイルスなどの
感染性胃腸炎の発生が懸念される。
そのため，被災地における調理で
は通常以上に衛生管理を徹底する
ことが求められる。実際に東日本

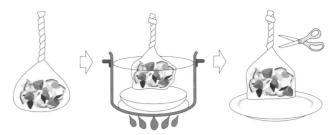

図 10.6　パッククッキングの手順

〈一般的なパッククッキングの手順〉
①食材と調味料をポリ袋に入れ，水圧を利用して中の空気をしっかり抜く。
　(※ポリ袋は，耐熱温度が130℃以上のもの，または湯煎対応の記載がある高密度ポリエチレン製で厚さ 0.01 mm の，無地でマチがないものを使う。)
②加熱するとふくらむので，袋の上の方でしっかり結ぶ。
③鍋に湯を沸かして鍋底に皿を敷き，加熱する。
④加熱されたポリ袋は，穴あきおたまやトングで取り出す。
⑤袋の結び目を切って，そのまま食器にのせる。

出所）農林水産省「要配慮者のための災害時に備えた食品ストックガイド」2019 年 3 月
イラストは本人作成

大震災では，外での調理や汚染された水の使用，炊き出しボランティア
の衛生管理の不備，害虫の発生といった調理場の衛生問題や，冷蔵庫の
不足による食品の保存状態に関する問題などさまざまな衛生管理の問題
点があった。また，停電により冷蔵庫が使用できない場合の食品管理に
は細心の注意が必要である。

　被災地において調理をする際には，作業前に手洗いをしっかりする(手
洗いの方法は p.169 コラム 22 参照)，食品の消費期限を確認する，下痢や吐
き気があるときには食事の担当はしない，食べ物には直接触れない(ラ
ップや使い捨て手袋の使用)，調理用ボウルやお皿等はラップを敷いて利用
する，加熱が必要な食品は中までしっかり熱を通すなどに留意する。ま
た，大量調理に慣れていないボランティア等には栄養士・管理栄養士が
介入し，これらの指導を徹底することも必要である。

　さらに，被災者へ食事を提供する際には，調理品等は早めに食べるこ
と，食べ残しは食事担当スタッフへ返すこと，食事を取り置きしないこ

•••••••••••••••••••••••• **コラム 22　被災地での手洗い** ••••••••••••••••••••••••

〈流水が使える場合〉
トイレ後，調理前，食前等こまめに流水と石けんで手洗いを行う。
〈断水している場合〉
①～③の順に実施可能な段階に応じて行う。
　①　避難所に設置されている手指用アルコール消毒剤を利用する。
　②　ウェットティッシュを利用する。
　③　給水車からの水があれば，バケツに消毒液を入れた水を用意する。

出所）医薬基盤・健康・栄養研究所：避難生活で生じる健康問題を予防するための栄養・食生活について「2. 衛生管理リーフレット」の解
　　　説資料（2017 年 9 月改訂）

と，缶詰などの加工食品は開封後早めに食べることなどの指導を徹底する。特に，被災者は抵抗力が低下気味になっていることが多く，食中毒が発生しやすい状況にあるため，普段以上の注意が必要となる。

(4) 災害時における食事提供の評価

避難所等で提供した食事の評価には，(1)の「避難所における栄養の参照量」のうち，「避難所における食事提供の評価・計画のための栄養の参照量」を使用する(**表10.22**右および**表10.24**)。評価のための栄養の参照量は，栄養の必要量を示しており，この値を下回る食事を提供している避難所の割合をできるだけ少なくするよう食事計画を再考することが望まれる。東日本大震災で初めて公表されて以降，平成28年熊本地震および平成30年7月豪雨(いわゆる西日本豪雨)においても被災地域の人口構成に応じた参照量が公表されている。

表10.24 避難所における食事提供の評価・計画のための栄養の参照量
(熊本地震および西日本豪雨)

目的	エネルギー・栄養素	1歳以上，1人1日あたり
エネルギー摂取の過不足の回避	エネルギー	1,800 ～ 2,200 kcal
栄養素の摂取不足の回避	たんぱく質	55 g 以上
	ビタミン B_1	0.9 mg 以上
	ビタミン B_2	1.0 mg 以上
	ビタミン C	80 mg 以上

※1 日本人の食事摂取基準(2015年版)で示されているエネルギーおよび各栄養素の値をもとに，平成22年国勢調査結果(熊本県)で得られた性・年齢階級別の人口構成を用いて加重平均により算出。
※2 日本人の食事摂取基準(2015年版)で示されているエネルギーおよび各栄養素の値をもとに，平成27年国勢調査結果(岡山県，広島県，愛媛県)で得られた性・年齢階級別の人口構成を用いて加重平均により算出。
出所)厚生労働省健康局健康課栄養指導室:避難所における食事提供に係る適切な栄養管理の実施について(事務連絡)，2016年6月6日を基に作成

10.5.3 栄養士・管理栄養士による災害時の栄養・食生活支援

被災地における栄養・食生活支援は，被災自治体の行政栄養士が中心となって行う。その業務は，避難所での食事調査や巡回指導，炊き出しの栄養管理・衛生管理支援，災害時要配慮者対応，食品の分配など多岐にわたる。これらの業務のすべてを被災自治体の行政栄養士のみで担うことは困難であり，下記の支援チーム等をうまく活用していく必要がある。しかしながら，過去の災害においては，被災自治体の受援力(支援を受ける力)不足により，支援を有効活用できなかったケースもあった。各自治体においては，災害対応マニュアルの作成等，平常時から受援の対策をしておく必要がある。

(1) 災害時健康危機管理支援チーム(DHEAT：Disaster Health Emergency Assistance Team)

被災地の公衆衛生業務を支援するチームである。健康危機管理に必要な情

報収集・分析や全体調整などの専門的研修・訓練を受けた都道府県等の行政職員を派遣し，被災地行政の指揮調整機能等をサポートする。DHEATの構成メンバーには管理栄養士も含まれており，「防ぎえた死と二次的な健康被害の最小化」を目的に任務を行う。2016年度より全国で養成が行われている。

(2) 日本栄養士会災害支援チーム（JDA-DAT：Japan Dietetic Association-Disaster Assistance Team）

栄養士・管理栄養士のみで構成される支援チームが東日本大震災を機に発足した（図10.7）。国内外で大規模な自然災害が発生した場合に，72時間以内に被災地に入り，被災地での栄養・食生活支援活動を行う機動性の高い栄養士・管理栄養士のチームである。被災地内の医療・福祉・行政部門等と協力・連携して栄養支援を行う。彼らは，被災地の限られた資源の中で，被災者により良い食事を提供できるようトレーニングを受けた災害支援栄養士である。

図10.7 日本栄養士会災害支援チーム（JDA-DAT）ユニフォームとキッチンカー
（筆者撮影）

また，大規模災害時には，普段の食事が食べられない災害時要配慮者が必要とする特殊な食品を一般物資とは分離してストックする「特殊栄養食品ステーション」を設置しており，優先的に確保が必要な乳児用ミルク，離乳食，濃厚栄養食品，嚥下困難な方向けのおかゆなど軟らかい食事，アレルギー対応食，病者用食品等を中心にストックしている。

10.6 食育への活用と展開

10.6.1 食育基本法

(1) 食育基本法策定の社会的背景

近年における国民の食生活をめぐる環境の変化に伴い，国民が生涯にわたって健全な心身を培い，豊かな人間性をはぐくむための食育を推進することが緊要な課題となっていることを背景として，食育基本法（平成17年）が制定された。食育基本法における食育の基本理念7項目を表10.25に示す。食育の推進は，家庭，学校，保育所，地域等を中心に，国民運動として取り組んで いくことが課題であり，国及び地方公共団体による施策の実施に加え，教育関係者，農林漁業者，食品関連事業者，国民等の多様な関係者による連携・協力が重要である。具体的な施策については，食育基本法に基づき作成されている「食育推進基本計画」に，その成果や達成度を客観的な指標により把握するための数値目標が設定されている。

表10.25 食育基本法（概要）

食育の基本理念（第2条～第8条）
①国民の心身の健康の増進と豊かな人間形成
②食に関する感謝の念と理解
③食育推進運動の展開
④子どもの食育における保護者，教育関係者等の役割
⑤食に関する体験活動と食育推進活動の実践
⑥伝統的な食文化，環境と調和した生産等への配意
　及び農山漁村の活性化と食料自給率の向上への貢献
⑦食品の安全性の確保等における幅広い食育の役割

出所）食育基本法（平成27年最終改正）

(2) 食育の意義

　食育基本法の前文では，「子どもたちが豊かな人間性をはぐくみ，生きる力を，身に付けていくためには，何よりも『食』が重要である。今，改めて，食育を生きる上での基本であって，知育，徳育及び体育の基礎となるべきものと位置付けるとともに，様々な経験を通じて『食』に関する知識と『食』を選択する力を習得し，健全な食生活を実践することができる人間を育てる食育を推進することが求められている」と示されている。すなわち，食育を推進することは，人々が健康で豊かに生きるための基礎的な力を養うために重要な意義がある。

　特に子どもの食育については，同じく前文で「心身の成長及び人格の形成に大きな影響を及ぼし，生涯にわたって健全な心と身体を培い豊かな人間性をはぐくんでいく基礎となるものである」と述べられ，重視されている。子ども一人ひとりが将来にわたって主体的に食生活を営む力をつけるために，同法5条においても，保護者，教育関係者は子どもの食育に積極的に取り組むよう明記されている。家庭へ良い波及効果をもたらすためにも，保育所ならびに学校は食育が実践される場として大きな役割を担っている。

10.6.2　食育としての給食の意義

(1) 保育現場における食育の実践

1)　保育所における食育

　保育所における食育は，保育所保育指針を基本として取り組むこととされている。保育所では保育所長，保育士，栄養士・管理栄養士等の協力のもと，保育計画に連動した組織的・発展的な食育計画を策定することが期待されている。食べることは生きることの源となることから，乳幼児期から発達・発育段階に応じた豊かな食の体験を重ねることにより，生涯にわたる健康で質の高い生活を送る基本となる「食を営む力」の基礎を培うことが大切である。2017年に改定（2018年施行）された保育所保育指針では，食育の促進や安全な環境の確保についての内容がさらに充実された。

2)　保育活動と食育

　保育現場における給食は最も日常的な食育の機会である。栄養士・管理栄養士は，子どもや保育士・保護者などに向けて給食の役割を伝えることも食育につながる。給食は保育活動との連動により，「食」に興味関心を抱かせる場の一つとして効果が大きい。子どもたちの身体状況に合わせ，食事摂取基準にそった食事提供のみならず，食事の彩り，嗜好，食環境等への配慮も必要である。給食に使用している食材や料理，行事食や郷土料理，食文化などについて子どもが興味関心をもてるような情報を保育士と相互に共有化す

ることも重要である。

　子どもたちの保育活動と連携を図りながら進めることができる，栽培活動やクッキング保育を活用することもある。保育中の栽培活動で間引いた青菜を「食べたい」という子どもたちの要望を受けて，調理されて給食で提供してくれる保育所もある。このことは，活動から生じた子どもたちの「今，やりたい」という興味関心が尊重され，欲求の充足にもつながることである。

　また給食は，喫食前からそのにおいや音で食を体感することができ，存在感が大きい。図10.8は，ガラス越しに調理室をのぞく子どもたちの様子であるが，これから食べる給食への期待感が感じられる。図10.9は，給食前に栄養士と子どもたちがこれから食べる食材を3つの色にグループ分けしている様子である。このような時間を設けることで，栄養に関する知識が定着し，子どもたちの理解が深まる。また，給食の場を食事の準備や片付けのマナーを学ぶ場としてその環境をととのえることは，子どもたちの主体的な行動の促進につなげることができる。食べることだけではない，「食」に付随する一連の行動を，当たり前のこととして自然な流れで行うことができるようになる（図10.10）。これらの行動を促すためには，子どもの手の大きさに合わせた使いやすい台布巾の準備や片付けしやすいようなお盆・かごの準備など，子どもの視点に立ち，子どもが動きやすい場をつくる工夫が大切である。

図10.8　調理室をのぞく子どもたち

図10.9　栄養士と子どもたちによる食材のグループ分け

図10.10　食べ終えたお皿の片付け

3)　栄養士・管理栄養士の役割

　保育士が中心となる保育現場においても，栄養の専門家である栄養士・管理栄養士が日常的に子どもたちと関わることで信頼関係が築かれ，食育が実践しやすいものとなる。保育現場においては，イベント的な食育だけでなく，作物の育ちにはプロセスがあることを実感できるような長期的な活動（野菜の栽培や米作り等）への支援も大切にしたい。また，クッキング保育における調理技術の支援など，食に関する知識や調理特性を理解している栄養士・管理栄養士だからこそ担える役割は大きい。

(2)　学校における食育の実践

1)　学校における食育

　学校における食育は，小学校学習指導要領および中学校学習指導要領の総則に示された食育の推進をふまえ，体育科，家庭科（中学校では保健体育科，技術・家庭科），特別活動の時間*，各教科，道徳科，外国語活動および総合的な

＊給食の時間等を含む。

学習の時間など，学校教育活動全体を通じて組織的，計画的に実施する。

　学校における食育活動は，先に示した食育基本法(pp.171-172参照)のみならず**学校給食法**[*1]にも明確に位置付けられているように，子どもが食について計画的に学ぶことができるよう，各学校において学校長の指揮の下に教職員が連携し，指導に係る全体的な計画が策定される必要がある。その中で，**栄養教諭**[*2]が配置される学校では指導体制の要として食育の推進に重要な役割を担うことになる。栄養教諭は，子どもが将来にわたり健康に生活していけるよう，栄養素や食事の取り方について正しい知識に基づいて自ら判断し，食生活をコントロールしていく「自己管理能力」や「望ましい食習慣」を身につけさせるが，食の指導(肥満，偏食，食物アレルギーなどの児童生徒に対する個別指導)と給食管理を一体のものとして行う。子どもが発達段階に応じて食生活に対する正しい知識と望ましい食習慣を身に付けることができるよう，学校においては食事の場である給食が生きた食育教材として活用される。これは，保育現場における食育の実践と共通するところである。給食を通じて地域や家庭とも連携し，食事の楽しさ，食への関心，食事作りへの関心，健康的な食べ方を実践することで，高い教育効果が得られる。食育に関する指導が実践しやすくなるよう，「食に関する指導の手引き(第二次改訂版)」では，6つの「食育の視点」(**表10.26**)を示している。

*1　学校給食法（平成20年に改正，平成21年に施行）
この法律の目的として第1条に「学校における食育の推進」が明確に位置付けられ，第2条に「学校給食の目標」として「7つの目標」が掲げられた。さらに，第3章に「学校給食を活用した食に関する指導」が新設され，栄養教諭の役割が明記された。

*2　栄養教諭
栄養教諭制度が平成17年に創設され，学校における食育を推進するために，教育的資質と栄養に関する専門性を兼ね備えた「栄養教諭」が配置されるようになった。栄養教諭は，学校給食の管理とともに，食に関して児童・生徒の個別指導および集団指導を行うほか，他の教職員や家庭・地域と連携した食に関する指導を推進するための連絡・調整を行う。

表 10.26　学校における食育の推進　～6つの「食育の視点」～

【食事の重要性】 食事の重要性，食事の喜び，楽しさを理解する。 【心身の健康】 心身の成長や健康の保持増進の上で望ましい栄養や食事のとり方を理解し，自ら管理していく能力を身に付ける。 【食品を選択する能力】 正しい知識・情報に基づいて，食品の品質及び安全性等について自ら判断できる能力を身に付ける。 【感謝の心】 食べ物を大事にし，食料の生産等に関わる人々へ感謝する心をもつ。 【社会性】 食事のマナーや食事を通じた人間関係形成能力を身に付ける。 【食文化】 各地域の産物，食文化や食に関わる歴史等を理解し，尊重する心をもつ。

出典）文部科学省編：食に関する指導の手引き（第二次改訂版），(2019)

2)　幼稚園における食育

　幼稚園における食育については，平成20年3月に改訂された幼稚園教育要領に記載され，平成29年3月に改訂された幼稚園教育要領でもその充実が図られている。具体的には領域「健康」において，「先生や友達と食べることを楽しみ，食べ物への興味や関心をもつ」ことがねらいを達成するために指導する内容とされている。幼児自身が教師や他の幼児と食べる喜びを味わい，さまざまな体験を通じて食べ物への興味や関心をはぐくむことが大切となる。

10.6.3　家庭・地域における食育

　食生活や社会の変化に伴い，家庭を主体として存在していた「食」が変わりつつあり，かつ危機的状況であることは否めない。「食」に関する子育ての不安や心配を抱える保護者も少なくないことから，家庭や地域における食

育は，保育現場や学校と連携・協働して進めることが不可欠となる。食生活に関する相談や助言・支援を行う立場として保育現場や学校・地域が存在し，家庭と連携することができる。また，保育現場や学校・家庭は地域を食育の場として活用することができる。このように相互に連携を図りながら食育を推進していくことができる仕組みがあることは心強い。食への感謝の気持ち，食品の安全知識，社会人として身につけるべきマナーなど，食に関する知識と食を選択する力の習得こそが食育であり，「生きる力」となる。それぞれの立場で，子どもたちが食について実践的に学ぶことができる環境づくりを意識し，さらにはその食育実践が継続できるようにすることが何より大切なことである。

　家庭における食育は，栄養バランスのとれた食事，早寝早起き朝ごはんの習慣化，共食，適度な運動といった望ましい生活習慣を意識すること。買い物や食卓づくり（お手伝い，料理，箸や食器の準備，配膳下膳，食器洗いなど）といった日常的な生活体験が自然とできるような工夫が望まれる。また，地産池消につながる食行動は，環境問題にも関連する食育実践の一つであることから積極的に推奨したい。地域における食育は，保育所や学校の学びの場として，あるいは消費者を受け入れる生産者の立場として，その影響力は大きいものであるといえる。

　栄養士・管理栄養士は職務として食育に関わることもでき，家庭や地域という立場で関わることもできる存在である。食の専門家として学んださまざまな知識に工夫を加えて家庭や地域で大いに活かし，「生きる力」をはぐくむ支援につなげていただきたい。

・・・・・・・・・・・・・・・・・・・・・・ コラム 23　クッキング保育 ・・・・・・・・・・・・・・・・・・・・・・

　保育所保育指針には，保育の内容の一環として食育が位置づけられており，各保育所の創意工夫のもとに食育を推進していくことが求められている。2008 年に改定された保育所保育指針に食育計画の策定が義務づけられたこともあり，各保育所では盛んにクッキング保育の計画や実践がなされている。栽培した米を使ったおにぎり作り，夏野菜のカレー作り，小松菜のクッキー作り，スイートポテト作り，とうもろこし（爆裂種）栽培からのポップコーン作りなど，栽培・収穫活動からクッキング保育につなげる取り組みを行っている保育所は多くある。また，地元の農家に出向き青梅を収穫して梅ジュース作りを行うなど，地域とのかかわりを深められるような取り組みもすすめられている。クッキング保育を通じて，素材の育ち，季節や旬を体感することができ，子どもたちの興味関心を大いに引き出すことができる。「食」は生きていく上では欠かすことができないものであるからこそ，発達特性に応じた自然な形で，子どもたちの育ちにつなげていける支援をしていくことが大切である。

【演習問題】

問1　献立作成に関する記述である。誤っているのはどれか。1つ選べ。

（2019 年国家試験）

(1) 食品構成を目安として作成する。

(2) 朝食，昼食，夕食の配分比率は，1：1：3を目安とする。

(3) 主菜は，主食に合わせて選択する。

(4) 主菜，副菜の順に決める。

(5) デザートで不足の栄養素を補足する。

解答（2）

問2　次の文を読み答えよ。

A市役所に勤務する管理栄養士である。大規模災害発生時の危機管理として，住民への食生活支援を担当する立場にある。

2015年9月1日に発生した震度6強の地震により，9月7日現在，A市内では15の避難所に約3,000人の住民が生活している。すでに支援物資が届き始め，各避難所の特徴を把握し，巡回支援を行うところである。

自治体として行う各避難所への対応である。最も適切なのはどれか。1つ選べ。

（2017 年国家試験）

(1) 十分な量の主食を追加提供する。

(2) 市の職員が分担して，各避難所で炊き出しを行う。

(3) 乳児全員に粉ミルクを提供する。

(4) 食事制限のある患者に対して，個別に食事への配慮を行う。

解答（4）

問3　小学校において，1年生が正しく箸を使えるようになることをねらいとした，食に関する指導を実施することとなった。ねらいに合った環境目標である。正しいのはどれか。2つ選べ。 （2018 年国家試験）

(a) ランチルームに置く，箸のサイズの種類を増やす。

(b) 自宅でも，正しく箸を使う児童を増やす。

(c) 給食で，地場産物を活用した献立を増やす。

(d) 縦割り給食で，1年生に箸の持ち方を教える上級生を増やす。

(e) 箸の使い方のマナーを，知っている児童を増やす。

1.（b）と（c）　2.（b）と（e）　3.（a）と（b）　4.（a）と（d）　5.（c）と（e）

解答（4）

📖 **参考文献**

足立己幸，衛藤久美，食育に期待されること，栄養学雑誌，**63**（4），201-212（2005）

上田隆史，河村剛史，佐藤祐造編：臨床栄養学　病態・食事療法編，培風館（2006）

笠岡（坪山）宜代，近藤明子，原田萌香ほか：東日本大震災における栄養士から見た口腔保健問題，日摂食嚥下リハ会誌，**21**，191-199（2017）

笠岡（坪山）宜代，原田萌香：東日本大震災の避難所を対象とした炊き出し実施に関する解析―自衛隊，ボランティア，栄養士による外部支援の状況―，日本災害食学会誌，**5**，1-5（2017）

笠岡（坪山）宜代，廣野りえ，高田和子ほか：東日本大震災において被災地派遣された管理栄養士・栄養士の支援活動における有効点と課題―被災地側の管理栄養士・栄養士の視点から―，日本災害食学会誌，**3**，19-24（2016）

笠岡（坪山）宜代，星裕子，小野寺和恵ほか：東日本大震災の避難所で食事提供に影響した要因の事例解析，日本災害食学会誌，**1**，35-43（2014）

厚生労働省：授乳・離乳の支援ガイド（2019年改訂版），
https://www.mhlw.go.jp/content/11908000/000496257.pdf（2019年10月9日閲覧）

厚生労働省：日本人の食事摂取基準（2020年版）策定検討会報告書

佐藤和人，本間健，小松龍史編：臨床栄養学（第8版），医歯薬出版（2017）

山東勤弥，幣憲一郎，保木昌徳編：ケーススタディで学ぶ臨床栄養学実習，化学同人（2016）

長寿科学振興財団：健康長寿ネット，
https://www.tyojyu.or.jp/net/kenkou-tyoju/eiyouso/index.html（2019年10月9日閲覧）

Tsuboyama-Kasaoka, N., Hoshi, Y., Onodera, K., et al., What factors were important for dietary improvement in emergency shelter after the Great East Japan Earthquake?. *Asia Pac J Clin Nutr*, **23**, 159-166（2014）.

特定非営利活動法人キャンパー，一般社団法人日本調理科学会：災害時炊き出しマニュアル，東京法規出版（2012）

名古屋市健康福祉局健康部：「若者（大学生）の朝食摂取状況調査」調査報告書（2013）.
http://www.kenko-shokuiku.city.nagoya.jp/pdf/breakfast_report.pdf（2019年10月9日閲覧）

日本高血圧学会：減塩委員会，https://www.jpnsh.jp/com_salt.html（2019年10月9日閲覧）

日本高血圧学会編：高血圧診療ステップアップ―高血圧治療ガイドラインを極める―，診断と治療社（2019）

農林水産省：平成27年度食育白書（2015），
http://www.maff.go.jp/j/syokuiku/wpaper/h27/h27_h/book/part1/chap1/b1_c1_2_01.html（2019年10月9日閲覧）

Nozue, M., Ishikawa-Takata, K., Sarukura, N., et al., Stockpiles and food availability in feeding facilities after the Great East Japan Earthquake. *Asia Pac J Clin Nutr*, **23**, 321-330（2014）.

藤谷順子監修：テクニック図解　かむ・飲み込むが難しい人の食事，講談社（2013）

布施眞里子，篠田粧子編：応用栄養学，学文社（2015）

南出隆久ほか編：調理学，講談社サイエンティフィク（2015）

箕輪貴則，柳田紀之，渡邊庸平ほか：東日本大震災による宮城県における食物アレルギー患児の被災状況に関する検討，アレルギー，**61**，642-651（2012）

山崎英恵編：調理学　食品の調理と食事設計，中山書店（2018）

吉村芳弘，西岡心大，宮島功，嶋津さゆり編：低栄養対策パーフェクトガイド―病態から問い直す最新の栄養管理―，医歯薬出版（2019）

索　引

執筆者紹介

吉田　勉 (監修)　東京都立短期大学名誉教授

*小林　理恵　東京家政大学家政学部栄養学科准教授
　　　　　　（第1章，第8章 8.1.1-4, 8.3.3-4, 8.4）

七尾由美子　金沢学院大学栄養学部栄養学科教授（第2章，第10章 10.2）

*高崎　禎子　信州大学教育学部家庭科教育グループ教授（第3章）

佐川まさの　東京女子医科大学東医療センター外科助教（第4章）

山中なつみ　名古屋女子大学健康科学部健康栄養学科教授（第5章，第8章 8.2.3）

片平　理子　神戸松蔭女子学院大学人間科学部食物栄養学科教授
　　　　　　（第6章，第8章 8.2.1-2, 8.2.4）

大石　恭子　和洋女子大学家政学部家政福祉学科准教授（第7章）

佐藤　瑶子　お茶の水女子大学基幹研究院自然科学系助教（第7章）

荒井恵美子　島根県立大学看護栄養学部健康栄養学科講師（第10章 10.3-4）

野中　春奈　佐野日本大学短期大学総合キャリア教育学科栄養士フィールド准教授
　　　　　　（第8章 8.3.1-2, 8.5，第10章 10.6）

土屋　京子　東京家政大学家政学部・短期大学部教授（第9章）

岩田惠美子　畿央大学健康科学部健康栄養学科准教授
　　　　　　（第8章 8.1.5-10，第10章 10.1）

笠岡(坪山)宜代　医薬基盤・健康・栄養研究所国際災害栄養研究室室長（第10章 10.5）

原田　萌香　東京家政大学家政学部栄養学科助教（第10章 10.5）

（執筆順，**監修者，*編者）

調理の科学―基礎から実践まで―

2020年4月1日　第一版第一刷発行　　　　　◎検印省略
2021年9月5日　第一版第二刷発行

監修者　吉　田　　　勉

編著者　高　崎　禎　子
　　　　小　林　理　恵

発行所　株式
　　　　会社　学　文　社
発行者　田　中　千　津　子

郵便番号　　　　153-0064
東京都目黒区下目黒 3-6-1
電　話　03(3715)1501(代)
https://www.gakubunsha.com

©2020 YOSHIDA Tsutomu, TAKASAKI Sadako & KOBAYASHI Rie　　Printed in Japan
乱丁・落丁の場合は本社でお取替します。　　　　印刷所　新灯印刷株式会社
定価は売上カード，カバーに表示。

ISBN 978-4-7620-2968-4